本书受中南财经政法大学出版基金资助

中南财经政法大学
青|年|学|术|文|库

国际技术溢出对中国
工业碳排放的影响研究

李珊珊 著

中国社会科学出版社

图书在版编目(CIP)数据

国际技术溢出对中国工业碳排放的影响研究／李珊珊著 . —北京：
中国社会科学出版社，2015.12
（中南财经政法大学青年学术文库）
ISBN 978 - 7 - 5161 - 7450 - 0

Ⅰ.①国… Ⅱ.①李… Ⅲ.①技术转移—影响—二氧化碳—工业
废气—排气—研究—中国 Ⅳ.①X511

中国版本图书馆 CIP 数据核字（2015）第 309494 号

出 版 人	赵剑英	
责任编辑	田 文	
特约编辑	陈 琳	
责任校对	张爱华	
责任印制	王 超	

出 版	中国社会科学出版社	
社 址	北京鼓楼西大街甲 158 号	
邮 编	100720	
网 址	http：//www. csspw. cn	
发 行 部	010 - 84083685	
门 市 部	010 - 84029450	
经 销	新华书店及其他书店	

印 刷	北京君升印刷有限公司	
装 订	廊坊市广阳区广增装订厂	
版 次	2015 年 12 月第 1 版	
印 次	2015 年 12 月第 1 次印刷	

开 本	710×1000 1/16	
印 张	16	
插 页	2	
字 数	271 千字	
定 价	59.00 元	

凡购买中国社会科学出版社图书，如有质量问题请与本社营销中心联系调换
电话：010 - 84083683

总　序

　　一个没有思想活动和缺乏学术氛围的大学校园，哪怕它在物质上再美丽、再现代，在精神上也是荒凉和贫瘠的。欧洲历史上最早的大学就是源于学术。大学与学术的关联不仅体现在字面上，更重要的是，思想与学术，可谓大学的生命力与活力之源。

　　中南财经政法大学是一所学术气氛浓郁的财经政法高等学府。范文澜、嵇文甫、潘梓年、马哲民等一代学术宗师播撒的学术火种，50多年来一代代薪火相传。在世纪之交，在合并组建新校而揭开学校发展新的历史篇章的时候，学校确立了"学术兴校，科研强校"的发展战略。这不仅是对学校50多年学术文化与学术传统的历史性传承，而且是谱写21世纪学校发展新篇章的战略性手笔。

　　"学术兴校，科研强校"的"兴"与"强"，是奋斗目标，更是奋斗过程。我们是目的论与过程论的统一论者。我们将对宏伟目标的追求过程寓于脚踏实地的奋斗过程之中。由学校斥资资助出版《中南财经政法大学青年学术文库》，就是学校采取的具体举措之一。

　　本文库的指导思想或学术旨趣，首先，在于推出学术精品。通过资助出版学术精品，形成精品学术成果的园地，培育精品意识和精品氛围，提高学术成果的质量和水平，为繁荣国家财经、政法、管理以及人文科学研究，解决党和国家面临的重大经济、社会问题，作出我校应有的贡献。其次，培养学术队伍，特别是通过对一批处在"成长期"的中青年学术骨干的成果予以资助推出，促进学术梯队的建设，提高学术队伍的实力与水平。最后，培育学术特色。通过资助在学术思想、学术方法以及学术见解等方面有独到和创新之处的成果，培育科研特色，力争通过努力，形成有我校特色的学术流派与学术思想体系。因此，本文库重点面向中青年，重点面向精品，重点面向原创性学术专著。

春华秋实。让我们共同来精心耕种文库这块学术园地，让学术果实挂满枝头，让思想之花满园飘香。

2009 年 10 月

Preface

A university campus, if it holds no intellectual activities or possesses no academic atmosphere, no matter how physically beautiful or modern it is, it would be spiritually desolate and barren. In fact, the earliest historical European universities started from academic learning. The relationship between a university and the academic learning cannot just be interpreted literally, but more importantly, it should be set on the ideas and academic learning which are the so – called sources of the energy and vitality of all universities.

Zhongnan University of Economics and Law is a high education institution which enjoys rich academic atmosphere. Having the academic germs seeded by such great masters as Fanwenlan, Jiwenfu, Panzinian and Mazhemin, generations of scholars and students in this university have been sharing the favorable academic atmosphere and making their own contributions to it, especially during the past fifty years. As a result, at the beginning of the new century when a new historical new page is turned over with the combination of Zhongnan University of Finance and Economics and Zhongnan University of Politics and Law, the newly established university has sets its developing strategy as "Making the University Prosperous with Academic Learning; Strengthening the University with Scientific Research", which is not only a historical inheritance of more than fifty years of academic culture and tradition, but also a strategic decision which is to lift our university onto a higher developing stage in the 21st century.

Our ultimate goal is to make the university prosperous and strong, even through our struggling process, in a greater sense. We tend to unify the destination and the process as to combine the pursuing process of our magnificent goal with the practical struggling process. The youth's Academic Library of Zhongnan University of Economics and Law, funded by the university, is one of our specific measures.

The guideline or academic theme of this library lies first at promoting the publishing of selected academic works. By funding them, an academic garden with high – quality fruits can come into being. We should also make great efforts to form the awareness and atmosphere of selected works and improve the quality and standard of our academic productions, so as to make our own contributions in developing such fields as finance, economics, politics, law and literate humanity, as well as in working out solutions for major economic and social problems facing our country and the Communist Party. Secondly, our aim is to form some academic teams, especially through funding the publishing of works of the middle – aged and young academic cadreman, to boost the construction of academic teams and enhance the strength and standard of our academic groups. Thirdly, we aim at making a specific academic field of our university. By funding those academic fruits which have some original or innovative points in their ideas, methods and views, we expect to engender our own characteristic in scientific research. Our final goal is to form an academic school and establish an academic idea system of our university through our efforts. Thus, this Library makes great emphases particularly on the middle – aged and young people, selected works, and original academic monographs.

Sowing seeds in the spring will lead to a prospective harvest in the autumn. Thus, let us get together to cultivate this academic garden and make it be opulent with academic fruits and intellectual flowers.

Wu Handong

October, 2009

摘　　要

　　国内外学者关于 FDI、对外贸易对东道国碳排放的影响进行了很多研究，其中探讨了 FDI、对外贸易主要通过规模效应、结构效应、技术效应影响东道国碳排放。在此基础上，国外学者进一步研究了不同的国际溢出渠道所发挥的技术效应对东道国碳排放影响的差异，而国内学者对此研究极少，仅有一两篇文献从 FDI 技术水平溢出渠道进行初步考察。因此，在引进国外研究成果的基础上，本书以中国工业为样本进行延伸与补充，系统、深入研究国际技术溢出对中国工业能源消费碳排放影响的内在机理，具有较重要的理论价值。

　　"十二五"《规划纲要》提出"积极应对全球气候变化"的国家战略：中国要"充分发挥技术进步的作用，完善体制机制和政策体系"，通过"加强气候变化领域国际交流"，"在科学研究、技术研发和能力建设方面开展务实合作"。通过低碳技术创新来促进中长期能源消费碳减排已成为人们的共识。目前中国工业能源消费碳减排领域存在的主要问题：一是工业化国家普遍存在的高碳"锁定效应"；二是低碳技术创新基础薄弱，接近 70% 的低碳核心技术仍然依赖进口（邹骥，2010）；三是低碳技术创新路径与中国经济条件相脱离。结果导致低碳技术创新能力不足的困境，若中国在低碳技术的国际转移与扩散过程中注重技术路径的优化，就有可能缓解这一困境。本书以此为切入点，探讨基于国际技术溢出渠道的中国工业能源消费碳减排技术创新路径优化的政策转型方向、目标与内容。

　　论文内容主要围绕以下几个方面展开：第一，综述国内外与低碳经济相关的理论研究基础，并针对技术进步对生态环境影响，FDI、对外贸易对生态环境影响的相关文献与研究进展进行了总结与述评；第二，分析国际技术溢出对工业能源消费碳排放影响的内在机制，建立一般均衡模型深入剖析；第三，从多重角度对中国工业能源消费碳排放的现状进行了测度，包括工业能源消费碳排放量、工业能源消费碳排放强度、工业能源消费碳排放绩效以及工业能源消费碳排放的驱动因素、对外贸易隐含碳排放量、低碳经济水平指数等方面;第四,以工业能源消费碳排放强度来表征工业碳减排技术,运用工业行业面板数据实证检验了FDI、对外贸易技术溢出的碳减排效应,此外,基于对外贸易隐含碳排放量与低碳经济水平考察了FDI技术效应;第五,以工业能源消费碳排放绩效来表征工业碳减排技术,运用工业行业、省际工业面板数据实证检验了FDI、对外贸易技术溢出的碳减排效应。具体而言,论文分七章。

第一章为导论。首先阐述了选题的背景以及选题的理论与实践意义,提出了研究的基本思路,包括研究目标、研究框架、研究内容与研究方法,总结了研究的创新之处,并指明了未来可能进一步研究的方向。

第二章为文献综述。首先阐述了与本文选题相关的低碳经济理论基础,包括生态足迹理论、资源环境脱钩理论以及环境库兹涅茨曲线理论、纳入环境因素的新古典与内生经济增长理论等反映生态环境测度、经济发展与生态环境关系的相关理论。其次,分别回顾并梳理了技术进步、FDI、对外贸易对生态环境影响的国内外文献,在此基础上,整理了近年来国外学者对不同的国际溢出渠道所发挥的技术效应对东道国碳排放影响的研究成果,以及国内的初步研究概况。最后,作出了简要述评与研究展望。

第三章为内在机制。首先,建立了技术因素对生态环境影响的一般均衡理论分析框架,结论发现碳排放量由经济规模、产业结构以及碳排放强度三个因素共同决定。其次,将生产函数具体设定为柯布—道格拉斯生产函数形式,根据成本最优化决策的条件推导出产业结构与碳排放强度的决定因素,并将其纳入碳排放量的决定因素方程,结果直观反映出碳排放量与经济规模、人均资本存量之间呈正相关关系,而与自主研发创新、FDI、对外贸易以及碳排放税费之间呈负相关关系。为进一步有效区分FDI、对外贸易技术溢出的碳减排效应,分别将碳排放变动相对于FDI、对外贸易变动的反应弹性分解为规模效应、结构效应以及技术效应三个部分。最后,从理论上阐述了FDI技术溢出、对外贸易技术溢出对工业能源消费碳排放的影响路径,并由此提出了假说1—7。

第四章为指标的构建、测度与分解。首先运用投入产出表构建了FDI、对外贸易技术溢出路径的度量指标,从多重角度测度了中国工业能源消费碳排放的变化规律,包括工业能源消费碳排放量、碳排放强度、碳排放绩效、对外贸易隐含碳排放量以及低碳经济水平指数,并进一步探讨了工业能源消费碳排放的驱动因素。结论表明，其一，工业能源消费碳排放量的变化趋势以 2005 年为分水岭，2005 年以前保持稳定，2005 年以后，大部分工业行业呈现明显的上升趋势；其二，工业能源消费碳排放强度的变化总体上呈现出波动式下降的趋势，仅在 2004 年大部分行业出现小幅反弹的特征；其三，中西部地区工业能源消费碳排放绩效明显高于东部地区，其中，中西部地区工业能源消费碳排放绩效的提升主要依靠技术进步，而东部地区主要依赖技术效率的改进；其四，工业能源消费碳排放绩效的变化规律存在明显的行业异质性。进一步从工业行业能源消费碳排放的驱动因素来看，生产技术效应与结构效应能明显降低工业能源消费碳排放，而规模效应与结构生产技术效应对工业能源消费碳减排存在负面影响，其余因素的作用不明显。

第五章为国际技术溢出对中国工业能源消费碳排放强度影响的实证分析。首先，对第三章提出的假说 1—3 的实证分析沿袭 Grossman and Krueger（1991）的思路设立了静态与动态模型，考察了 FDI 技术溢出的碳减排效应及研发投入强度、企业所有制结构、行业结构等行业特征对该效应的影响。结果表明，FDI 技术水平溢出对工业行业能源消费碳排放强度的影响不明显，前向技术溢出短期有利于降低工业行业能源消费碳排放强度，长期可能存在抑制作用，而后向技术溢出能明显降低工业行业能源消费碳排放强度；研发投入强度、行业结构对 FDI 技术垂直溢出有明显的促进作用，而企业所有制结构存在负面作用。其次，对第三章提出的假说 4—7 的实证分析依据类似的研究思路，考察了对外贸易技术溢出对工业行业能源消费碳排放强度以及碳排放量的影响，检验了研发投入、企业所有制结构以及行业碳排放强度等行业特征因素对进口贸易技术前向溢出与出口贸易技术后向溢出的碳减排效应的作用。结果显示，进口贸易技术水平溢出能显著促进工业行业能源消费碳排放强度的提高，而出口贸易技术后向溢出的影响方向相反，其中，研发投入强度、企业所有制结构对进口贸易技术水平溢出存在抑制作用，且企业所有制结构对出口贸易技术后向溢出也存在负面作用。此外，FDI 行业结构是影响中国对外贸易隐含碳排放的主导因素，具体来看，FDI 行业结构变化促进了贸易隐含碳排放的增加；投资的贸易隐含碳强度一直在下降，且降幅不断增大；FDI 数量变化对贸易隐含碳排放的影响不稳定，两者不存在明显关联，同时，FDI 和 OFDI 均对中国低碳经济的发展均有正面的促进作用，而促进作用的差异主要源于作用途径不同。

第六章为国际技术溢出对中国工业碳排放绩效影响的实证分析。本章与第五章的主要区别在于表征碳减排技术水平的指标选择不同，模型设立均沿袭 Grossman and Krueger（1991）的思路，对 FDI、对外贸易技术溢出的碳减排效应分区域、分行业进行考察。结果表明，三大区域影响程度与影响方向均存在明显的区域异质性；FDI 技术溢出抑制了技术进步，而 FDI 技术垂直溢出促进了技术效率的改进，且 FDI 技术前向溢出效应大于后向溢出效应；出口贸易技术水平溢出抑制了技术进步，而出口贸易技术水平溢出与后向溢出有利于技术效率的提升；进口贸易技术水平溢出抑制了技术效率的改进，而进口贸易技术前向溢出对技术效率存在积极的促进作用。最后，阐明了碳排放量、碳排放强度与碳排放绩效指数之间的关联，结合第五章与本章的检验结论，对所得结论的原因展开了深层次的剖析。

第七章为主要研究结论与政策建议部分。在对国际技术溢出的碳减排内在机制及其效应的研究结论进行梳理的基础上，提出了基于国际技术溢出的中国低碳技术创新能力提升路径，主要围绕"产学研用"创新平台、产业链一体化平台以及投资经营环境的制度平台三个平台的构建与完善展开，以不断培育中国低碳技术的创新能力，并通过调整外资与对外贸易的工业结构、区域结构，建立公平、有效的碳减排合作机制，制定合理的引资政策，通过 FDI 产业关联渠道促进国内相关产业的低碳技术改进，实现产业链的清洁生产，减轻国际碳减排转移的压力，同时，积极优化 FDI 的产业分布结构和来源结构，以最大限度地发挥外资与对外贸易技术溢出对中国工业能源消费碳减排的积极效应。

关键词：FDI；对外贸易；碳排放强度；碳排放绩效；技术效率；技术进步

Abstract

Scholars at home and abroad have made lots of researches on the effects of FDI and international trade on the carbon emission of host country, and they discussed that FDI and international trade mainly through the influence of scale effect, composition effect and technical effect on carbon emission of host country. Based on this, Scholars abroad have made further studies on the different technical effects of different international spillover channels on the carbon emission of host country, however, seldom domestic studies is on this topic, only one or two papers has preliminarily investigated this topic from the perspective of technology horizontal spillover channel from FDI, therefore this paper takes China industry as sample to extend and resupply, and makes systematic and in – depth study of inner mechanism of the effects of international technology spillovers on the carbon emission of industrial energy consumption in China, which has deep theoretical value.

The Twelfth Five – Year Plan proposes the state strategy about how to cope with the international climate change, which means that China should make full use of technology advancement, improve system mechanism and policy system, and carry out pragmatic cooperation in scientific research, technology research and development and capacity building through strengthening international exchange in the field of climate change. It has become a general consensus that middle – long period carbon emission reduction of energy consumption could be enhanced through technology innovation of low carbon. The main problems exists in the field of carbon emission reduction of industrial energy consumption recently in China are as follows. Firstly, the high carbon lock – in effect universally exists in industrialized countries. Secondly, the technology innovation basis of low carbon is weak, nearly seventy percent of core technology types of low carbon relies on the import. Thirdly, technology innovation path of low carbon is separated from the economic condition in China. All of these cause the dilemma of the insufficient of technology innovation ability of low carbon, if China could pay attention to the optimization of the technology paths during the course of international transfer and diffusion of technology of low carbon, this dilemma could be alleviated. Based on this point, this paper studies the policy transition, objectives and contents which do benefits to optimize the paths of carbon emission of industrial energy consumption reduction technology innovation from the perspective of international technology spillover channels in China.

The content of this paper is mainly surrounding the following aspects: Firstly, this paper tries to review the basis of theoretical research related with Low − Carbon economics, summarizes and comments the literatures and research progresses in the fields of the researches on the effects of technology advancement on ecological environment, and the effects of FDI and international trade on ecological environment. Secondly, this paper analyzes the inner mechanism of the effects of international technology spillovers on carbon emission of industrial energy consumption, builds up a general equilibrium model to make an in − depth analysis. Thirdly, this paper estimates the current situation of carbon emission of industrial energy consumption from multiple angles, including carbon emissions of industrial energy consumption, carbon emission intensity of industrial energy consumption, carbon emission performance of industrial energy consumption, carbon emissions embodied in the trade, low − carbon economy index and driving forces of carbon emissions of industrial energy consumption. Fourthly, carbon emission intensity of industrial energy consumption is used to characterize industrial carbon emission reduction technology, and this paper examines the effects of technology spillovers from FDI and international trade on industrial carbon abatement based on the panel data from industrial sectors. Besides, this paper examines the technical effects of FDI on carbon emissions embodied in the trade and low − carbon economy index. Fifthly, carbon emission performance of industrial energy consumption is used to characterize industrial carbon emission reduction technology, and this paper examines the effects of technology spillovers from FDI and international trade on industrial carbon abatement based on the panel data from industrial sectors and provincial industry. Specifically, this paper is divided into 7 chapters.

Chapter I is introduction. This chapter presents the research background, research significance in theory and practice, proposes the research train of thought, including research objective, research skeleton, research content and research method, summarizes research innovation, and points out the future direction for further research.

Chapter II is literature review. This chapter firstly introduces the theoretic basis of Low – Carbon economics related with the research, including ecological footprint theory, decoupling theory of resources and environment and theory of the environmental Kuznets curve, neo – classic economic growth theory and endogenous growth theory that embraced the environmental factors, which reflect analysis of ecological environment and the relationship between economic development and ecological environment, then this chapter reviews and collates literatures at home and abroad about the effects of technology advancement, FDI and international trade on ecological environment respectively, based on these, this chapter also arranges the recent research findings abroad about the different technical effects of different international spillover channels on the carbon emission of host country, and domestic elementary research status. Finally, this chapter makes a brief review and research prospect.

Chapter III is inner mechanism. This chapter builds up the theoretic analysis framework of a general equilibrium about the effect of technical factor on ecological environment, the result indicates that carbon emissions is determined by the factors of economic scale, industrial structure and carbon emission intensity, based on this, this chapter sets production function into Cobb – Douglas production function form, deduces the determining factors of industrial structure and carbon emission intensity according to the condition of cost optimal decision, and substitutes the determining factors of industrial structure and carbon emission intensity into the equation which determines carbon emissions. The result directly reflects that economic scale and per capital stock has promotion effects on carbon emissions, however, independent research and development innovation, FDI, international trade and carbon emissions tax and charge have negative effects on carbon emissions. In order to further effectively distinguish the effects of FDI and international trade on carbon emission reduction, this chapter divides FDI elasticity and international trade elasticity of carbon emissions into scale effect, composition effect and technical effect respectively. Finally, this chapter makes theoretic discuss on the influence paths of technology spillovers of FDI and international trade on carbon emission of industrial energy consumption, and thus proposes hypothesis 1 – 7.

Chapter IV is the construction, measurement and decomposition of indexes. This chapter firstly constructs the measure indexes of technology spillover path of FDI and international trade based on the input – output tables, estimates the change regulation of carbon emission of industrial energy consumption in China from multiple angles, including the indexes of carbon emissions, carbon emission intensity and carbon emission performance of industrial energy consumption, carbon emissions embodied in the trade, low – carbon economy index, and makes a further discussion about the driving forces of carbon emissions of industrial energy consumption. Results show that, first place, the year 2005 is taken as the line of demarcation of change regulation of carbon emissions of industrial energy consumption, the year before the index keeps constant, but the year after the index of most industrial sectors shows an up trend obviously. Second place, carbon emission intensity of industrial energy consumption tends to volatility – downward trend as a whole, and the index of most industrial sectors appears a slight rebound in 2004. Third place, carbon emission performance of industrial energy consumption in middle and western region is higher than the index in eastern region, among which, the improvement of carbon emission performance of industrial energy consumption in middle and western region is mainly depended on technology progress, but the improvement of carbon emission performance of industrial energy consumption in eastern region is mainly depended on technology efficiency advancement. Fourth place, the change regulation of carbon emission performance of industrial energy consumption shows obvious heterogeneous in different sectors. Then the research on the driving forces of carbon emissions of industrial energy consumption indicates that production technology effect and composition effect obviously reduce carbon emissions of industrial energy consumption, on the contrary, scale effect and compositional production technology effect evidently increase carbon emissions of industrial energy consumption, and the other factors have no evident effect on carbon emissions of industrial energy consumption.

Chapter V examines the effects of international technology spillovers on carbon emission intensity of industrial energy consumption. Firstly, the estimations of hypothesis 1 − 3 presented in Chapter Ⅲ refer to the train of thought of Grossman and Krueger in 1991, sets static and dynamic model in order to examine the effects of FDI technology spillovers on carbon emission abatement, and evaluates the influence of these industry characters such as research and development intensity, ownership structure and industrial structure on the effect of FDI technology spillovers on the industrial carbon abatement. Conclusions are as follows: the effect of technology horizontal spillover from FDI are not obvious, technology forward spillover from FDI lowers carbon emission intensity of industrial energy consumption in short term but obviously promotes the long − term carbon emission intensity of industrial energy consumption, but technology backward spillover from FDI decreases carbon emission intensity of industrial energy consumption, among which, research and development intensity and industrial structure have obvious promotion effects on technology vertical spillovers from FDI, while ownership structure has negative effect on technology vertical spillovers from FDI. Then the estimations of hypothesis 4 − 7 presented in Chapter Ⅲ are according to the similar train of thought. This chapter examines technology spillover effects of international trade on carbon emission intensity and carbon emissions of industrial energy consumption, evaluates the influence of these industry characters such as research and development intensity, ownership structure and carbon emission intensity on the effects of technology forward spillover from import and technology backward spillover from export on the industrial carbon abatement. Result shows that, technology horizontal spillover from import has significant promotion effect on carbon emission intensity of industrial energy consumption, but technology backward spillover from export has obvious negative effect on carbon emission intensity of industrial energy consumption, among which, research and development intensity and ownership structure have obvious negative effects on technology horizontal spillover from import, while ownership structure also has negative effect on technology backward spillover from export. Apart from these, FDI industrial structure plays a dominant role in the carbon emissions of China's foreign trade, more specific, the change of FDI industrial structure enhances the growth of the carbon emissions of China's foreign trade; carbon emissions embodied in the trade intensity effect of investment continues to decrease, and the declining rate becomes larger; the effect of the change of FDI quantity effect is unstable, and there are no obvious relationship between them. Meanwhile, both FDI and OFDI have promoting effects on China's low – carbon development, and the difference in these promoting effects is caused by the difference in effect pathway.

Chapter VI examines the effects of international technology spillovers on carbon emission performance of industrial energy consumption. The main distinction between this chapter and Chapter V is the different choice of index reflecting abatement technology of carbon emission level. This chapter sets model referring to train of thought of Grossman and Krueger in 1991, and estimates the effects of FDI and international trade technology spillovers on carbon emission abatement for different regions and sectors. The research result indicates that for three areas, the intensity and direction of effects appears obvious heterogeneous indifferent regions. FDI technology spillovers suppresses technology progress, but FDI technology vertical spillovers promote the advancement of technology efficiency, and the effect of FDI technology forward spillover effect is higher than the effect of FDI technology backward spillover. Technology horizontal spillover from export suppresses technology progress, but technology horizontal spillover and backward spillover from export have promotion effects on the advancement of technology efficiency. Technology horizontal spillover from import hinder the improvement of technology efficiency, but technology forward spillover from import have promotion effect on technology efficiency. Finally, this chapter illustrates the relationship among carbon emissions, carbon emission intensity and carbon emission performance, sums up the results of estimation of Chapter V and this chapter, and makes in – depth cause analysis according to these results.

Chapter VII refers to main conclusions and policy recommendations. This chapter reviews the inner mechanism of the effect of international technology spillovers on carbon emission abatement and estimation results, based on these, presents the improving path of innovation ability of low carbon in China from the perspective of international technology spillovers, which is surrounding the construction and consummation the following platforms, including "industry – education – research – application" innovation platform, industry chain integration platform and institution platform of investment and management environment in order to cultivate innovation ability of low carbon in China sustainably. It is necessary to set down equal and effective mechanism of the carbon emissions reduction, make the reasonable policy of encouraging foreign investment, enhance the improvement of low carbon technology from FDI industrial linkages channel and realize the clean production of industrial chain in order to reduce the depression of the international transfer of carbon emissions reduction, optimize industrial distribution structure and source structure of FDI, and enhances the promotion effects of FDI and international trade technology spillover on carbon emission abatement of industrial energy consumption in China to the utmost extent through the adjustment of industrial structure and regional structure of FDI and international trade.

Key words: FDI; International Trade; Carbon Emission Intensity; Carbon Emission Performance; Technology Progress; Technology efficiency

目　录

图 目 录

表 目 录

第一章 导论

第一节 问题的提出

国内外学者关于 FDI、对外贸易对东道国碳排放的影响进行了很多研究，其中探讨了 FDI、对外贸易主要通过规模效应、结构效应、技术效应影响东道国碳排放，在此基础上，国外学者进一步研究了不同的国际溢出渠道所发挥的技术效应对东道国碳排放影响的差异，而国内学者对此研究极少，仅有一两篇文献从 FDI 技术水平溢出渠道进行初步考察。因此，本书在引进国外研究成果的基础上，以中国工业为样本进行延伸与补充，系统、深入研究国际技术溢出对中国工业能源消费碳排放影响的内在机制与技术影响路径，具有较重要的理论价值。

1992 年联合国政府间谈判委员会达成的《联合国气候变化框架公约》（以下简称《公约》），成为世界上第一个全面控制以二氧化碳为主的温室气体排放、应对全球气候变暖的国际气候合作框架；1997 年，在该《公约》的第三次缔约方大会上，促生了第一个附加协议《京都议定书》，该议定书首次以法规的形式对主要工业发达国家的温室气体减排种类、减排比例、减排期限以及减排方式作出了具体的限定；2009 年，中国在哥本哈根气候大会上，对外承诺 2020 年单位国内生产总值所排放的二氧化碳比 2005 年下降 40%—45%。其中，通过低碳技术创新来应对气候变化（包括碳减排）已成为人们的共识。目前中国低碳技术创新基础薄弱，2010 年中国单位 GDP 能耗为全球均值的 2.5 倍，日本的 7.7 倍，英国的 6.4 倍，美国的 4.1 倍，在节能减排技术领域与技术领先国家存在较大的差距，为实现该碳减排目标，需要 62 种低碳技术支撑，其中 42 种为中国目前并不掌握的核心技术，这一数据表明中国接近 70% 的低碳核心技术仍然依赖进口（邹骥，2010）[①]。正如"十二五"规划提出"积极应对全球气候变化"

---

① 邹骥：《2009/10 中国人类发展报告——迈向低碳经济和社会的可持续未来》，联合国开发计划署，2010 年。

的国家战略：中国需要"充分发挥技术进步的作用，完善体制机制和政策体系"，通过"加强气候变化领域国际交流"，"在科学研究、技术研发和能力建设方面开展务实合作"。

"十二五"规划首次将低碳经济的理念纳入五年规划，这一低碳经济理念包含了自然资源与环境的生态、产业生态、人文生态等相互关联的各个子系统。立足于产业生态的视角，工业行业作为中国碳排放大户，自改革开放以来，产值占全国 GDP 平均比重达 40.1% 的工业行业消耗了 67.9% 的能源消费总量，其释放的碳排放量占碳排放总量的比重达 83.1%（陈诗一，2009）[①]。由此可见，中国工业承担着较大的国内碳减排压力，在向低碳经济转型的过程中，面临着技术与资金的双重挑战。显然，对于开放程度较高的工业而言，中国工业能源消费碳减排无法脱离开放经济的背景，截至 2010 年年底，中国累计吸收外资 1057.4 亿美元，突破千亿，同期对外贸易总额达 29727.6 亿美元，接近 3 万亿美元大关，FDI、对外贸易已成为中国参与全球分工、融入经济全球化的重要渠道，因此，中国工业能源消费碳减排应充分重视国际技术转移与扩散对国内碳减排技术吸收、消化与二次创新等研发能力的促进作用。

目前中国工业能源消费碳减排领域存在的主要问题：一是工业化国家普遍存在的高碳"锁定效应"；二是低碳技术创新基础薄弱，接近 70% 的低碳核心技术仍然依赖进口；三是低碳技术研发路径与中国经济条件相脱离。结果导致低碳技术研发能力不足的困境，若中国在低碳技术的国际转移与扩散过程中注重技术路径的优化，就有可能缓解这一困境。本书以此为切入点，探讨基于国际技术溢出渠道的中国工业能源消费碳减排技术创新路径优化的政策转型方向、目标与内容。

第二节　研究目标、框架结构与主要内容

一　研究目标

本书的研究目标是，在理论研究与实证研究的基础上，拟解决以下几个问题：

---

① 陈诗一：《能源消耗、二氧化碳排放与中国工业的可持续发展》，《经济研究》2009 年第 4 期。

（1）FDI、对外贸易对工业能源消费碳排放的影响包括规模效应、结构效应与技术效应，其中，国际技术溢出对碳排放所带来的是正向技术效应，还是负向技术效应？其技术效应的变动趋势如何？从中国工业分行业的技术效应对碳排放环境总效应的贡献来看，哪些工业行业的国际技术溢出对碳排放环境发挥积极效应，而哪些工业行业的效应为负或不明显，与FDI、对外贸易的进入程度和行业的要素密集度又存在什么关联？

（2）FDI技术溢出如何影响东道国碳排放，主要通过何种机制或路径作用于东道国碳排放，FDI技术水平、前向以及后向关联渠道的技术溢出对工业行业碳排放的影响如何？研发投入强度、行业市场化程度、行业结构以及行业碳排放强度等反映东道国吸收能力的行业特征对FDI技术溢出的碳排放效应的影响又如何？

（3）对外贸易技术溢出如何影响东道国碳排放，主要通过何种机制或路径作用于东道国碳排放环境，进口和出口贸易技术水平关联、进口贸易技术前向关联、出口贸易技术后向关联等四种不同关联渠道的技术溢出对工业碳排放的影响如何？同一途径的传导机制是否存在行业异质性，其技术效应又受到哪些行业特征的影响？

需要说明的是，碳排放强度与碳排放绩效分别从不同角度衡量了中国工业碳排放技术水平，两种衡量指标并不完全等同：碳排放强度指标类似于以物质消耗强度指标测度的经济增长与物质消耗或污染物排放的脱钩关系与脱钩程度，该单要素指标简单易测，但无法反映导致工业正产出、碳排放负产出的各投入要素之间的替代性；碳排放绩效是从全要素的角度进行测度，并对碳排放污染物进行了处理。上述两种衡量指标并不存在必然联系，碳排放强度的变化并不一定导致碳排放绩效的变化，这种变化可能来自经济与碳排放相同幅度的增长。在此基础上，碳排放绩效可进一步分解为技术效率与技术进步，能有效区分碳排放绩效水平提升的根源。因此，本书将对两个碳排放指标分别进行考察，从不同的角度测度FDI、对外贸易技术溢出的碳排放效应。此外，本文还针对纳入工业行业的对外贸易隐含碳排放水平、低碳经济水平进行了测度，并考察基于上述指标的FDI技术效应，以充分反映国际技术溢出的碳减排效应。

二 框架结构

本书框架结构如下：

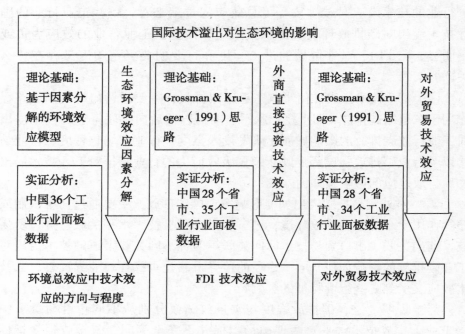

图 1-1 本书的框架结构图

三 主要内容

在文献综述的基础上，本书研究的主要内容围绕以下四个方面展开：

（一）国际技术溢出对工业能源消费碳排放影响的内在机制：一个理论模型

本部分从微观经济主体的最优化行为出发构建分析技术溢出效应的一般均衡的理论模型。具体来看，在 Copeland 和 Taylor（1995）[1] 提出的经济活动对生态环境影响模型的基础上引入技术因素，并将生产函数具体设定为柯布—道格拉斯生产函数形式，分析产品市场出清与要素市场出清的均衡条件，推出工业能源消费碳排放水平与经济规模、产业结构以及能源

---

① Copeland B. R. , Taylor M. S. . Trade and Transboundary Pollution, *American Economics Review*, 1995, 85, pp. 716 – 737.

消费碳排放强度之间的关系，在此基础上，根据成本最优化决策的条件推导出产业结构的决定因素，同时，碳排放强度的值取决于自主研发创新、FDI、对外贸易以及碳排放税费等因素，随后将产业结构与碳排放强度的决定因素纳入工业能源消费碳排放水平的决定因素方程并将其转换为线性对数函数的形式，以直观反映工业能源消费碳排放水平与经济规模、产业结构决定因素以及自主研发创新、FDI、对外贸易、碳排放税费等碳排放决定因素之间的关系。为进一步有效区分 FDI、对外贸易技术溢出的碳减排效应，在线性对数函数的两边分别对 FDI、对外贸易进行求导，分别将工业能源消费碳排放水平变动相对 FDI、对外贸易变动的反应弹性分解为规模效应、结构效应以及技术效应三个部分，并从理论上阐述了 FDI 技术水平溢出、前向溢出以及后向溢出对工业能源消费碳排放的影响路径，由此提出了假说1—3；此外，还阐述了进出口贸易技术水平溢出、进口贸易技术前向溢出以及出口贸易技术后向溢出对工业能源消费碳排放的影响路径，由此提出了假说4—7，为随后的实证分析奠定了理论基础。

（二）国际技术溢出与中国工业能源消费碳排放的测度

本部分首先构建了 FDI 技术水平、前向与后向溢出指标，然后运用投入产出表构建了 FDI、对外贸易技术各溢出路径所对应的度量指标，并从多重角度测度了中国工业能源消费碳排放的变化规律，包括中国工业能源消费碳排放量、碳排放强度、对外贸易隐含碳排放量、低碳经济水平、以及基于中国省际工业与工业行业层面的碳排放绩效指标的变化规律。在此基础上，本部分进一步从影响工业行业能源消费碳排放的驱动因素来看，运用拓展后的环境效应分解模型将 1998—2010 年间中国工业行业能源消费碳排放变动的环境效应分解为规模效应、结构效应、环保技术效应、生产技术效应、混合技术效应、结构生产技术、结构环保技术以及整体效应等因素，其工业能源消费碳排放分解模型的具体拓展过程为：

$$C = \sum_{i=1}^{n} c_i = \sum_{i=1}^{n} v_i z_i = V \sum_{i=1}^{n} \theta_i z_i = V \sum_{i=1}^{n} \theta_i \cdot \frac{c_i}{e_i} \cdot \frac{e_i}{v_i} = V \sum_{i=1}^{n} \theta_i \cdot EP_i \cdot EI_i$$

$$(1.1)$$

其中，C 为工业能源消费碳排放总量，c_i 表示行业 i 的能源消费碳排放量；V 为工业总产值，v_i 表示行业 i 的产值，θ_i 表示行业 i 的产值占工业总产值的比重，即 $\theta_i = v_i/V$；e_i 表示行业 i 的能源消费量；$EP_i = c_i/e_i$，代表行业 i 的能源消费碳排放强度，与行业 i 内部的能源消费结构和各种能源的碳排放系数有关，反映行业 i 的环保技术效应；$EI_i = e_i/v_i$，代表行业 i 的能源消费强度，反映行业 i 的生产技术效应。进一步对该式进行差分处理分解为上述各效应。最后，对高碳、中碳、低碳排放的工业行业进行分组检验。

（三）国际技术溢出与中国工业能源消费碳排放量、强度的关系

为考察 FDI、对外贸易主要通过何种技术渠道对中国工业能源消费碳排放强度产生影响，本部分分别构建了 FDI、对外贸易技术效应模型，其中，考察了 FDI 技术水平溢出、前向溢出和后向溢出三种技术溢出渠道对2001—2010 年间中国工业能源消费碳排放强度的影响，并进一步构造国内研发、企业所有制结构、行业结构分别与 FDI 技术水平溢出、前向溢出以及后向溢出变量的乘积交互项，以充分判别吸收能力的行业异质性对 FDI 技术水平溢出、前向溢出以及后向溢出的碳减排效应的影响。模型思路如下：

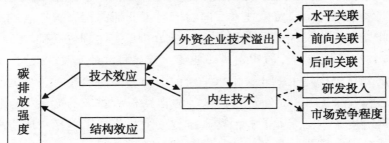

图 1 - 2　FDI 技术效应路线图

同时，还考察了进口与出口贸易技术水平溢出、进口贸易技术前向溢出、出口贸易技术后向溢出四种技术溢出渠道对中国碳排放强度的影响，并进一步构造国内研发、企业所有制结构分别与出口贸易技术后向溢出、进口贸易技术水平溢出变量的乘积交互项，以充分判别吸收能力的行业异质性对出口贸易技术后向溢出、进口贸易技术水平溢出的碳减排效应的影响。模型思路如图 1 - 3 所示。

此外，本书还分别考察了 FDI 技术溢出对中国对外贸易隐含碳排放、中国低碳经济水平的影响。具体来看，本文通过指数因素分解法，将 FDI 对贸易隐含碳排放的影响分解为 FDI 数量效应、FDI 行业结构效应以及投资的贸易隐含碳强度效应进行分析，其中，投资的隐含碳强度效应能反映出基于对外贸易隐含碳排放的 FDI 技术效应；随后，本书在构建低碳经济综合评价指标体系的基础上，运用主成分分析法分析了中国低碳经济发展

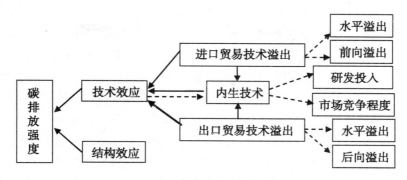

图1-3 对外贸易技术效应路线图

水平的变化趋势，并进一步对 FDI 技术溢出对中国低碳经济发展水平的关系以及前者对后者的作用途径进行了实证检验。

（四）国际技术溢出与中国工业能源消费碳排放绩效的关系

本部分选用碳排放绩效指标来衡量碳减排技术水平，首先，运用1995—2010 年间中国 28 个省级动态面板数据，对 FDI、对外贸易技术溢出的碳排放效应分区域进行考察。其次，在整体分析的基础上，运用中国2001—2010 年间工业行业面板数据，基于工业行业能源消费碳排放绩效的测度指标对假说1—3、假说4—7 进行实证检验，分别考察了 FDI 技术溢出、对外贸易技术溢出对工业碳排放绩效分解指数的影响及其行业特征因素所发挥的作用。再次，对重工业、轻工业行业进行了分组检验。最后，阐明了碳排放量指标、碳排放强度指标、碳排放绩效指标、对外贸易隐含碳排放量指标以及低碳经济水平指标之间的区别与联系，并针对 FDI、对外贸易技术溢出的影响路径进行了深层次的剖析。

第三节 研究方法与技术路线

一 研究方法

本书采取理论研究与实证研究相结合的方法。

理论研究方面，以脱钩理论、环境库兹涅茨曲线理论以及生态足迹理论为研究的理论基础，沿袭国外学者 Grossman 和 Krueger（1991）[1] 的研究

---

[1] Grossman, G. M., A. B. Krueger, Environmental Impact of A North American Free Trade Agreement, *NBER Working Paper*, 1991.

思路，对 Copeland 和 Taylor（2003）^① 的理论模型进行改进，得出影响生态环境的规模效应、结构效应、技术效应及其相应的影响因素，作为建立国际技术溢出对工业能源消费碳排放影响一般分析框架的理论基础。

实证研究方面，运用因素分解的数量分析模型、计量模型等实证研究方法。在生态环境效应的分解方面，本书尝试拓展环境效应分解模型，对不同类型的技术效应进一步细化，将模型处理成差分模型进行数量分析；在 FDI、对外贸易技术溢出对生态环境的影响方面，本书运用动态面板数据模型进行计量回归分析，对不同计量方法得出的结论进行稳健性与可靠性检验；本书运用工业能源消费碳排放强度、工业能源消费碳排放绩效、对外贸易隐含碳排放以及低碳经济水平指标表征生态环境质量，其中，工业能源消费碳排放绩效指标的测度采用基于 Malmquist - Luenberger 指数的全要素碳排放绩效指标，该指标综合反映了非期望产出减少与期望产出增长的情况。

二 技术路线

首先，梳理了与本书主题相关的基础理论与前沿文献，在对 FDI、对外贸易与生态环境关系的研究现状作出准确分析与把握的基础上，明确现有研究可能存在的不足之处；其次，构建国际技术溢出对工业碳排放影响的一般均衡模型以阐明其内在机制，并分别针对 FDI、对外贸易技术溢出的碳减排效应进行分解，提出相应的基本假设；再次，在理论模型分析的基础上，构建计量模型进行实证分析，对基本命题进行检验；最后，对实证结论进行比较，揭示结论背后的深层次原因，并以此给予相应的政策建议。本书主要技术路线图设立如图 1 - 4 所示。

第四节 主要创新之处与进一步研究的方向

一 主要创新之处

本书的创新之处表现在如下四点：

第一，在考虑环境污染的背景下，分析国际技术溢出对工业能源消费碳排放影响的内在机制，从微观经济主体的最优化行为出发全面分析国际

---

①　Copeland B. R., Taylor M. S.. Trade, Growth and the Environment, *NBER Working Paper*, 2003.

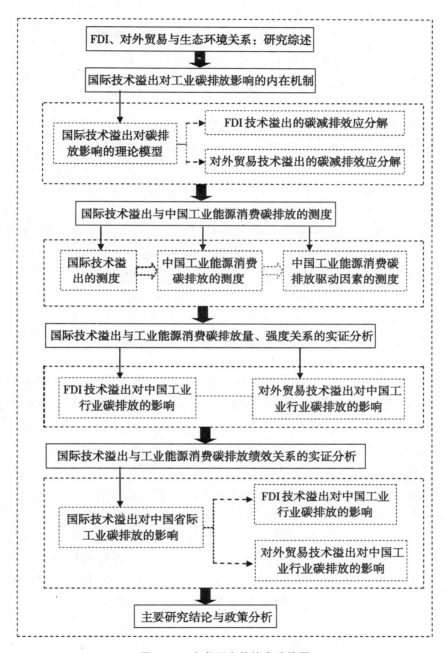

图 1-4　本书研究的技术路线图

技术溢出对碳排放影响的一般均衡模型，以反映国际技术溢出对工业能源消费碳排放影响的内在机制。

第二，环境技术与产业结构是影响中国工业能源消费碳排放的两大重要因素，为区分不同影响因素的差异，调整环境政策以促进中国工业能源消费碳减排，本书首先对环境效应分解模型进行了拓展，并运用拓展后的模型将 1998—2010 年间中国工业行业能源消费碳排放变动的环境效应分解为规模效应、结构效应、环保技术效应、生产技术效应、混合技术效应、结构生产技术效应、结构环保技术效应以及整体效应等因素，探讨碳减排技术进步与工业产业结构调整以及相关驱动因素在中国工业行业能源消费碳减排过程中的作用，而以往的文献研究对技术进步的环境效应考察较为宽泛，没有对不同类型的技术效应进行细分。

第三，FDI、对外贸易主要通过何种技术渠道影响中国工业能源消费碳排放，不同的行业特征的影响又如何，同一影响路径是否存在行业异质性，是本书研究的主要目的所在。本书试图通过产业关联渠道将 FDI 区分为前后向关联与水平关联，将出口贸易区分为后向关联与水平关联，将进口贸易区分为前向关联与水平关联，结合中国工业反映吸收能力的行业特征全面考察并比较各种渠道的技术溢出对中国工业能源消费碳排放水平的影响。

第四，从 2002 年开始，中国对外贸易隐含碳排放的不平衡程度不断加剧，以往的研究集中在中国对外贸易隐含碳的测算与 FDI 对国内碳排放绩效的考察，并未分析 FDI 对中国贸易隐含碳排放的影响。本书运用 1997—2009 年间投入产出数据，通过指数因素分解法，将 FDI 对贸易隐含碳排放的影响分解为 FDI 数量效应、FDI 行业结构效应以及投资的贸易隐含碳强度效应进行分析。同时，低碳经济拥有丰富的理论内涵，其综合评价指标体系尚未形成统一框架。另外，国内的相关研究主要集中在 FDI 对中国二氧化碳排放的影响方面，而考察 FDI 对中国低碳经济发展影响的文献较为鲜见。基于此，本书在构建中国低碳经济综合评价指标体系的基础上，分析 FDI、OFDI 对中国低碳经济发展的影响，并揭示其主要的影响途径，以从低碳经济发展的视角提出引资、对外投资的政策建议。

二　进一步研究的方向

在本书研究的基础上，值得未来进一步拓展延伸的几个方面如下：

首先，由于不同污染物排放之间存在替代性，本书以工业能源消费碳排放表征碳减排技术以及生态环境质量，与研究结论相对应的政策建议在抑制工业能源消费碳排放的同时，可能会促进其他环境污染物排放的增长，顾此失彼，对此，若选用生态足迹的指标表征生态环境质量，能更准确地把握国际技术溢出对生态环境整体水平的影响。

其次，由于国际技术溢出环境正效应的前提在于，一方面，FDI来源国、对外贸易伙伴国拥有比东道国更为清洁的环保技术；另一方面，东道国自身的吸收能力是否达到门槛条件。本书针对东道国吸收能力因素的影响方向与程度进行了考察，未来可进一步区分不同FDI来源国或对外贸易伙伴国技术溢出的环境效应，并基于FDI、对外贸易的规模与技术门槛的视角，以验证不同机制下门槛效应的存在性及相应的门槛值。

最后，关于国际技术溢出的碳减排效应影响机制的分析，本书以完全竞争市场作为模型演绎的假设前提。依据垄断优势理论，市场的不完全既是跨国公司对外投资的根本原因，也是获取垄断利润的条件，为此，在模型中引入垄断优势所表现出的产品定价控制权，能进一步反映出垄断程度变化对工业能源消费碳排放的影响。

第二章 FDI、对外贸易与生态环境关系的相关研究综述

第一节 与低碳经济相关的理论研究基础

一 生态足迹及碳足迹理论

生态足迹（Ecological Footprint）的概念最初是由加拿大生态经济学家 Rees（1992）提出的，是人类的生产与生活过程中所需要的真实生物生产性土地或水域面积。[①] 具体来看，生态足迹是指某数量人口群体所消费的各种商品和服务的所有资源与吸纳这些人口群体在消费过程中产生的废弃物所需要的生物生产性土地或水域面积，可区分为生产性生态足迹与消费性生态足迹。其中，生产性生态足迹用生态生产性土地（水域）面积来度量，这里的生态生产性土地涵盖了农耕地、牧草地、林地、建设用地、海洋（水域）、化石能源用地六大类型。其应用价值主要体现在，通过比较生态足迹与生态承载力，用以判断某数量人口群体生存空间的生态系统可持续发展状况。

（一）基本假设

由于生态足迹统计对象的多样性与差异性，数据的获取存在较大困难，基于此，模型的六个基本假设条件设定如下：

（1）人类能够估计生产、消费过程中所消耗的自然资源及其所产生的废弃物的数量；

（2）所消耗的自然资源及其废弃物能转化为生物生产性土地或水域面积，而且不同生存空间生态生产能力因资源禀赋不同而存在差异；

（3）具有生态生产能力的六种土地类型能根据产量换算成统一面积单位"全球性公顷"（全球平均产量的生产力面积）后再累加；

（4）各土地类型的用途在空间上互相排斥，没有重合交叉；

---

① Rees W. E., Ecological footprint and appropriated carrying capacity: what urban economics leaves out, *Environment and Urbanization*, 1992, 4 (2), pp. 121 – 130.

（5）自然生态系统服务也可以换算成标准化的生物生产性土地或水域面积；

（6）生态足迹可能会超过生态承载力，所导致的生态赤字会消耗该生存空间的生态存量，或者从其他空间输入生态资源并处理相应的废弃物。

（二）基本模型

1. 生态足迹的计算

$$EFP = N \cdot efp = N \cdot \sum r_j \cdot A_j = N \cdot \sum \frac{r_j \cdot (P_j + IM_j - EX_j)}{Y_j \cdot N}$$
$$(j = 1, 2, \cdots, 6) \tag{2.1}$$

等式中，j 为消费项目类型，EFP 为生态足迹总量，efp 为人均生态足迹，N 为人口数量，r 为均衡因子，A 为消费项目换算的人均生物生产性土地或水域面积，P 为当年产量，IM 为当年进口量，EX 为当年出口量，Y 为当年全球平均产量。计算过程中，各种资源与能源消费项目均被换算成基本假设中的六种生物生产性土地或水域面积。

2. 生态承载力的计算

$$BPA = N \cdot bpa = N \cdot (a_j \cdot r_j \cdot y_j) \quad (j = 1, 2, \cdots, 6) \tag{2.2}$$

等式中，j 为消费项目类型，BPA 为生态承载力总量，bpa 为人均生态承载力，a 为人均生物生产性土地或水域面积，r 为均衡因子，y 为产量因子。

3. 生态足迹与生态承载力的关系

当 $EFP = BPA$　　$EB = 0$　　生态平衡（Ecological Balance）　　(2.3)

当 $EFP < BPA$　　$ES = BPA - EFP$　　生态盈余（Ecological Surplus）
$$\tag{2.4}$$

当 $EFP > BPA$　　$ED = EFP - BPA$　　生态赤字（Ecological Deficit）
$$\tag{2.5}$$

生态平衡、生态盈余、生态赤字分别为生态足迹与生态承载力关系的三种状态，反映了该生存空间人口群体对自然资源的利用状况及生态账户的相应变化。

（三）生态足迹理论及模型的应用

1. 国外机构及文献研究综述

自 Rees 在 1992 年提出生态足迹的概念以后，Wackernagel（1997）随后在一次报告中第一次应用生态足迹的测算方法，对全球 52 个国家和地区 1997 年的生态足迹进行了测算，结果显示占全球 80% 的人口群体的生态足迹超出其生存空间生态承载力的 35%，其中，美国、中国、俄罗斯的生态足迹位列前三。[①] 随后十多年，生态足迹方法被广泛运用于全球、国家、区域、城市、产业、学校、个人等各个层面。国外代表性的文献有：

（1）全球与国家层面

自 2000 年以来，世界自然基金会（WWF）每两年公开出版一期 Living Planet Report，定期公布全球各个国家和地区的生态足迹与消费项目构成，具有最为权威的影响力，研究显示，人类自 20 世纪 80 年代以来持续透支全球生态账户，2008 年人均生态足迹为 2.7 全球公顷，而人均生态承载力为 1.8 全球公顷，这意味着人类对全球生态系统的消耗已超过全球可再生资源更新能力的 50% 左右，而且，1970—2008 年间，不同收入层次国家的生命力指数存在明显差异，高收入国家生命力指数增长了 7%，而低收入国家生命力指数下降了 60%，由此可知，低收入国家由于自身所处的发展阶段与资源贸易净出口的现状，承担了较多的生态环境压力与责任[②]。

（2）区域与城市层面

Folk 等（1997）以占波罗的海流域仅 1% 面积的 29 个城市为研究对象，测算出这些城市的生态足迹需要占该流域 0.75—1.5 倍面积的生态承载力来支撑。[③] Warren - Rhodes 等（2001）对中国香港地区的测算表明，人均生态足迹与人均生态承载力的比值为 22：1，生态系统的消耗与再生能力严重失调。[④]

（3）产业与学校层面

Dave 等（1998）将大麻工业对生态环境的消耗根据产量折算成土地面积，以土地面积的最小化建立线性规划模型来测算该工业生产绩效。[⑤] Gossling 等（2002）对非洲塞舌尔群岛地区的旅游产业进行了生态足迹的

---

① Wackernagel M., Onisto L., Linares A. C., et al, *Ecological Footprints of Nations*：*How Much Nature Do They Use*? *How Much Nature Nature Do They Have*? Costa Rica：The Earth Council，1997.

② Word Wide Fund for Nature, *Living Planet Report* 2012，2012. http：//wwf. panda. org/about_our_ earth/all_ publications/living_ planet_ report/2012_ lpr/.

③ Folk C., Jansson A., Larsson J., et al., Ecosystem appropriation by cities, *AMBIO*, 1997, 26, pp. 167 – 172.

④ Warren - Rhodes, K., A. Koenig, Escalating Trends in the Urban Metabolism of Hong Kong：1971—1997, *AMBIO*, 2001, 30（7），pp. 429 – 438.

⑤ Dave M. A., John L. R., Proops P. W. G., Industrial Hemps Double Dividend：A Study for the USA, *Ecological Economics*, 1998, 25, pp. 291 – 301.

测算，结果表明在旅游产业的各项资源与环境消耗中，交通生态足迹所占比重最高。[1] Jason（2001）对澳大利亚雷德兰大学[2]、Bonham 等（2010）对澳大利亚莫湖森大学的生态足迹进行了测算[3]。

（4）个人层面

世界自然基金会初步开发了一套程序用于测算个人生态足迹[4]。

碳足迹（Carbon Footprint）是在生态足迹理念的基础上衍生出来的，国外相关文献自 2006 年以来方兴未艾。碳足迹的概念最早始于 POST（2006），认为碳足迹是指某一产品或服务在其生命周期的过程中所排放的二氧化碳和其他温室气体。[5] 随后 Wiedmann 等（2007）给出了更为精准的定义，认为碳足迹不仅包括某一产品或服务在其生命周期内所排放的二氧化碳和其他温室气体，还包括这一过程中直接或间接的二氧化碳排放，涵盖了工业、组织、政府以及个人各个层面。[6] 相关的文献有 Christopher 等（2008）以美国家庭[7]、Kenny（2009）以爱尔兰[8]、Sovacool 等（2010）以全球 12 个大都市区为研究对象进行了碳足迹测算[9]。

2. 国内机构及文献研究综述

国内学者徐中民等（2000）率先将生态足迹的理论体系、模型引入国

---

① Gossling S., Borgstrom C. H., Horstmeier O., et al., Ecological Footprint Analysis As a Tool to Assess Tourism Sustainability, *Ecological Economics*, 2002, 43, pp. 199 – 211.

② Jason V., Assessing the Ecological Impact of a University the Ecological Footprint for University of Redlands, *International Journal of Sustainability in Higher Education*, 2001, (2), pp. 180 – 190.

③ Bonham J., Koth B., Universities and the Cycling Culture, *Transportation Research Part D: Transport and Environment*, 2010, 15 (2), pp. 94 – 102.

④ http://www.myfootprint.org.

⑤ POST, Carbon Footprint of Electricity Generation, *London: Parliamentary Office of Science and Technology*, 2006.

⑥ Wiedmann T., Minx J., *A Definition of "Carbon Footprint"*, *In Ecological Economics Research Trends*, edited by C. C. Pertsova, Hauppauge, Nova Science Publisher, Inc.: New York, 2008, pp. 1 – 11.

⑦ Christopher L. W., G. P. Peters, D. B. Guan, et al, The Contribution of Chinese Exports to Climate Change, *Energy Policy*, 2008, 36 (9), pp. 3572 – 3577.

⑧ Kenny T., Gray N. F., Comparative Performance of Six Carbon Footprint Models for Use in Ireland, *Environment Impact Assessment Review*, 2009, 29, pp. 1 – 6.

⑨ Sovacool B. K., Brown M. A., Twelve Metropolitan Carbon Footprint: A Preliminary Comparative Global Assessment, *Energy Policy*, 2010, 38 (9), pp. 4856 – 4869.

内，并对甘肃省 1998 年的生态足迹进行了测算分析。[①] 2005 年以来中国知网（CNKI）收录的与生态足迹相关的文献占 2000 年以来文献总量的 94%以上，按每年数百篇的速度递增。自 2005 年以来国内代表性的文献有：

（1）全球与国家层面

赵先贵等（2006）基于 2003 年全球 147 个国家的生态足迹与生态承载力数据，构建了生态压力、生态占用、生态经济协调等一系列可持续发展指数。[②] 陈敏等（2005）对中国的生态足迹测算发现，中国生态足迹从 1978 年的 0.873 全球公顷增至 2003 年的 1.547 全球公顷，且同期人均赤字由 0.371 全球公顷升至 0.817 全球公顷。[③] 世界自然基金会发布的《中国生态足迹报告（2012）》指出，2008 年人均生态足迹超出其生态承载力的2.5 倍，人均生态赤字达历史最高位[④]。

（2）区域与城市层面

《中国生态足迹报告（2012）》表明，随着改革开放 30 多年工业化和城镇化的快速推进，80%以上的省市区出现了生态赤字，仅有西藏、青海、新疆、云南、海南和内蒙古仍为生态盈余。针对单一的省市区的研究，包括赵先贵等（2005）对陕西省[⑤]、赵志强等（2009）对广东省[⑥]以及刘长城等（2012）对重庆市的生态足迹进行的实证研究[⑦]，结果表明上述单一省市区人均生态赤字不断扩大，生态处于强不可持续的发展状态。

（3）产业与学校层面

陈东景等（2006）运用可持续性发展框架评估了中国海洋渔业[⑧]，金

---

①　徐中民、张志强、程国栋：《甘肃省 1998 年生态足迹计算与分析》，《地理学报》2000 年第5 期。

②　赵先贵、肖玲、马彩虹等：《基于生态足迹的可持续评价指标体系的构建》，《中国农业科学》2006 年第 6 期。

③　陈敏、张丽君、王如松等：《1978—2003 年中国生态足迹动态分析》，《资源科学》2005 年第6 期。

④　世界自然基金会：《中国生态足迹报告（2012）》，2012 年。

⑤　赵先贵、肖玲、兰叶霞等：《陕西省生态足迹和生态承载力动态研究》，《中国农业科学》2005年第 4 期。

⑥　赵志强、高江波、李双成等：《基于能值改进生态足迹模型的广东省 1978—2006 年生态经济系统分析》，《北京大学学报》2009 年第 5 期。

⑦　刘长城、黄海：《重庆市 2010 年生态足迹分析》，《重庆三峡学院学报》2012 年第 6 期。

⑧　陈东景、李培英、杜军等：《基于生态足迹和人文发展指数的可持续发展评价——以中国海洋渔业资源利用为例》，《中国软科学》2006 年第 5 期。

丹等（2007）[①]、王小亭等（2011）[②] 分别测算了中国采煤业、造纸业人均生态足迹，结果显示上述各产业人均生态足迹均呈现上升的趋势。校园生态足迹的研究，国内有顾晓薇等（2005）对东北大学[③]、王菲凤等（2008）对福州大学[④]以及姚争等（2011）对北京大学的测算[⑤]，通过校园内各消费项目足迹份额的比较发现，能源消费的足迹占最大份额。

（4）家庭与个人层面

尚海洋等（2006）对甘肃省不同收入水平的城镇家庭[⑥]、岳琴等（2010）对全国不同收入水平的城镇家庭的生态足迹进行了比较分析，发现不同收入水平的家庭生态足迹差异较大，人均生态足迹呈现出随收入上升而上升的变化趋势。[⑦] 个人生态足迹方面，王军等（2007）对沈阳市中小学生[⑧]、李明明等（2010）对徐州市城区市民的生态足迹进行了测算[⑨]。

国内碳足迹的相关文献自2010以来开始大量涌现。借鉴生态足迹的研究成果，祁悦等（2010）测算了1992—2007年期间中国碳足迹变动情况，结果发现15年间碳足迹增长接近2倍[⑩]。相似地，《中国生态足迹报告（2012）》指出，中国碳足迹占生态足迹总量的比重，从1961年的10%上升至2008年的54%。[⑪] 曹淑艳等（2010）运用投入产出方法测算了2007

---

① 金丹、卞正富：《采煤业生态足迹及地区间的差异》，《煤炭学报》2007年第3期。

② 王小亭、高吉喜：《中国造纸业生态足迹分析》，《中华纸业》2011年第1期。

③ 顾晓薇、李广军、王青等：《高等教育的生态效率——大学校园生态足迹》，《中国人口·资源与环境》2011年第12期。

④ 王菲凤、陈妃：《福州大学城校园生态足迹和生态效率实证研究》，《福州师范大学学报（自然科学版）》2008年第5期。

⑤ 姚争、冯长春、阚俊杰：《基于生态足迹理论的低碳校园研究——以北京大学生态足迹为例》，《资源科学》2011年第6期。

⑥ 尚海洋、马忠、焦文献：《甘肃省城镇不同收入水平群体家庭生态足迹计算》，《自然资源学报》2006年第3期。

⑦ 岳琴、于超：《对中国家庭生态足迹的探析》，《学术交流》2010年第1期。

⑧ 王军、王青、张素珺等：《沈阳市中小学生个人生态足迹分析》，《东北大学学报》2007年第11期。

⑨ 李明明、丁忠义、牟守国等：《徐州市主城区个人生态足迹空间变异性研究》，《自然资源学报》2010年第4期。

⑩ 祁悦、谢高地、盖力强等：《基于表观消费量法的中国碳足迹估算》，《资源科学》2010年第11期。

⑪ 世界自然基金会：《中国生态足迹报告（2012）》，2012年。

年中国 52 个产业碳足迹的变动，得出中国碳赤字占碳足迹总量 10.5% 的结论。① 大部分研究结果显示，交通运输对碳足迹的贡献份额最大，如李风琴等（2010）分别测算了鄂西生态文化旅游圈的六大基本要素，交通运输的贡献达 99% 以上，② 董会娟等（2012）分析了北京市居民的消费碳足迹，发现消费碳足迹随交通和通信的增长而显著增长，③ 而罗希等（2012）专门针对 2004—2008 年中国交通运输产业的能源消费碳足迹的测算发现，该产业碳足迹呈持续增长的态势，年均增长率达 7.2%。④

（四）生态足迹理论的评价与可供借鉴之处

1. 生态足迹以及碳足迹的测算方法各有利弊

如投入产出技术自身的局限性，只适用于产业的生态足迹以及碳足迹测算，而无法针对单一产品或服务进行测算；生命周期评价法适用于特定商品的生态足迹以及碳足迹量化评估，而无法进行大规模的测算；政府间气候变化专门委员会（IPCC）在《2006 年 IPCC 国家温室气体清单指南》中提出的碳足迹公式，只是从生产过程的能源消耗进行测算，而缺少消费领域的碳足迹测算。⑤

2. 产量因子与均衡因子处理的统一化未考虑各区域自然资源禀赋的差异

自然资源禀赋的差异决定了农耕地、牧草地、林地、建设用地、海洋（水域）、化石能源用地这六大类型之间能否相互替代？如果能够相互替代，能在多大程度上相互替代，以及替代弹性是否会随产出水平而变动？国内相关文献极少，仅有荆治国等（2007）⑥ 与张恒义等（2009）⑦ 对均

① 曹淑艳、谢高地：《中国产业部门碳足迹流追踪分析》，《资源科学》2010 年第 11 期。

② 李风琴、李江风、胡晓晶：《鄂西生态文化旅游圈碳足迹测算与碳效用研究》，《安徽农业科学》2010 年第 29 期。

③ 董会娟、耿涌：《基于投入产出分析的北京市居民消费碳足迹研究》，《资源科学》2012 年第 3 期。

④ 罗希、张绍良、卞晓红等：《中国交通运输业碳足迹测算》，《江苏大学学报》（自然科学版）2012 年第 1 期。

⑤ IPCC, *Guidelines for National Greenhouse Gas Inventories*, Intergovermental Panel on Climate Change, 2006.

⑥ 荆治国、周杰、齐丽彬等：《基于特征参量调整法的中国省域生态足迹研究》，《资源科学》，2007 年第 5 期。

⑦ 张恒义、刘卫东、林育欣等：《基于改进生态足迹模型的浙江省域生态足迹分析》，《生态学报》2009 年第 5 期。

衡因子和产量因子的初步修正。

3. 低估了废弃物对环境的生态影响

模型在测算吸纳某人口群体消费的废弃物所需的土地或水域面积时，没有深入考虑废弃物对生态环境的长远影响，如重金属工业废水污染对生态环境的破坏和对人类健康的危害，其长远影响甚至是不可逆转的，不容忽视。

二 资源环境脱钩及碳脱钩理论

(一) 脱钩概念的提出与演变

脱钩 (Decoupling) 最初属于物理学概念，Carter (1966) 率先运用这一概念测度经济增长与能源消耗之间的关系，主要采用物质消耗强度来表征，即单位 GDP 的物质消耗。[①] 而在社会科学领域首次正式提出这一概念的是 OECD，指出脱钩是阻断环境压力与经济增长之间的联系，若将脱钩概念引用到建设用地、耕地占用、水资源等资源环境领域，则是指相应的资源与经济增长之间的脱钩。伴随脱钩理论的推广与应用，罗马俱乐部的 Weizsacker 等 (1997) 基于脱钩概念提出了"4 倍数"目标，即通过技术进步实现资源利用量减少一半而社会福利增长一倍的目标。[②]

(二) 脱钩关系的常见测度方法

总的来说，脱钩关系的测度方法包括脱钩指数法、脱钩弹性指数法、指数因素分解法、差分回归系数法等，本书详细介绍前两种常见测度方法。

1. OECD 的脱钩指数

OECD 报告《测度经济增长与环境压力之间脱钩关系的指标 (2002)》中首次提出脱钩指数与脱钩因子的测度方法，[③] 其中：

$$DCI_t = \frac{\dfrac{EI_t}{DF_t}}{\dfrac{EI_0}{DF_0}} = \frac{\dfrac{EI_t}{GDP_t}}{\dfrac{EI_0}{GDP_0}} \tag{2.6}$$

---

① Carter A. P. , The Economics of Technological Change, *Scientific American*, 1966, 214, pp. 25 –31.

② Weizsacker E. U. , Lovins A. B. , Lovins L. H. , *Factor Four Doubling Wealth – Halving Resources Use*, London：Earthscan, 1997.

③ OECD, *Indicators to Measure Decoupling of Environment Pressure from Economic Growth*, Paris：OECD, 2002. http：//www. olis. oecd. org/olis/2002doc. nsf/LinkTo/sg – sd （2002） 1 – final. 2008 – 9 – 26.

$$DCF_t = 1 - DCI_t \tag{2.7}$$

式（2.7）中，下角标分别为基期与终期，DCI 为脱钩指标，DCF 为脱钩因子，EI 为环境压力指标，DF 为驱动力指标，一般用经济增长指标 GDP 来反映驱动力。其中，当 DCF 趋近于 1，为绝对脱钩状态，即环境压力随经济增长而不断减小；当 DCF 趋近于 0，为相对脱钩状态，即环境压力随经济增长而增加，但其增速小于经济增速；而当 DCF 小于 0，为未脱钩状态。实质上，该指标所反映的是物质消耗强度的相对变化趋势。

2. Tapio 构建的脱钩弹性指数

Tapio（2005）以 1970—2001 年间芬兰经济增长与交通运输量、碳排放的关系为研究对象，将弹性概念引入并构建脱钩弹性指标，[①] 如下：

$$e_{(CO_2, GDP)} = m_{(V, GDP)} \cdot n_{(CO_2, V)} = \left[\frac{\frac{\Delta V}{V}}{\frac{\Delta GDP}{GDP}} \right] \cdot \left[\frac{\frac{\Delta CO_2}{CO_2}}{\frac{\Delta V}{V}} \right] \tag{2.8}$$

上式中，$e_{(CO_2, GDP)}$ 为经济增长与碳排放之间的脱钩弹性关系，$m_{(V, GDP)}$ 为经济增长与交通运输量之间的脱钩弹性关系，$n_{(CO_2, V)}$ 为交通运输量与碳排放之间的脱钩弹性关系。若将碳排放替换为其他反映环境压力的变量，Tapio 脱钩弹性指标可得到更为广泛的运用，表 2 - 1 显示了 8 种 Tapio 脱钩弹性指标的弹性值范围。

表 2 - 1　　　　　　　　Tapio 脱钩弹性指标的弹性值范围

状态		EI	GI	e	状态
		环境压力	经济增长	脱钩弹性	
脱钩	强脱钩	EI < 0	GI > 0	e < 0	最理想状态 I，经济增长，而资源、能源以及污染排放却随之减少。
	弱脱钩	EI > 0	GI > 0	0 < e < 0.8	次理想状态 II，资源、能源以及污染排放随经济增长而增长，但增速低于经济增速。
	衰退脱钩	EI < 0	GI < 0	e > 1.2	较为消极状态 V，资源、能源以及污染排放随经济衰退而减少，但减速大于经济减速。

① Tapio P., Towards A Theory of Decoupling：Degrees of Decoupling in the EU and the Case of Road Traffic in Finland Between 1970 and 2001, *Transport Policy*, 2005, 12 (2), pp. 137 - 151.

续表

状态		EI	GI	e	状态
		环境压力	经济增长	脱钩弹性	
负脱钩	强负脱钩	EI > 0	GI < 0	e < 0	最消极状态Ⅷ，经济衰退，但资源、能源以及污染排放反而增长。
	弱负脱钩	EI < 0	GI < 0	0 < e < 0.8	次消极状态Ⅶ，资源、能源以及污染排放随经济衰退而减少，但减速小于经济减速。
	扩张负脱钩	EI > 0	GI > 0	e > 1.2	较不理想状态Ⅳ，资源、能源以及污染排放随经济增长而增长，且增速大于经济增速。
耦合	扩张耦合	EI > 0	GI > 0	0.8 < e < 1.2	一般理想状态Ⅲ，资源、能源以及污染排放与经济保持同步增长。
	衰退耦合	EI < 0	GI < 0	0.8 < e < 1.2	一般消极状态Ⅵ，资源、能源以及污染排放与经济保持同步减少。

注：状态程度比照为：最理想状态Ⅰ>次理想状态Ⅱ>一般理想状态Ⅲ>较不理想状态Ⅳ>较为消极状态Ⅴ>一般消极状态Ⅵ>次消极状态Ⅶ>最消极状态Ⅷ。

3. 两种测度方法的评价

其一，OECD 的脱钩指数值依赖于基期的选择，不同基期得出的结果迥异；而 Tapio 脱钩弹性指数值对基期的选择不敏感，能保证结果的稳定性。

其二，OECD 仅将脱钩关系划分为脱钩、负脱钩与未脱钩三种状态；而 Tapio 对脱钩关系的划分更为细致一些，还针对脱钩程度、经济总量变动方向等方面进一步细分。

其三，OECD 脱钩指数无法进行因果链分解；而 Tapio 脱钩弹性指数可以通过因果链分解以更准确地把握影响脱钩关系的主导因素。

此外，脱钩理论相对于环境库兹涅茨曲线理论而言，尽管两者均是研究经济增长与资源环境之间的关系，但脱钩理论关注的重点是经济增长与资源环境之间关系的实时动态指标，能直观地反映出两者关系所处的具体阶段，以及所处阶段的具体成因。

（三）与脱钩理论相关的国内外研究综述

1. 国外研究综述

从研究内容所涉及的领域进行划分，国外代表性的文献有：

（1）以某一区域或某一国家和地区为研究对象

Sun 等（1999）测度了 1960—1995 年间 OECD 成员国的能源消耗强度，验证了 OECD 成员国经济增长与能源消耗之间脱钩关系的存在。[①] Azar 等（2002）测度了 1900—1990 年间美国工业原材料的物质消耗强度，结果显示铅、铜等原材料消耗强度呈下降趋势，而塑料等原材料消耗强度呈上升趋势。[②] Tapio 等（2005）在构建脱钩弹性指数的理论框架下，以交通运输量为中间变量，研究了经济增长与碳排放之间的脱钩关系。[③]

（2）以某一产业或部门为研究对象

David 等（2006）采用 Tapio 脱钩弹性指数测算了苏格兰交通运输部门经济增长与碳排放之间的脱钩关系。[④]

（3）以居民个人为研究对象

Ozawa 等（2006）测算了居民个人的幸福感与碳排放之间的脱钩关系。[⑤]

（4）以脱钩关系影响因素为研究对象

Galeotti（2003）认为技术进步是影响经济增长与环境污染关系的主导因素[⑥]。Stamm 等（2009）在此基础上，进一步分析了创新体制在脱钩关

---

① Sun J. W. , T. Meristo, Measurement of Dematerialization/Materialization: A Case Analysis of Energy Saving and Decarbonization in OECD countries: 1960—1995, *Technological Forecasting and Social Change*, 1999, 60, pp. 275 – 294.

② Azar C. , Holmberg J. , Karlsson S. , Decoupling-Past Trends and Propects for the Future, *Environmental Advisory Council – Ministry of the Environment SE – 10333 Stockholm*, Sweden, 2002.

③ Tapio P. , Towards A Theory of Decoupling: Degrees of Decoupling in the EU and the Case of Road Traffic in Finland Between 1970 and 2001, *Transport Policy*, 2005, 12（2）, pp. 137 – 151.

④ David G. , J. Anable, L. Illingworth, et al. , Decoupling the Link between Economic Growth, *Transport Growth and Carbon Emissions in Scotland*, 2006. http: //www. scotland. gov. uk/Resource/Doc/935/ 0042647. pdf

⑤ Ozawa T. , Hofstetter P. , Madjar M. , et al. , *Decoupling Happiness from CO₂ Emissions: An Empirical Analysis*, 2006. http: //www. geocities. com/patrick_ hofstetter/Ozawaetal2006. pdf

⑥ Galeotti M. , Environment and Economic Growth: Is Technical Change the Key to Decoupling? *FEEM Working Paper*, 2003.

系中所发挥的作用。[①] Marin 等（2009）研究了生产率、对外贸易以及研发创新在工业产出与工业碳排放脱钩关系中的作用。[②]

2. 国内研究综述

邓华等（2004）最早将脱钩理论引入了国内[③]，并由赵一平等（2006）在该理论基础上，探讨了中国的 GDP 与能源消耗之间的脱钩指数[④]。类似地，将国内的相关代表性文献划分为：

（1）以某一区域或某一国家和地区为研究对象

庄贵阳（2008）运用 Tapio 脱钩弹性指标对全球 20 个碳排放大国经济增长与碳排放之间的脱钩关系进行了测度。[⑤] 张蕾等（2011）分析了中国"长三角"区域 16 个城市的经济增长与工业"三废"排放之间的脱钩关系，结果显示该区域脱钩关系有显著的改善。[⑥] 刘怡君等（2011）研究了1990—2006 年中国百强城市的经济增长与能源消耗之间的脱钩关系，发现东部地区城市脱钩系数呈现"上升—暂时性下降—再上升"的变化态势，中部地区城市为弱脱钩，变化缓慢，而西部地区城市自 1998 年后脱钩系数持续降低，脱钩状况恶化。[⑦]

（2）以某一产业或部门为研究对象

刘蓓华等（2011）测度了中国建筑业经济增长与碳排放之间的脱钩关

① Stamm A. , Eva D. , Doris F. , Sustainability – oriented Innovation Systems：Towards Decoupling Economic Growth from Environment Pressures? Discussion Paper-DIE Research Project, Sustainable Solutions through Research, *Bonn*：*German Development Institute/Deutsches Institut fur Entwicklungspolitik*, 2009. http：//www. die – gdi. de/CMS – Homepage/openwebcms3. nsf/（ynDK_ contentByKey）/ANES – 7Y5EFL/ $ FILE/DP%2020. 2009. pdf（2009）.

② Marin A. G. , Mazzanti M. , The Dynamics of Delinking in Industrial Emissions：The Role of Productivity, Trade and R&D, *Journal of Innovation Economics*, 2009, 15（3）, pp. 65 – 77.

③ 邓华、段宁：《"脱钩"评价模式及其对循环经济的影响》，《中国人口·资源与环境》2004年第 6 期。

④ 赵一平、孙启宏、段宁：《中国经济发展与能源消费响应关系研究——基于相对"脱钩"与"复钩"理论的实证研究》，《科研管理》2006 年第 3 期。

⑤ 庄贵阳：《低碳经济引领世界经济发展方向》，《世界环境》2008 年第 2 期。

⑥ 张蕾、陈雯、陈晓等：《长江三角洲地区环境污染与经济增长的脱钩时空分析》，《中国人口·资源与环境》2011 年第 3 期。

⑦ 刘怡君、王丽、牛文元：《中国城市经济发展与能源消耗的脱钩分析》，《中国人口·资源与环境》2011 年第 1 期。

系，发现两者之间呈现耦合性质。[①] 徐盈之等（2011）测度了中国制造业部门经济增长与碳排放之间的脱钩指数，结果显示存在一定的脱钩效应，但强脱钩的年份较少。[②] 杨浩哲（2012）对 1996—2009 年间中国流通产业的碳排放进行了分析，结果发现流通产业经济增长与碳排放的脱钩状态呈现"脱钩—负脱钩—脱钩"的变化态势。[③] 李波等（2012）对 1994—2008 年中国农业经济增长与碳排放之间的脱钩关系进行了实证分析，结果显示期间两者关系呈现"弱脱钩—扩张连接—扩张负脱钩"的变化态势。[④] 吴永华等（2012）对 2001—2010 年中国电力行业的工业产出与资源消耗、环境压力与工业产出的脱钩指数进行了测度，结果表明该行业的初级脱钩、次级脱钩均未达到。[⑤]

（3）以某些特定的资源如生物、化石、耕地、水资源等为研究对象

于法稳（2008）将脱钩指数引入到水资源领域，测度了中国 19 个省市粮食产出与灌溉水资源消耗之间的脱钩关系，发现仅有贵州省为绝对脱钩，内蒙古、黑龙江等 8 个省市为相对脱钩，其余 10 个省市为耦合关系。[⑥] 宋伟等（2009）研究了不同时间段常熟市经济增长与耕地占用之间的脱钩关系及其成因，发现 1993—1999 年间脱钩关系的存在来自要素投入与第三产业比重的提升，2000—2005 年间脱钩关系的存在来自技术进步。[⑦] 王鹤鸣等（2011）分析了 1998—2008 年间生物质、金属矿物质、非金属矿物质以及化石燃料等资源的消耗与经济增长的脱钩关系，结果显示大多数年份呈现相对脱钩关系，且四类资源中仅生物质资源的脱钩指数值

① 刘蓓华、刘爱东：《建筑产业低碳发展路径选择：耦合、脱钩与创新》，《求索》2011 年第 2 期。

② 徐盈之、徐康宁、胡永舜：《中国制造业碳排放的驱动因素及脱钩效应》，《统计研究》2011 年第 7 期。

③ 杨浩哲：《低碳流通：基于脱钩理论的实证研究》，《财贸经济》2012 年第 7 期。

④ 李波、张俊飚：《基于投入视角的中国农业碳排放与经济发展脱钩研究》，《经济经纬》2012 年第 4 期。

⑤ 吴永华、徐莉、朱同斌：《电力工业的发展与资源——环境的脱钩关系研究》，《中国经济问题》2012 年第 4 期。

⑥ 于法稳：《中国粮食生产与灌溉用水脱钩关系分析》，《中国农村经济》2008 年第 10 期。

⑦ 宋伟、陈百明、陈曦炜：《常熟市耕地占用与经济增长的脱钩评价》，《自然资源学报》2009 年第 9 期。

处于较高的水平。[①]

三　环境库兹涅茨曲线及碳库兹涅茨曲线理论

（一）环境库兹涅茨曲线的实证检验

1. 环境库兹涅茨曲线的实证模型

（1）静态模型

常用的参数模型包括多项式模型和对数多项式模型，为减少异方差的可能性，以对数多项式模型为例，如下：

$$\ln E_{it} = \alpha_0 + \alpha_1 \ln\left(\frac{Y_{it}}{P_{it}}\right) + \alpha_2 \left[\ln\left(\frac{Y_{it}}{P_{it}}\right)\right]^2 + \alpha_3 \left[\ln\left(\frac{Y_{it}}{P_{it}}\right)\right]^3 + \delta_i + \gamma_t + \varepsilon_{it}$$

$$(2.9)$$

式（2.9）中，E_{it} 为污染物排放水平，可以用污染物排放量、排放强度以及人均排放量表征，Y_{it} 为实际 GDP 水平，P_{it} 为人口数量，α_0 为截距项，δ_i 为个体非观测效应，γ_t 为时间效应，ε_{it} 为随机扰动项。按照解释变量的系数符号，考虑以下三种常见情形：

①　　　　　　　　$\alpha_1 > 0, \alpha_2 = \alpha_3 = 0$　　　　　　　（2.10）

此时，污染物排放水平与人均 GDP 呈线性同步变化的关系，即经济增长以资源耗费、环境污染为代价；

②　　　　　　　　$\alpha_1 > 0, \alpha_2 < 0, \alpha_3 = 0$　　　　　　（2.11）

此时，污染物排放水平与人均 GDP 呈倒"U"型曲线关系，即经济增长的初期，粗放式的经济增长模式导致污染物排放随之增长，而经济增长的中后期，经济增长模式向集约型转变，无论是污染密集型产业的转移，还是人们对环境保护力度的增强，污染排放随之减少；

③　　　　　　　　$\alpha_1 > 0, \alpha_2 < 0, \alpha_3 > 0$　　　　　　（2.12）

此时，污染排放水平与人均 GDP 呈"N"型波浪形曲线关系，即从长期来看，经济增长必然伴随资源耗费、污染排放水平随之上升，而从短期来看，突发历史事件会导致污染排放水平的暂时性下降，如能源危机所导致的国际原油价格大幅上涨。

除此以外，极少数情况呈现正"U"型、正"N"型曲线关系，具体的曲线形状与研究区域的发展程度、污染物类型、模型设置以及样本范围

---

① 王鹤鸣、岳强、陆钟武：《中国 1998—2008 年资源消耗与经济增长的脱钩分析》，《资源科学》2011 年第 9 期。

密切相关。

（2）动态模型

$$\Delta \ln E_{it} = \beta_1 \left\{ \ln\left(\frac{M_{it}}{P_{it}}\right) - \alpha_1 \ln\left(\frac{Y_{it}}{P_{it}}\right) - \alpha_2 \left[\ln\left(\frac{Y_{it}}{P_{it}}\right)\right]^2 - \alpha_3 \left[\ln\left(\frac{Y_{it}}{P_{it}}\right)\right]^3 \right\}$$
$$+ \sum_{j=1}^{p-1} \lambda_{ij} \Delta \ln E_{i,t-j} + \sum_{j=0}^{q-1} \varphi_{ij} \Delta \ln\left(\frac{Y_{i,t-j}}{P_{i,t-j}}\right) + \sum_{j=0}^{m-1} \theta_{ij} \Delta \left[\ln\left(\frac{Y_{i,t-j}}{P_{i,t-j}}\right)\right]^2$$
$$+ \sum_{j=0}^{n-1} \mu_{ij} \Delta \left[\ln\left(\frac{Y_{i,t-j}}{P_{i,t-j}}\right)\right]^3 + \delta_i + \gamma_t + \varepsilon_{it} \qquad (2.13)$$

式（2.13）中，Δ 为一阶差分，p、q、m、n 分别为每个截面样本所对应的滞后期长度，β_1 为误差修正系数，其余变量或符号含义与上述模型相同。与静态模型相比较，其优点在于能估计短期相关系数 β_1，以反映污染物排放水平与人均 GDP 关系的短期波动偏离程度。

2. 国外文献研究综述

最早的文献来自 Grossman 和 Krueger（1991），该文献借鉴反映经济增长与收入分配之间关系的库兹涅茨曲线，以全球 66 个国家和地区的 14 种污染物和水污染物为研究对象，分析各种污染物排放与人均 GDP 之间的变动关系，结果发现，大多数污染物排放水平与人均 GDP 之间呈现倒"U"型的曲线关系。[①] Panayotou（1993）则率先将此关系命名为环境库兹涅茨曲线（Environmental Kuznets Curve，简写为 EKC）。[②] 自此以后，学术界展开了验证 EKC 曲线存在性的热潮。国外大多数研究结果支持 EKC 曲线的存在性，下述文献分别从不同视角给予了证明：Selden 等（1994）考虑到 EKC 曲线的同质性假设，将 30 个国家分成高、中、低 3 个收入水平组，发现 4 种气体污染物与人均 GDP 之间的倒"U"型关系存在；[③] Boyce（1994）从收入分配的视角出发，认为收入分配的不平等程度与环境污染的关系为倒"U"型曲线关系，而收入分配的不平等程度随经济增长而递增；[④] David（2000）从

　　① Grossman G. M., A. B. Krueger, Environmental Impact of A North American Free Trade Agreement, *NBER Working Paper*, 1991.

　　② Panayotou T., Empirical Tests and Policy Analysis of Environment Degradation at Different Stages of Economic Development ILO, *Technology and Employment Programme*, Geneva, 1993.

　　③ Selden T., Song D., Environmental Quality and Development: Is There a Kuznets Curve for Air Pollution Emissions? *Journal of Environmental Economics and Management*, 1994, 27, pp. 147–162.

　　④ Boyce, Inequality as a Cause of Environmental Degradation, *Ecological Economics*, 1994 (11), pp. 169–178.

政府政策干预的视角出发，发现 EKC 曲线呈倒"U"型变化规律的地区通常都是政府致力于环境保护的地区;[1] Gawande 等（2001）选择从劳动力部门流动的视角出发，认为倒"U"型关系的存在取决于劳动力在承受污染与不承受污染并对污染支付工资之间的选择。[2]

部分国外文献支持 EKC 曲线呈"N"型变化趋势的观点：Unruh 等（1998）认为突发的历史事件是"N"型曲线下降部分的根本原因，如国际原油价格上涨所带来的能源消费结构的变化;[3] Friedl 等（2003）发现奥地利碳排放与人均 GDP 之间呈"N"型曲线关系，其原因在于政府环境政策在能源危机出现时贯彻力度的弱化;[4] Poon 等（2006）发现，发达国家的样本数据拟合结果大多呈现为"N"型曲线，而发展中国家的样本数据拟合结果大多呈现倒"U"型曲线。[5]

少量国外文献发现经济增长与污染物排放水平之间呈同步递增或无明显关系：Stern（2001）以全球为样本，发现人均二氧化硫排放与人均 GDP 之间为同步递增的关系;[6] Panayotou（1997）从污染排放对环境影响的不可逆性角度，说明污染排放一旦超出环境承载能力的极限，并导致环境自我修复能力的崩溃，则未来的经济增长无法实现环境的改善，即有些地区可能不存在倒"U"型曲线下降的部分;[7] 为弥补污染物排放水平指标单一性与不同污染排放物替代性的局限，一些文献运用生态足迹或森林砍伐率来表征环境污染水平，结果显示环境污染水平与人均 GDP 之间无明显关

① David F. B. , Rebecca S. , Stephen H. , et al. , The Environment Kuznets Curve: Exploring a Fresh Specification, *CE Sifo Working Paper*, 2000.

② Gawande K. , R. P. Berrens, A. K. Bohara, A Consumption – based Theory of the Environmental Kuznets Curve, *Ecological Economics*, 2001, 37, pp. 101 – 112.

③ Unruh G. C. , Moomaw W. R. , An Alternative Analysis of Apparent EKC – type Transition, *Ecological Economics*, 1998, 25 (2), pp. 221 – 229.

④ Friedl B. , Getzner M. , Determinants of CO_2 Emissions in a Small Open Economy, *Ecological Economics*, 2003, 45, pp. 133 – 148.

⑤ Poon J. P. H. , Casas I. , He C. F. , The Impact of Energy, Transport, and Trade on Air Pollution in China, *Eurasian Geography and Economics*, 2006, 47 (5), pp. 568 – 584.

⑥ Stern L. T. , Common M. S. , Is There an Environmental Kuznets Curve for Sulfur? *Journal of Environmental Economics and Management*, 2001 (41), pp. 162 – 178.

⑦ Panayotou T. , Demystifying the Environmental Kuznets Curve: Turning a Lack Box into a Policy Tool, Special Issue on Environmental Kuznets Curves, *Environment Development Economics*, 1997, 2 (4), pp. 465 – 484.

系（Macro et al., 2008[①]; Harris, 2009[②]）。

3. 国内文献研究综述

类似地，国内文献的观点也因指标、模型和样本选择的差异而不同：

（1）EKC 曲线的形状与污染物的类型有关

韩贵锋（2007）运用 GLS 空间分析技术验证重庆高程的 EKC 曲线，发现大气污染物 TSP 和 NO_X 的 EKC 曲线呈现稳定的"N"型和倒"U"型，而 SO_2 的 EKC 曲线形状随模型设置的不同而不同。[③] 朱平辉等（2010）基于 1989—2007 年中国省级面板数据对七种污染物进行了验证，发现除工业废水、工业废气的 EKC 曲线呈倒"N"型，其余五种污染物 EKC 曲线呈倒"U"型。[④] 高宏霞等（2012）基于 2000—2009 年中国省级面板数据的验证发现，废气和二氧化硫的 EKC 曲线呈倒"U"型，而烟尘的 EKC 曲线为线性同步递增。[⑤]

（2）EKC 曲线的形状与不同区域的样本有关

韩玉军（2009）根据工业化程度、收入层次对 165 个国家的 EKC 曲线进行分组检验，发现高工业、高收入组呈倒"U"型，低工业、低收入组呈微弱的倒"U"型，低工业、高收入组呈"N"型，高工业、低收入组呈线性同步递增。[⑥] 许广月等（2010）研究发现，中国东中部地区碳排放的 EKC 曲线为倒"U"型，而西部地区碳排放不存在。[⑦] 张为付等（2011）进一步分析发现，西部地区碳排放强度与人均 GDP 的关系呈正

① Macro B., Giangiacomo B., et al., A consumption – based Approach to Environmental Kuznets Curves Using the Ecological Footprint Indicator, *Ecological Economics*, 2008, pp. 650 – 661.

② Harris J. L., Chambers, D., et al., Taking the "U" Out of Kuznets A Comprehensive Analysis of the EKC and Environmental Degradation, *Ecological Economics*, 2009, 68, pp. 1149 – 1159.

③ 韩贵锋、徐建华、马军杰等:《基于高程的环境库兹涅茨曲线实证分析》,《中国人口·资源与环境》2007 年第 2 期。

④ 朱平辉、袁加军、曾五一:《中国工业环境库兹涅茨曲线分析——基于空间面板模型的经验研究》,《中国工业经济》2010 年第 6 期。

⑤ 高宏霞、杨林、付海东:《中国各省经济增长与环境污染关系的研究与预测——基于环境库兹涅茨曲线的实证分析》,《经济学动态》2012 年第 1 期。

⑥ 韩玉军、陆旸:《经济增长与环境的关系——基于对 CO_2 环境库兹涅茨曲线的实证研究》,《经济理论与经济管理》2009 年第 3 期。

⑦ 许广月、宋德勇:《中国碳排放环境库兹涅茨曲线的实证研究——基于省域面板数据》,《中国工业经济》2010 年第 5 期。

"U"型。①

（3）EKC 曲线的形状与政府政策干预有关

张学刚等（2009）的研究显示，倒"U"型曲线在很大程度上是政府政策干预的结果。② 杨林等（2012）运用实际污染排放和处理后的污染排放进行对比，发现实际污染排放 EKC 曲线为线性同步递增，而处理后的污染排放 EKC 曲线为倒"U"型，说明倒"U"型的形状与外部政策干预相关。③

（4）EKC 曲线形状形成机制的理论探讨

何立华等（2010）将环境质量引入内生经济增长模型，指出只有研发活动创新才能使 EKC 曲线出现向下倾斜的部分。④ 李时兴（2012）发现倒"U"型的 EKC 曲线取决于偏好对收入的效应与污染消减效率的相对值，而线性同步递增或"N"型的 EKC 曲线源自较低的环境投入与技术水平。⑤

（二）经济增长与环境污染之间的传导机制

经济增长与环境污染之间关系验证结果的多样性，一方面说明倒"U"型曲线关系的脆弱性；另一方面也反映出环境污染并不是随经济增长本身而相应变化，而是经济增长背后所隐含的收入分配、环境质量需求、政府财政能力、规模效应、结构效应、技术效应、自然资源成本变化、跨国公司投资以及对外贸易等因素所引发的环境污染变化，如图 2-1 所示。

（三）环境库兹涅茨曲线理论的评价

1. "同质性"假定的不合理

在各种实证分析中，样本直接选择不同国家或地区的截面数据而不加以分组，预先假定环境污染排放随经济增长呈现出相似的变化趋势，忽略了不同国家或地区自然资源禀赋、工业化程度、收入水平差距、环境规制等方面可能存在的异质性。

---

① 张为付、周长富：《中国碳排放轨迹呈现库兹涅茨倒 U 型吗？——基于不同区域经济发展与碳排放关系分析》，《经济管理》2011 年第 6 期。

② 张学刚、钟茂初：《环境库兹涅茨曲线再研究——基于政府管制的视角》，《中南财经政法大学学报》2009 年第 6 期。

③ 杨林、高宏霞：《经济增长是否能自动解决环境问题——倒 U 型环境库兹涅茨曲线是内生机制结果还是外部控制结果》，《中国人口·资源与环境》2012 年第 8 期。

④ 何立华、金江：《自然资源、技术进步与环境库兹涅茨曲线》，《中国人口·资源与环境》2010 年第 2 期。

⑤ 李时兴：《偏好、技术与环境库兹涅茨曲线》，《中南财经政法大学学报》2012 年第 1 期。

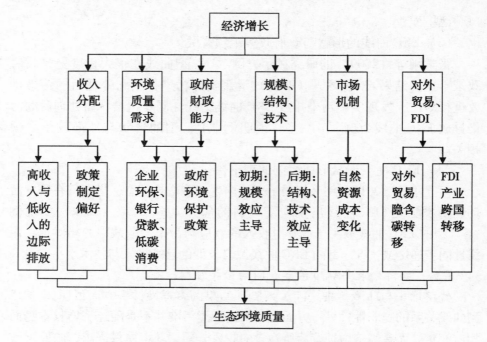

图 2 - 1　经济增长对生态环境质量影响的传导机制图

2. "不存在环境承载极限的生态阈值"假定的不合理

环境对污染的承载能力存在一定的极限，污染存量一旦超出这一极限水平，生态系统将会丧失自我修复能力，进而不存在环境再改善的可能。

3. 以人均 GDP 度量经济增长水平的不合理

部分文献指出国民收入通常呈偏态分布，国民收入的平均值一般高于国民收入的中位数，从而使人均 GDP 衡量的经济增长水平偏高。

4. 环境污染指标存在缺陷

（1）指标单一，无法囊括所有的环境压力，而且一种污染物排放减少往往伴随其他污染物排放增加。

（2）指标表征污染物流量而非存量，使污染排放累积到一定程度才会对环境质量带来影响，运用存量指标才能反映累积性影响程度，国外文献通常采取环境监测指标表征环境质量水平，而国内文献中通常采用某种污染物排放流量替代。

（3）指标只反映数量，不反映质量。原生林与人工林的生态功能是无法相提并论的，森林覆盖率或砍伐率的指标无法反映森林构成的差异。

（4）指标的不可度量性，表现为生物多样性、生态自我修复能力等环境指标难以量化。

5. 环境污染对经济增长反作用力的忽视

大部分文献致力于研究经济增长对环境污染的影响程度与影响机制，而忽视了环境污染对经济增长的抑制作用，从而带来内生性问题所导致的估计偏差。

四　纳入环境因素的新古典与内生经济增长理论

（一）纳入环境因素的新古典经济增长模型

纳入环境因素的新古典增长模型，大多以拉姆塞—卡斯—库普曼的无限期界模型（RCK 模型）为蓝本，将环境因素通过自然资源的约束或污染排放负效应引入并拓展模型。其中，在自然资源的约束方面，Stiglitz（1974）[①]、Dasgupta 和 Heal（1979）[②] 均以 RCK 模型为基础，构建了包含自然资源约束的预算方程，分析了消费者消费效用最大化条件下自然资源的最优消耗路径，结论发现若技术进步的速度大于包括土地在内的自然资源的消耗速度，那么经济能收敛于可持续的平衡增长路径；在污染排放负效应方面，Keeler 等（1972）同样以 RCK 模型为基础，构建了包含污染排放在内的效用函数和生产函数，分析了包含污染排放在内的预算约束条件下，消费者消费与环境质量的效用最大化，结果发现平衡增长路径的存在性与消费者效用函数的设定方式有关：效用函数的设定需满足污染排放增长会降低消费边际效用[③]。Stokey（1998）假设产出是资本、劳动以及污染排放的函数，并假设污染排放的减少来自资本、劳动等资源的投入，将公共部门的效用最大化决策视为家庭效用最大化决策，运用 RCK 模型分析公共部门的决策问题，该模型的结论认为，环境规制是在经济增长到达一定阶段出现，此时污染排放随经济增长变化的趋势取决于产出弹性。Eriksson 和 Persson（2003）在 Stokey 模型的基础上引入了收入分配与民主选举制度的因素，认为收入分配的平等程度会通过影响中位数选举人的类

---

①　Stiglitz J. , Growth with exhaustible natural resources: efficient and optimal growth paths, *The review of economic studies*, 1974, pp. 123 - 137.

②　Dasgupta P. S. , Heal G. M. , Economic theory and exhaustible resources, *Cambridge University Press*, 1979.

③　Keeler E. , Spence M. , Zeckhauser R. , The optimal control of pollution, *Journal of Economic Theory*, 1972, 4（1）, pp. 19 - 34.

型进而得到不同严格程度的环境规制决策，即环境规制决策与经济体民主程度、收入分配平等程度、环境质量平等程度等因素有关：民主制度的完善说明中位数选举人中包括收入或环境质量水平较低的公民，在收入分配不平等、环境质量平等的前提下，民主制度的完善使中位数选举人消费水平降低，中位数选举人会倾向于支持较为宽松的环境规制；而在收入分配平等、环境质量不平等前提下，民主制度的完善使中位数选举人倾向于支持较为严格的环境规制；若在收入分配与环境质量水平均存在不平等的前提下，中位数选举人支持的环境规制严格程度与收入、环境质量的变化对其效应的相对影响程度相关[1]。

John 和 Pecchenino（1994）将环境投资和环境质量效用引入 Diamond 的世代交叠模型中，假设人的寿命是有限的，并区分为年轻和年老两期，年轻时的工资在资本投资和环境投资之间进行分配，年老时的效用在消费效用和环境质量效用之间进行分配，结果存在多重帕累托稳态均衡的可能性，并认为当环境质量的改善成为社会公众的愿望时，此时环境投资的收益较高，一国或地区才会开始转变经济增长方式[2]。John 和 Pecchenino（1997）进一步指出，环境政策不仅要考虑跨国之间的外部性，还要考虑到跨代之间的外部性，即需要注重后代的环境利益[3]。

（二）纳入环境因素的内生经济增长模型

20 世纪 90 年代，内生经济增长理论的发展为环境与经济增长关系的基础研究提供了新的分析框架。自 Romer（1986[4]，1990[5]）、Lucas（1988）[6] 等提出技术内生化的增长模型以来，学者们在内生增长模型的框架下，将

[1] Eriksson C., Persson J., Economic growth, inequality, democratization, and the environment, *Environmental and Resource economics*, 2003, 25 (1), pp. 1 – 16.

[2] John A., Pecchenino R., An overlapping generations model of growth and the environment, *The Economic Journal*, 1994, pp. 1393 – 1410.

[3] John A., Pecchenino R., International and intergenerational environmental externalities, *The Scandinavian Journal of Economics*, 1997, 99 (3), pp. 371 – 387.

[4] Romer P. M., Increasing returns and long – run growth, *The Journal of Political Economy*, 1986, pp. 1002 – 1037.

[5] Romer P. M., Human capital and growth: theory and evidence//Carnegie – Rochester Conference Series on Public Policy, *North – Holland*, 1990, 32, pp. 251 – 286.

[6] Lucas R. E., On the mechanics of economic development, *Journal of monetary economics*, 1988, 22 (1), pp. 3 – 42.

污染排放引入生产函数，并将环境质量因素引入效用函数，如 Bovenberg 和 Smulders（1995）构造了环境质量函数，认为自然环境质量即自然资本存量的变化取决于自然再生能力与污染排放两个方面，即 $\dot{N} = E\ (N,\ P)$，其中 N 为自然资本存量，P 为污染排放量[①]。随后，Hofkes（1996）在此基础上，进一步将污染排放内生化，认为污染排放由生产过程所耗费的自然环境资源和污染治理水平所决定，即 $P = P\ (R,\ A)$，其中 R 为自然环境资源，A 为污染治理活动水平[②]。而 Gradus 和 Smulders（1993）在 Lucas 的内生增长模型基础上加入了污染减排投资对人力资本积累的正面效应，假设存在生产和环境研发两个部门，污染活动对经济增长存在两个方向相反的影响：一是污染减排投资会挤出生产部门投资，从而降低经济增速；二是环境研发部门的污染减排投资会促进人力资本的积累速度，进而有利于提高经济增速。当两方面的作用力达到均衡状态时，经济增速达到稳态增长率[③]。

（三）绿色索洛模型——内生经济增长向新古典经济增长的回归

自 21 世纪以来，伴随经济增长理论从内生经济增长理论向新古典增长理论的回归，在环境与经济增长关系的研究领域，由 Brock 和 Taylor（2004）[④] 首次提出了绿色索洛模型，该模型沿袭了新古典经济增长模型的假设，并对 Solow（1956）[⑤] 提出的索洛增长模型进行了拓展，假设污染排放为生产的副产品，污染排放为产出的增函数且严格拟凹，外生的技术进步有利于经济增长的同时减少污染排放，其余假定与传统索洛模型类似。模型设定如下：

$$Y = F(K, BL) \tag{2.14}$$

①　Lans Bovenberg A. , Smulders S. , Environmental quality and pollution – augmenting technological change in a two – sector endogenous growth model, *Journal of Public Economics*, 1995, 57（3）, pp. 369 – 391.

②　Hofkes M. W. , Modelling sustainable development：An economy – ecology integrated model, *Economic Modelling*, 1996, 13（3）, pp. 333 – 353.

③　Gradus R. , Smulders S. , The trade – off between environmental care and long – term growth—pollution in three prototype growth models, *Journal of Economics*, 1993, 58（1）, pp. 25 – 51.

④　Brock W. A. , Taylor M. S. , The Green Solow Model, *NBER Working Paper*, 2004.

⑤　Solow R. M. , A contribution to the theory of economic growth, *The quarterly Journal of Economics*, 1956, 70（1）, pp. 65 – 94.

$$\dot{K} = sY - \delta K \qquad\qquad (2.15)$$

$$\dot{L} = nL \qquad\qquad (2.16)$$

$$\dot{B} = gB \qquad\qquad (2.17)$$

$$E = \Omega F - \Omega A(F, F^A) \qquad\qquad (2.18)$$

$$\dot{X} = E - \eta X \qquad\qquad (2.19)$$

式中，Y、K、L、B、X 分别代表产出、资本、劳动、知识有效性以及污染存量，B 与 L 以乘积形式引入，BL 代表有效劳动，s、δ、n、g、η 分别代表外生的储蓄率、折旧率、人口增长率、知识存量的增长率、环境自净率，$\dot{X} = dX(t)/dt$ 中的 $\dot{X}$ 代表污染存量随时间的变化率，类似地，$\dot{K}$、$\dot{L}$、$\dot{B}$ 分别代表资本、人口、知识存量随时间的变化率，E、Ω、A、F^A 分别代表污染排放水平、单位产出的污染排放水平、污染减排以及产出中用于污染减排的部分。对上述模型进行推导后得到的平衡增长路径，在该平衡增长路径上污染排放的稳态增长率如下：

$$g_E = g + n - g_A \qquad\qquad (2.20)$$

式（2.20）中，$(g+n)$ 代表知识存量增长与人口增长所带来的污染排放增长，g_A 代表技术进步对减少污染排放的影响。

绿色索洛模型的结论指出，污染排放水平会受到知识存量增长与资本收益递减的两方面因素的共同影响。其中，不同的初始资本条件会形成不同的变化轨迹：对于初始资本较多的经济体而言，污染排放水平会不断上升，但其增长率不断下降；而对于初始资本较小的经济体而言，污染排放水平也会随之上升，但其增长率呈现出先上升后下降的倒"U"型变化趋势。知识存量增长的类型对污染排放的影响存在差异：生产技术进步会促进经济增长的同时增加污染排放，而节能减排技术会在保持经济增长不变的同时降低污染排放水平。

（四）国内学者关于环境与经济增长关系的理论模型

国内学者关于环境与经济增长关系理论模型研究主要是对新古典增长模型与内生经济增长模型的拓展。彭水军和包群（2006）结合了拉姆塞－卡斯－库普曼的新古典经济增长模型（RCK 模型）、Lucas 与 Romer 的内生增长模型，系统考察了污染排放、物质资本与人力资本积累、技术进步与经济增长的内在机制，结果表明人力资本与技术进步的内生化能抵消物质资本边际产出递减的负面效应，经济的稳态增长率更高，是实现经济可持续发展的关键因素①。陆建明和王文治（2012）借鉴了 RCK 模型，并引入了资源贸易与污染排放因素，考察了以资源利用效率和污染排放系数衡量的两种类型环境技术进步对可持续增长的影响，研究显示以资源利用效率和污染排放系数衡量的环境技术进步均有利于降低污染排放水平，但是资源利用效率的提高短期内会提高污染排放水平，且以牺牲较大的产出为代价②。

刘凤良和吕志华（2009）借鉴了 Lucas 的内生增长模型，引入了环境质量和环境税，假设稳态增长路径下环境质量以及污染排放水平保持不变，其他的变量的增速外生决定，最优环境税是指稳态增长路径下的社会福利最大化满足时的税率，结论发现最优环境税由经济体的实际参数内生决定③。类似地，黄菁和陈霜华（2011）将污染排放和污染排放治理引入到 Lucas 的内生增长模型中，探讨可持续发展实现的条件及其稳态增长路径下污染排放、污染排放治理、经济增长三者之间的关系，结论显示，可持续发展实现的条件为：一是人力资本积累速度大于时间贴现率；二是消费的跨期替代弹性大于1，即消费随时间变化的边际效用下降较快。稳态增长路径下三者之间的关系为：污染排放治理的投入不断增长，在减缓经济增速的同时保证了污染排放的持续减少，体现了稳态经济增长路径下经济增长与环境质量改善之间的合理权衡④。

综上所述，将资源环境相关因素纳入模型后发现，单纯考虑资源环境对经济增长的约束无法实现经济的可持续增长，而一旦考虑到内生人力资本积累、内生技术进步以及可再生资源利用效率提升等因素后，资源环境约束下的经济存在稳态增长路径。

第二节　技术进步对生态环境影响的相关研究综述

有关经济发展与环境污染关系的国内外文献，大量学者采用了各种不

---

① 彭水军、包群：《环境污染，内生增长与经济可持续发展》，《数量经济技术经济研究》2006 年第 9 期。

② 陆建明、王文治：《资源贸易与环境改善的政策选择：基于 DGE 模型的研究》，《世界经济》2012 年第 8 期。

③ 刘凤良、吕志华：《经济增长框架下的最优环境税及其配套政策研究——基于中国数据的模拟运算》，《管理世界》2009 年第 6 期。

④ 黄菁、陈霜华．：《环境污染治理与经济增长：模型与中国的经验研究》，《南开经济研究》2011 年第 1 期。

同的分解方法，得出了影响中国碳排放因素的不同结论，主要从以下四条线索展开分析。

一 基于环境效应分解模型

Grossman 和 Krueger（1991）首次沿规模、结构与技术的思路分析了经济发展对环境污染的三种影响因素[①]，在此基础上，Copeland 和 Taylor（2003）进一步将以上三种因素内生于对外贸易构建了环境效应分解模型，探讨了出口贸易对环境污染的影响机制与效应。[②] 类似地，Levinson（2009）以 1970—2002 年美国四种主要工业污染物为研究对象，将工业发展的环境效应分解为规模效应、结构效应与技术效应，结果表明，技术进步与结构调整能明显降低污染排放，且技术进步在污染减排过程中起主导作用。[③]

国内运用该模型进行经济发展的环境效应研究主要集中在最近三年，大多数研究表明技术进步在环境污染减排中起主导作用。然而，结构调整的环境效应存在较大差异，如成艾华（2011）认为结构效应倾向于减少 SO_2 排放[④]，薛智韵（2011）认为结构效应增加了碳排放[⑤]，李斌和赵新华（2011）认为工业经济结构变化对工业废气的减排效应不确定，产生这些差异的原因可能来自表征环境污染水平的指标与样本范围的不同[⑥]。

二 基于因素分解模型

国外学者如 Schipper 等（2001）运用 Divisia 指数因素分解分析法对

---

① Grossman G. M., A. B. Krueger, Environmental Impact of A North American Free Trade Agreement, *NBER Working Paper*, 1991.

② Copeland B. R., Taylor, M. S., Trade, Growth and the Environment, *NBER Working Paper*, 2003.

③ Levinson A., Technology, International Trade and Pollution from US Manufacturing, *American Economic Review*, 2009（5）, pp. 2177 – 2192.

④ 成艾华：《技术进步、结构调整于中国工业减排——基于环境效应分解模型的分析》，《中国人口·资源与环境》2011 年第 3 期。

⑤ 薛智韵：《中国制造业 CO_2 排放估计及其指数分解分析》，《经济问题》2011 年第 3 期。

⑥ 李斌、赵新华：《经济结构、技术进步与环境污染——基于中国工业行业数据的分析》，《财经研究》2011 年第 4 期。

IEA 国家制造业碳排放强度[①]、Shyamal 等（2004）利用完全因素分解分析法对印度碳排放[②]以及 Tunc（2009）运用 LMDI 指数分解分析法对土耳其碳排放[③]进行因素分解研究。

综观国内学者的研究成果，技术效应的结论较为一致，如林伯强等（2009）[④] 基于 IPAT 扩展模型得出环境污染水平随技术进步而降低的结论，而结构效应的结论存在很大差别，其中，持结构正效应观点的认为产业结构调整倾向于促进碳排放的增长（李艳梅等，2011[⑤]；潘雄锋等，2011[⑥]），持结构负效应的观点认为产业结构效应能抑制碳排放增长（郭朝先，2010；[⑦] 许士春等，2012[⑧]），与上述研究不同，持折中观点的认为结构效应与样本所处时期、地域、碳排放测度的选择相关（仲云云和仲伟周，2012[⑨]；赵志耕和杨朝峰，2012[⑩]）。

三　基于回归模型

国外涉及环境效应的研究通常将规模、结构与技术因素作为控制变量

① Schipper L., Murtishaw S., Khrushch M., Carbon Emissions from Manufacturing Energy Use in 13 IEA Countries: Long – term Trends through 1995, *Energy Policy*, 2001 (29), pp. 667 – 688.

② Shyamal P., Rabindra N. B., CO₂ Emission from Energy Use in India: A Decomposition Analysis, *Energy Policy*, 2004 (5), pp. 585 – 593.

③ Tunc G. I., Turut – Asik S., Akbostanci E. A., Decomposition Analysis of CO₂ Emissions from Energy Use: Turkish Case, *Energy Policy*, 2009 (11), pp. 4689 – 4699.

④ 林伯强、蒋竺均：《中国二氧化碳的环境库兹涅茨曲线预测及影响因素分析》，《管理世界》2009 年 4 期。

⑤ 李艳梅、杨涛：《中国 CO₂ 排放强度下降的结构分解——基于 1997—2007 年的投入产出分析》，《资源科学》2011 年第 4 期。

⑥ 潘雄锋、舒涛、徐大伟：《中国制造业碳排放强度变动及其因素分解》，《中国人口·资源与环境》2011 年第 5 期。

⑦ 郭朝先：《中国碳排放因素分解：基于 LMDI 分解技术》，《中国人口·资源与环境》2010 年第 12 期。

⑧ 许士春、习蓉、何正霞：《中国能源消耗碳排放的影响因素分析及政策启示》，《资源科学》2012 年第 1 期。

⑨ 仲云云、仲伟周：《中国碳排放的区域差异及驱动因素分析——基于脱钩和三层完全分解模型的实证分析》，《财经研究》2012 年第 2 期。

⑩ 赵志耕、杨朝峰：《中国碳排放驱动因素分解分析》，《中国软科学》2012 年第 6 期。

纳入回归模型，Dinda（2004）对此作出了全面的文献述评。[①] 代表性的研究集中在面板数据的回归方面，如魏巍贤和杨芳（2010）认为自主研发和技术引进对碳减排有显著的促进作用，工业化水平与碳排放正相关[②]，杨骞和刘华军（2012）发现结构效应明显促进高、低排放组省份的碳排放强度，而对人均碳排放的影响与各省份人均碳排放水平相关[③]。

四　基于可计算一般均衡模型

国内外学者基于可计算一般均衡模型的拓展形式，分别考察了以研发支出、能源价格、污染治理设施的固定资本投资变动等因素引致的技术进步以及不同技术进步率作为影响因素的污染减排效应。

国外学者研究如 Nordhaus（1991）将研发支出纳入 R&DICE 模型，发现研发支出的增长有利于污染排放强度的降低[④]。Dowlatabadi（1998）在一般均衡模型构造中将技术进步内生于能源价格，从而通过能源价格引发技术进步进而改进自然资源利用效率[⑤]。Bruvoll 等（1999）将资源和环境因素纳入一般均衡模型，考察了在不同技术进步率的条件下，环境退化所引发的环境阻滞效应对污染排放的影响[⑥]。Wang 等（2007）运用适用于中国的环境一般均衡模型分析钢铁行业，发现技术改进对钢铁行业的碳减排具有明显的促进作用[⑦]。国内学者研究如沈可挺等（2002）率先构建了"经济—技术—能源—环境"条件下的 CGE 模型，分析了不同因素条件下碳减排水平，发现技术进步是促进能耗强度和碳排放水平下降的四大基本

① Dinda S. , Environmental Kuznets Curve Hypothesis：A Survey, *Ecological Economics*, 2004（4），pp. 431 – 455.

② 魏巍贤、杨芳：《技术进步对中国二氧化碳排放的影响》，《统计研究》2010 年第 7 期。

③ 杨骞、刘华军：《中国二氧化碳排放的区域差异分解及影响因素——基于 1995—2009 年省际面板数据的研究》，《数量经济技术经济研究》2012 年第 5 期。

④ Nordhaus W. D. , To slow or not to slow：the economics of the greenhouse effect, *The Economic Journal*, 1991, pp. 920 – 937.

⑤ Dowlatabadi H. , Sensitivity of climate change mitigation estimates to assumptions about technical change, *Energy Economics*, 1998, 20（5），pp. 473 – 493.

⑥ Bruvoll A. , Glomsr d. S. , Vennemo, H. , Environmental drag：evidence from Norway, *Ecological Economics*, 1999, 30（2），pp. 235 – 249.

⑦ Wang L. , Lai M. , Zhang B. , The transmission effects of iron ore price shocks on China's economy and industries：a CGE approach, *International Journal of Trade and Global Markets*, 2007, 1（1），pp. 23 – 43.

驱动因素之一[①]。石敏俊和周晟吕（2010）基于动态可计算一般均衡模型构建了适用于中国的"能源—环境—经济"模型，通过数据模拟发现低碳技术主要通过促进能源利用效率提升和能源结构清洁化路径实现 2020 年对外承诺的碳减排目标，并预测低碳技术进步能实现碳减排目标 64%—81% 的份额[②]。肖皓等（2012）在可计算一般均衡模型中嵌入了"资源节约型"和"环境友好型"模块，以湖南省的核算矩阵数据为样本进行分析，发现整体节能技术进步能有效改善生态环境，尤其是煤炭行业和建筑业的节能减排技术的贡献最显著[③]。姚云飞（2012）在 CEEPA 模型构建中通过设置研发部门将技术进步内生化，并运用改造后的模型考察了碳交易政策和研发补贴政策对碳排放影响的差异，结果发现短期内研发补贴的碳减排效应优于碳交易政策的碳减排效应，但研发补贴却会导致碳排放的长期增长[④]。陈雯等（2012）在动态一般均衡模型的基础上引入水污染排放模块，考察了旨在提升污染减排技术的水污染治理固定资产投资与设施运行的持续性投资对水污染排放的影响，结果发现水污染治理固定资产投资能实现经济增长条件下的水污染减排，而设施运行的持续性投资以牺牲经济增长为代价，短期内能有效促进水污染减排，但长期污染减排效应递减[⑤]。

第三节　FDI、对外贸易对生态环境影响的相关研究综述

一　FDI 对生态环境的影响

FDI 对生态环境影响的研究主要集中于如下几方面：FDI 究竟是改善还是恶化东道国生态环境，是否存在放之四海而皆准的客观规律；FDI 的生态环境效应会受到哪些因素的影响，是否存在行业、地区等异质性因素。

---

① 沈可挺、徐嵩龄、贺菊煌：《中国实施 CDM 项目的 CO_2 减排资源：一种经济—技术—能源—环境条件下 CGE 模型的评估》，《中国软科学》2002 年第 7 期。

② 石敏俊、周晟吕：《低碳技术发展对中国实现减排目标的作用》，《管理评论》2010 年第 6 期。

③ 肖皓、谢锐、万毅：《节能型技术进步与湖南省两型社会建设——基于湖南省 CGE 模型研究》，《科技进步与对策》2012 年第 9 期。

④ 姚云飞、梁巧梅、魏一鸣：《国际能源价格波动对中国边际减排成本的影响：基于 CEEPA 模型的分析》，《中国软科学》2012 年第 2 期。

⑤ 陈雯、肖皓、祝树金等：《湖南水污染税的税制设计及征收效应的一般均衡分析》，《财经理论与实践》2012 第 1 期。

从 FDI 的生态环境影响机制的视角对相关文献内容进行梳理，其主要传导机制如图 2 - 2 所示。

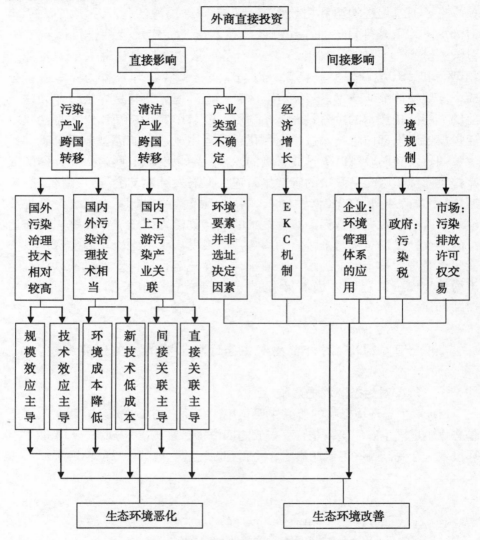

图 2 - 2　外商直接投资对生态环境影响的传导机制图

结合图 2 - 2 归纳的各种传导机制，将其对应的实证文献进行梳理如下。

1. 传导机制之一

发展中国家在污染密集型产业上具有比较优势，FDI 集中流向发展中国家污染密集型产业，不论是出于先进的技术、管理体系以及环保意识（Elkland and Harrison，2003）[1]，还是出于跨国企业自身的名誉需求的原因（Gentry，1999）[2]，通常国外污染密集型产业相对发展中国家本土同类产业的环保技术与污染治理水平较高，通过产业内的技术溢出有助于降低本土同类产业的环境污染水平，而 FDI 规模效应对环境质量存在负面影响，结构效应的影响力度一般较小。因此，FDI 对生态环境影响的综合效应取决于规模效应与技术效应的相对大小，即哪种影响因素位居主导地位。

　　代表性的观点有"污染天堂假说"与"污染晕轮假说"，其中，"污染天堂假说"（Copeland and Taylor，1994）认为环境标准与监管水平较低的发展中国家，环境资源为相对丰裕的要素，所生产的污染密集型产品存在比较优势，倾向于吸引污染密集型产业的流入，从而沦为其他环境标准与监管水平较高的产业流出国的污染天堂；[3] "污染晕轮假说"（Grey and Brank，2002）与之相反，认为 FDI 企业通过环境管理体系的示范与推广，为发展中国家本土企业实施相似的环境管理技术标准提供了模仿学习的机会，行业整体环境管理技术水平得以提升。[4] 前者以规模效应为主导，环境总效应为负；而后者以技术效应为主导，环境总效应为正。随后支持"污染天堂假说"的相关文献有：Jie（2006）以 1978—2003 年间中国 29 个省市区的 SO_2 排放为样本，发现 FDI 规模增长与结构变动的环境效应为负，抵消了环境管制因素的环境正效应[5]，随后，张学刚（2011）运用 1988—2007 年中国工业 SO_2 排放为样本，发现 FDI 的规模负效应大于结构与技术的正效应，环境总效应为负[6]，总效应的结论相似，而关于结构变

　　① Eskeland G. S., Harrison A. E., Moving to Green Pastures? Multinationals and the Pollution Haven Hypothesis, *Journal of Development Economics*, 2003, 70 (1), pp. 1 – 23.

　　② Gentry B., Foreign Direct Investment and the Environmant: Boon or Ban? *Foreign Direct Investment and the Environment*, OECD, Paris, 1999, pp. 21 – 45.

　　③ Copeland B. R., Taylor M. S., North South Trade and the Environment, *Quarterly Journal of Economics*, 1994, 109 (3), pp. 755 – 787.

　　④ Grey K., D. Brank, Environmental Issues in Policy – Based Competition for Investment: A Literature Review, *ENV/EPOC/GSP*, 2002.

　　⑤ Jie H., *The Foreign Direct Investment and Air Pollution in China: The Case of SO₂ Concentration in Chinese Cities*, Hong kong: Better Air Quality in Asian and Pacific Rim Cities Conference, 2002.

　　⑥ 张学刚：《FDI 影响环境的机理与效应——基于中国制造行业的数据研究》，《国际贸易问题》2011 年第 6 期。

动的环境效应的结论存在差异；牛海霞等（2011）以 1995—2007 年间中国 28 个省市区的碳排放为对象，发现 FDI 规模增长的环境效应为负，大于结构与技术升级所带来的环境正效应；[①] 支持"污染晕轮假说"的相关文献有：姚奕等（2011）运用 1996—2008 年间各省市碳排放强度为指标，发现技术效应能有效降低碳排放强度，且大于规模与结构变化的环境负效应。[②]

2. 传导机制之二

依据"污染晕轮假说"，伴随 FDI 产业流入的还有相应的产业环境管制技术标准，当国外污染密集型产业与国内相似产业的技术水平相当时，国内相似产业的环境管制技术标准却相应提高，可能会导致国内产业的环境成本上升；然而，从长远来看，环境管制技术标准的提高会鼓励国内企业从事新的生态技术创新或采用新的生态技术，新生态技术的运用实现了在适应环境管制标准的同时提升产业生产效率，抵消了环境成本上升对生产效率的负面影响，有利于生态环境的改善。

代表性的观点为"波特假说"（Porter，1991），该假说从产业创新的动态角度来反映产业竞争力，认为环境管制标准的适当提高会增加污染密集型产业技术创新的压力，进而促使产业积极创新并率先形成环境竞争的比较优势。[③] 证实"波特假说"存在性的文献有 Jaffe 和 Palmer（1997）[④] 与 Brunnermeier 和 Cohen（2003）[⑤]，两者均以美国制造业为样本，对环境管制与产业创新之间的关系进行了实证分析，结果显示以污染治理成本表征的环境管制力度与以研发支出、环境专利数量表征的产业创新之间呈现明显的正相关。邓柏盛等（2008）以 1995—2005 年间中国 14 个省市区 SO_2 排放表征环境质量，结果显示 FDI 能明显促进环境

① 牛海霞、胡佳雨：《FDI 与中国二氧化碳排放相关性实证研究》，《国际贸易问题》2011 年第 5 期。

② 姚奕、倪勤：《中国地区碳强度与 FDI 的空间计量分析——基于空间面板模型的实证研究》，《经济地理》2011 年第 9 期。

③ Porter M. E., America's Green Strategy, *Scientific American*, 1991.

④ Jaffe A. B., J. K. Palmer, Environmental Regulation and Innovation: A Panel Data Study, *Review of Economic Statistics*, 1997, 79, pp. 610 – 619.

⑤ Brunnermeier S. B., M. A. Cohen, Determinants of Environmental Innovation in US Manufacturing Industries, *Journal of Environmental Economics and Management*, 2003, 45 (2), pp. 278 – 293.

质量的改善;[①] 许和连等 (2012) 运用 2000—2009 年间中国 30 个省市区工业"三废"排放水平反映环境质量, FDI 能显著改善环境质量, 尤其是来自全球离岸金融中心的 FDI, 且 FDI 对环境的积极效应随时间的推移持续增强。[②]

3. 传导机制之三

为保证 FDI 产业的绝对竞争优势地位, 资本流出国的清洁产业向东道国转移, 通过产业内技术溢出促使国内相似产业生态技术水平的提升; 即 FDI 对生态环境的直接效应为正, 而通过产业关联渠道拉动的东道国国内的上下游产业可能集中于污染密集型产业类型, 从而使环境污染排放增长, 即 FDI 对生态环境的间接效应为负。若直接效应大于间接效应, 则 FDI 的流入有助于东道国生态环境质量水平的提升; 反之, 若直接效应小于间接效应, 则 FDI 的流入恶化了东道国的生态环境质量。正如 Walter (1982) 对美日欧的 OFDI 产业流向[③]以及 Eskeland 和 Harrison (2003) 以 1982—1994 年间美国 OFDI 产业的研究[④], 没有从中发现污染密集型产业跨国转移的趋势。

相关的实证文献有: 杨博琼等 (2011) 将 FDI 环境效应分解为直接影响与间接影响, 并运用 1992—2008 年间中国 28 个省市区六种工业污染物表征环境污染水平, 结果发现 FDI 直接环境效应降低了工业排污水平, 而一旦考虑 FDI 对国内资本引致投资的间接环境效应, FDI 总效应促进了工业排污水平;[⑤] 类似地, 王文治等 (2012) 以 2002—2008 年间中国 15 个制造业行业为样本, 基于产业关联的角度审视 FDI 的环境效应, 研究发现大部分 FDI 流入中国相对清洁的制造业行业, 直接效应有利于生态环境的改善, 而 FDI 通过产业关联渠道促进了二氧化硫排放, 对制造业废水、烟

---

① 邓柏盛、宋德勇:《中国对外贸易、FDI 与环境污染之间关系的研究 (1995—2005)》,《国际贸易问题》2008 年第 4 期。

② 许和连、邓玉萍:《外商直接投资导致了中国的环境污染吗? ——基于中国省际面板数据的空间计量研究》,《管理世界》2012 年第 2 期。

③ Walter I., The Pollution Content of American Trade, *Western Economic Journal*, 1982, 30, pp. 61 – 70.

④ Eskeland G. S., Harrison A. E., Moving to Green Pastures? Multinationals and the Pollution Haven Hypothesis, *Journal of Development Economics*, 2003, 70 (1), pp. 1 – 23.

⑤ 杨博琼、陈建国:《FDI 对东道国环境污染影响的实证研究——基于中国省际面板数据的分析》,《国际贸易问题》2011 年第 3 期。

尘污染物排放无显著影响，其间接效应不确定。[1]

4. 传导机制之四

若将环境视为一种生产要素，依据国际生产折中理论，环境要素成本并非 FDI 产业跨国转移唯一决定性的因素：其一，除环境要素成本因素以外，东道国劳动力成本、自然资源禀赋、市场容量、经济基础设施、文化伦理等投资经营环境也是 FDI 产业选址所考虑的区位因素（Dunning, 1981）[2]；其二，环境要素的成本在 FDI 产业区位选址中是否起决定性的作用，若环境要素成本并非 FDI 区位选址的关键因素，那么又是否对 FDI 选址存在明显的影响。因此，FDI 的东道国环境效应难以确定，与 FDI 产业转移的类型、转移的决定性因素密切相关。

持环境要素成本无明显影响观点的相关文献为：Bartik（1988）以 1972—1978 年间全球 500 强企业向美国产业转移的研究表明，环境管制成本对产业选址无明显影响；[3] OECD（1993）针对 OECD 成员国的产业转移现象，发现大部分产业的环境要素成本不超过生产成本的 2%，东道国环境要素成本的降低不足以影响产业的竞争力。[4] 持环境要素成本存在显著影响观点的相关文献为：Xing 和 Kolstad（2002）以 1985—1990 年间美国污染密集程度不同的 6 个产业 FDI 流向 22 个国家的样本，研究发现环境管制技术标准对 2 个污染密集型产业 FDI 选址有明显影响，而对其余 4 个清洁产业 FDI 选址无显著影响；[5] 江珂等（2011）以 1995—2007 年间中国的 41 个 FDI 来源国为样本，结果发现中国环境管制力度与来源于发展中国家的 FDI 负相关，而与来自发达国家的 FDI 无明显关系，均说明了在 FDI 选址决策中，技术差距因素优于环境要素成本因素；[6] Aliyu 和 Aminu

① 王文治、陆建明：《FDI 对中国制造业污染排放影响的经验分析》，《经济经纬》2012 年第 1 期。

② Dunning J. H., *International Production and the Multinational Enterprise*, George Allen and Unwin, London, 1981.

③ Bartik T., The Effects of Environmental Regulation on Business Location in the United States, *Growth and Change*, 1988, (19), pp. 22–44.

④ OECD, *Summary Report of the Workshop on Environmental Policies and Industrial Competitiveness*, OCDE/GD, 1993.

⑤ Xing Y., C. D. Kolstad, Do Lax Environmental Regulations Attract Foreign Investment? *Environmental and Resource Economics*, 2002, 21 (1), pp. 1–22.

⑥ 江珂、卢现祥：《环境规制相对力度变化对 FDI 的影响分析》，《中国人口·资源与环境》2011 年第 12 期。

（2005）以 25 个资本流出国与流入国环境污染为研究对象，发现 FDI 流出与 11 个资本流出国环境规制力度之间呈正相关关系，而 FDI 流入与 14 个资本流出国环境规制无明显关系，这说明发达国家环境要素成本对产业竞争力存在显著的负面效应，但环境要素成本却不是 FDI 产业国际选址的主要考虑因素；[1] Christer 和 Martin（2005）以 1987—1998 年间中国 28 个省市区单位企业排污费用表征环境管制程度，研究发现环境管制程度对 FDI 流入影响不明显；[2] Dean 等（2009）运用 1993—1996 年间中国各省市区排污水费占污水排放的比重表征环境管制水平，结果显示外资存量、技术工人等优势是吸引 FDI 的显著因素，而环境管制水平与 FDI 无明显关联[3]。

　　持环境负效应观点的文献有：John 和 Catherine（2000）以 1986—1993 年间美国各州为样本，结果发现各州环境管制的程度越强，FDI 流入越少；[4] 刘建民等（2008）以 1999—2004 年间中国 28 个省市区污水排放达标量占污水排放总量的比重表征环境管制水平，结果表明环境管制对 FDI 选址有明显的负面影响，其负面影响程度呈现出由东向西弱化的空间特点。[5]

　　持折中观点的文献有：耿强等（2010）以 1992—2002 年间中国 29 个省份超标排污费收入占排污费收入总额的比重表征环境管制力度，东道国环境管制力度对 FDI 产业选址的影响存在明显的异质性，在 FDI 所有权结构方面，环境管制力度较高的地区倾向于吸引 FDI 合作企业，而管制力度较低的地区倾向于吸引 FDI 独资企业，然而，在地域方面，东部地区环境管制水平越高，FDI 流入就越多。[6]

　　各种观点的差异可能主要来自环境管制水平指标选择与处理的差异：

　　① Aliyu M. Aminu, Foreign Direct Investment and the Environment: Pollution Haven Hypothesis Revisited, *Paper Prepared for the Eight Annual Conference on Global Economic Analysis*, 2005, 6, pp. 9 – 11.

　　② Christer L., Martin L., Environmental Policy and the Location of Foreign Direct Investment in China, *Peking University Working Paper*, 2005.

　　③ Dean J. M., M. E. Lovely, H. Wang, Are Foreign Investors Attracted to Weak Environmental Regulations? Evaluating the Evidence from China, *Journal of Development Economics*, 2009, 90, pp. 1 – 13.

　　④ John A. L., Y. C. Catherine, the Effect of Environmental Regulation on Foreign Direct Investment, *Journal of Environment Economics and Management*, 2000, 40（1）, pp. 1 – 20.

　　⑤ 刘建民、陈果：《环境管制对 FDI 区位分布影响的实证分析》，《中国软科学》2008 年第 1 期。

　　⑥ 耿强、孙成浩、傅坦：《环境管制程度对 FDI 区位选择影响的实证分析》，《南方经济》2010 年第 6 期。

其一，直接运用排污总量或费用总额的指标未能剔除经济规模增长对排污水平的影响；其二，运用单个污染物排污费支出或排放水平无法反映政府对所有污染物的管制力度；其三，将主要污染物排放水平不加处理纳入模型可能导致多重共线性的问题，或者综合为一个总量指标在权重的选择上存在主观差异。

5. 传导机制之五

立足于东道国引资的视角，在投资经营环境优势尚未凸显，东道国为吸引更多的 FDI 流入，短期内可能会以环境污染为代价主动降低环境管制技术标准与环境监管水平，或给予 FDI 产业环境污染税补贴，东道国竞相降低原环境管制水平并不断触及环境管制的底线，可能会人为地吸引污染密集程度较大的 FDI 产业流入，涸泽而渔式地破坏生态环境。

代表性的观点为"向底线赛跑假说"（wheeler，2001），该假说是对"污染天堂假说"的进一步发展，认为发展中国家为吸引外资不惜竞相触及环境管制技术标准的底线，直至环境管制形同虚设。[1] 陈刚（2009）运用1994—2006 年间中国 29 个省市区的单位企业的排污费用表征环境管制程度，发现环境管制程度对 FDI 流入存在明显的抑制作用，而且中国所特有的分权模式将可能导致地方政府为吸引外资而扭曲中央政府环境政策的执行力度，从而弱化对环境的管制；[2] 朱平芳等（2011）运用 2003—2008 年间中国 277个地级市为研究对象，结果表明仅在 FDI 中高水平的城市中，明显存在地方政府为引进更多外资而竞相放宽环境管制技术标准的状况。[3]

6. 传导机制之六

依据环境库兹涅茨曲线理论，环境污染水平与人均收入水平密切相关，两者呈现出倒"U"型或"N"型或其他形状的变化规律，即在经济发展的初级阶段，环境污染水平与人均收入水平同步变化，一旦人均收入超越某一临界值，环境污染水平随人均收入水平的增长而不断降低，同时，从 FDI 与经济增长的变动关系来看，FDI 不仅扩大了东道国的投资规

---

[1]　Wheeler D. , Racing to the Bottom? Foreign Investment and Air Pollution in Developing Countries, *The Journal of Environment & Development*, 2001, 10 (3), pp. 225 – 245.

[2]　陈刚：《FDI 竞争、环境规制与污染避难所——对中国式分权的反思》，《世界经济研究》2009年第 6 期。

[3]　朱平芳、张征宇、姜国麟：《FDI 与环境规制：基于地方分权视角的实证研究》，《经济研究》2011 年第 6 期。

模，促进了国内资本的形成，直接拉动经济增长，而且 FDI 技术溢出效应通过东道国模仿学习、人员流动以及竞争等渠道间接促进东道国经济增长（Jeffrey and David，1999）[①]。结合 FDI 与经济增长、经济增长与环境污染的关系，当人均收入未达到某一临界值时，FDI 通过促进经济增长，进而导致更多的环境污染，而当人均收入超越这一临界值时，FDI 通过推动经济增长，反而有助于改善环境质量。

相关实证文献有：陈建国等（2009）以 1991—2006 年间中国 31 个省的工业"三废"综合指数表征环境污染状况，研究显示：中东部地区 FDI 流入与环境污染综合指数的关系拟合出类似于倒"U"型的环境库兹涅茨曲线，而西部地区两者关系呈现出正"U"型的环境库兹涅茨曲线的变化规律;[②] 李子豪等（2012）以 2003—2009 年间中国 220 个城市的人均工业废水与人均工业 SO_2 排放为样本，发现 FDI 的环境效应存在收入与人力资本的门槛，即高收入与低收入阶段，FDI 流入能促进生态环境质量的提升，而中等收入阶段，FDI 流入会恶化生态环境，两者关系呈现"N"型的变化趋势。[③]

7. 传导机制之七

上述从各文献研究中提炼出的 FDI 影响生态环境的传导机制，可能仅仅只是一种对客观现象的归纳与描述，并不存在必然性的规律，换言之，FDI 对东道国生态环境的影响方向、影响程度可能因环境污染物种类、时间段、地域空间等因素的异质性而存在较大差异。相关实证文献有：

表 2-2　　　　　　　FDI 对东道国生态环境影响的实证文献归纳

文献来源	样本时间段	样本地域	污染物种类	FDI 环境效应实证结果（＋／－）
Talukdar & Meisner（2001）[④]	1987—1995 年	44 个发展中国家	CO_2	CO_2（－）

①　Jeffrey F. , David R. , Does Trade Cause Growth? *American Economic Review*, 1999, 89（3）, pp. 379 - 399.

②　陈建国、迟诚、杨博琼：《FDI 对中国环境影响的实证研究——基于省际面板数据的分析》，《财经科学》2009 年第 10 期。

③　李子豪、刘辉煌：《FDI 对环境的影响存在门槛效应吗——基于中国 220 个城市的检验》，《财贸经济》2012 年第 9 期。

④　Talukdar D. , C. M. Meisner, Does the Private Sector Help or Hurt the Environment? Evident from Carbon Dioxide Pollution in Developing Countries, *World Development*, 2001, 29（5）, pp. 827 - 840.

续表

文献来源	样本时间段	样本地域	污染物种类	FDI 环境效应实证结果（ + / - ）
Jie（2002）①	1993—1999 年	中国 80 个城市	SO_2 浓度	SO_2 浓度（ - ）
Grimes & Kentor（2003）②	1980—1996 年	66 个发展中国家	CO_2	CO_2（ + ）
Khalil & Inam（2006）③	1972—2002 年	巴基斯坦	CO_2	CO_2（ + ）
Jorgenson 等（2007）④	1975—2000 年	39 个发展中国家	CO_2	CO_2（ + ）
Jie（2008）⑤	1993—2001 年	中国 80 个城市	SO_2 浓度、TSP	SO_2 浓度（ - ）、TSP（ + ）
Bao 等（2008）⑥	1992—2004 年	中国 29 个省	CO_2	发达省份（ - ）、欠发达省份（ + ）
Liang（2006）⑦	1996—2001 年	中国 231 个城市	大气污染	大气污染（ - ）
陈凌佳（2008）⑧	2001—2006 年	中国 112 个城市	SO_2 浓度	SO_2 浓度（ + ）

---

① Jie H. , *The Foreign Direct Investment and Air Pollution in China：The Case of SO_2 Concentration in Chinese Cities*, Hongkong: Better Air Quality in Asian and Pacific Rim Cities Conference, 2002.

② Grimes P. , J. Kentor, Exporting the Green House: Foreign Capital Penetration and CO_2 Emissions 1980—1996, *Journal of World - Systems Research*, 2003, 9（2）, pp. 261 - 275.

③ Khalil S. , Z. Inam, Is Trade Good for Environment? A Unit Root Cointegration Analysis, *The Pakistan Development Review*, 2006, 45（4）, pp. 1187 - 1196.

④ Jorgenson A. K. , Does Foreign Investment Harm the Air We Breathe and the Water We drink, *Organization Environment*, 2007,（20）, pp. 137 - 156.

⑤ Jie H. , Foreign Direct Investment and Air Pollution in China: Evidence from Chinese Cities, *Region et Developpment*, 2008, 28, pp. 131 - 150.

⑥ Bao Q. , Chen Y. , Song L. , The Environmental Consequences of Foreign Direct Investment in China, In: Song, L. , W. Thye, *China's Dilemma: Economic Growth, the Environment and Climate Change*, Asia Pacific Press, Washington, DC and Social Sciences Academic Press: Beijing, 2008, pp. 243 - 264.

⑦ Liang F. , *Does Foreign Direct Investment Harm the Host Country's Environment*, Mimeo, Hass School of Business, UC Berkeley, 2006.

⑧ 陈凌佳：《FDI 环境效应的新检验——基于中国 112 座重点城市的面板数据研究》，《世界经济研究》2008 年第 9 期。

续表

文献来源	样本时间段	样本地域	污染物种类	FDI 环境效应实证结果（+／-）
周力等（2009）[1]	1998—2005 年	中国 30 个省	COD、SO_2 浓度	COD（-）、SO_2 浓度（-）
陈晓峰（2011）[2]	1985—2009 年	"长三角"地区	废气、SO_2 浓度、粉尘、烟尘	废气（+）、SO_2 浓度（+）、粉尘（-）、烟尘（-）
李子豪等（2011）[3]	2000—2008 年	中国 30 个省	CO_2	东部地区（+）、中西部地区（-）
谢申祥（2012）[4]	2003—2009 年	中国 29 个省	SO_2 浓度	SO_2 浓度（-）
刘倩等（2012）[5]	1985—2007 年	"金砖国家"	CO_2	CO_2（-）

二 对外贸易对生态环境的影响

（一）理论研究

对外贸易对生态环境影响的文献最初来自国外学者 Grossman 和 Krueger（1991），提出对外贸易主要通过贸易规模、贸易结构与贸易技术效应影响东道国生态环境，奠定了对外贸易环境效应分析的理论基础。[6] Chichilnisky（1994）构建了两国模型，结论表明，拥有相对丰裕环境要素的国家具有环境比较优势，将专业化生产并出口环境密集型产品。[7] 随后，

---

[1] 周力、应瑞瑶：《外商直接投资与工业污染》，《中国人口·资源与环境》2009 年第 2 期。

[2] 陈晓峰：《长三角地区 FDI 与环境污染关系的实证研究——基于 1985—2009 年数据的 EKC 检验》，《国际贸易问题》2011 年第 4 期。

[3] 李子豪、刘辉煌：《外商直接投资、技术进步和二氧化碳排放——基于中国省际数据的研究》，《科学学研究》2011 年第 10 期。

[4] 谢申祥、王孝松、黄保亮：《经济增长、外商直接投资方式与中国的二氧化硫排放——基于 2003—2009 年省际面板数据的分析》，《世界经济研究》2012 年第 4 期。

[5] 刘倩、王遥：《新兴市场国家 FDI、出口贸易与碳排放关联关系的实证研究》，《中国软科学》2012 年第 4 期。

[6] Grossman G. M.，A. B. Krueger，Environmental Impact of A North American Free Trade Agreement，*NBER Working Paper*，1991.

[7] Chichilnisky G.，North – South Trade and the Global Environment，*American Economic Review*，1994（4），pp. 851 – 874.

Copeland 和 Taylor（1994）构建南北贸易模型分析了对外贸易对南北国家环境影响的机理，拓展了研究的理论深度，模型中有两条基本假设，其一，南北国家均通过支付环境税的方式进行环境管制，其中北方环境管制力度大于南方；其二，环境污染的影响不会跨越国境。结论表明，南北自由贸易有利于改善北方国家的生态环境，而南方国家在国际竞争中处于不利地位，可能会导致南方国家之间竞相放松环境管制以获取环境成本的比较优势，进而导致南方国家生态环境的恶化。[①] 在此基础上，Copeland 和 Taylor（1995）对上述模型的两条基本假设作出了修改：其一，南北国家通过污染排放许可证的定量出售与市场交易实现污染排放的控制与分配；其二，环境污染的影响会扩散到全球范围。模型假设修改后，结论显示，南北自由贸易的环境总效应为负。[②] Antweiler 等（2001）结合两国模型与南北贸易模型所长，在修正后的南北贸易模型基础上进一步纳入要素禀赋国际差异的因素，结论表明一国生产并出口的产品类型与环境管制力度、要素禀赋国际差异程度两者密切相关，具体来说，当一国资本要素相对丰裕程度较高，即使环境管制力度较大时，也倾向于生产并出口资本密集型的产品。[③]

（二）实证研究

从实证研究方法的角度进行归纳：

1. 沿环境效应三分法的思路展开

Cole 和 Elliott（2003）对不同种类的污染物环境效应进行了分析，结论显示，对于污染物 SO_2、NO_X 而言，对外贸易的技术效应大于规模效应，对于 CO_2、BOD 而言，对外贸易的规模效应大于技术效应[④]；党玉婷等（2007）以 1994—2003 年间 14 个制造业的工业"三废"排放为对象，研究发现，对外贸易的环境总效应为负，其中规模负效应远大于

① Copeland B. R. , Taylor M. S. , North South Trade and the Environment, *Quarterly Journal of Economics*, 1994, 109 (3), pp. 755 – 787.

② Copeland B. R. , Taylor M. S. , Trade and Transboundary Pollution, *American Economics Review*, 1995, 85, pp. 716 – 737.

③ Antweiler W. , B. R. Copeland, M. S. Taylor, Is Free Trade Good for the Environment? *American Economic Review*, 2001, 91 (9), pp. 877 – 908.

④ Cole M. A. , R. J. R. Elliott, Determining the Trade – Environment Composition Effect: the Role of Capital, Labor and Environmental Regulations, *Journal of Environmental Economics and Management*, 2003, 46 (3), pp. 363 – 383.

结构与技术正效应①；李斌等（2011）以 1991—2010 年间中国碳排放为样本，发现对外贸易额每增长 1%，正向规模效应与负向的技术效应同变动 0.44%，结构效应不显著；而对外贸易每融入全球价值链 1%，碳排放减少 0.56%，影响效应最大。②

2. 运用投入产出方法

国外最早运用投入产出法进行测算的是 Machado 对 20 世纪 90 年代巴西对外贸易隐含碳的实证研究发现，截至 1995 年，巴西为隐含碳的净出口国，且单位美元出口隐含碳的排放比单位美元进口高出 56%。③ 随后，投入产出法在不同国家或区域对外贸易隐含碳的测度方面得以广泛运用：Ahmad 等对 OECD 国家④、Mongelli 对意大利⑤、Maenpaa 等对芬兰的测算⑥等。国内运用投入产出法对对外贸易隐含碳的研究起步较晚，最早的文献追溯到马涛等（2005）对 1994—2001 年间中国工业进出口产品的污染密集度进行核算。⑦ 随后代表性的文献有齐晔等（2008）估算了 1997—2006 年间中国进出口贸易隐含碳⑧；闫云凤等（2010）对 1997—2005 年间中国出口隐含碳排放的变化及其影响因素进行了分析，衡量了出口量、出口结构、排放强度对隐含碳排放增长的影响⑨；傅京燕等（2012）测算了

---

① 党玉婷、万能：《贸易对环境影响的实证分析——以中国制造业为例》，《世界经济研究》2007 年第 4 期。

② 李斌、赵新华：《经济结构、技术进步与环境污染—基于中国工业行业数据的分析》，《财经研究》2011 年第 4 期。

③ Machado G., Schaeffer R., Worrell, E., Energy and Carbon Embodied in the international Trade of Brazil: an Input – output Approach, *Ecological Economics*, 2001, 39 (3), pp. 409 – 424.

④ Ahmad N., Wyckoff A. W., *Carbon Dioxide Emissions Embodied in International Trade of Goods*, OECD Publications, 2003.

⑤ Mongelli I., Tassielli G., Notarnicola, B., Global Warming Agreements, International Trade and Energy/Carbon Embodiments: an Input – output Approach to the Italian Case, *Energy policy*, 2006, 34 (1), pp. 88 – 100.

⑥ Maenpaa I., Siikavirta H., Greenhouse Gases Embodied in the International Trade and Final Consumption of Finland: an Input – output Analysis, *Energy policy*, 2007, 35 (1), pp. 128 – 143.

⑦ 马涛、陈家宽：《中国工业产品国际贸易的污染足迹分析》，《中国环境科学》2005 年第 4 期。

⑧ 齐晔、李惠民、徐明：《中国进出口贸易中的隐含碳估算》，《中国人口·资源与环境》2008 年第 3 期。

⑨ 闫云凤、杨来科：《中国出口隐含碳增长的影响因素分析》，《中国人口·资源与环境》2010 年第 8 期。

1997—2008 年间对外贸易隐含碳，结果发现对外贸易促进了碳排放而降低了碳排放强度[①]。

3. 运用计量回归方法

Streteskya 和 Lynchb（2009）以 1989—2003 年间 169 个国家碳排放为样本，回归结果发现出口与碳排放之间呈现显著的正相关[②]；杨万平等（2008）以 1982—2006 年间中国 6 类污染物为对象，结果显示进口贸易有利于降低污染物排放，而出口贸易促进了污染物排放的增长[③]；庄惠明等（2009）以 1981—2006 年间中国 SO_2 排放为样本，回归结果显示，对外贸易规模、结构以及技术效应均能显著降低 SO_2 排放[④]；李小平等（2010）以 1998—2006 年间中国 20 个工业行业与 G7、OECD 等发达国家之间的贸易与碳排放为对象，发现对外贸易能减少工业碳排放总量以及碳排放强度[⑤]；刘华军等（2011）分别运用中国 1952—2007 年与 1983—2007 年间的碳排放时间序列数据，结果发现贸易开放对碳排放影响不明显，而采用 1995—2007 年间中国各省市面板数据，发现贸易开放会显著促进碳排放的增长[⑥]；而宋马林等（2012）以 2001—2010 年间中国 30 个省份的环境效率为研究对象，发现对外贸易对环境效率的影响在显著性、方向以及力度方向均存在明显的空间异质性特征[⑦]。各计量回归结果因样本区间、空间以及污染物种类的不同存在较大的差异，而关于贸易自由化对发展中国家与发达国家环境的影响的研究结论较为一致：贸易自由化改善了发达国家

① 傅京燕、裴前丽：《中国对外贸易对碳排放量的影响及其驱动因素的实证分析》，《财贸经济》2012 年第 5 期。

② Stratesky P. B. , M. J. Lynch , A Cross – National Study of the Association Between Per Capita Carbon Dioxide Emissions and Exports to the United States , *Social Science Research* , 2009 , 38（1）, pp. 239 –250.

③ 杨万平、袁晓玲：《对外贸易、FDI 对环境污染的影响分析——基于中国时间序列的脉冲响应函数分析（1982—2006 年）》，《世界经济研究》2008 年第 12 期。

④ 庄惠明：《中国对外贸易的环境效应实证——基于规模、技术和结构三种效应的考察》，《经济管理》2009 年第 5 期。

⑤ 李小平、卢现祥：《国际贸易、污染产业转移和中国工业 CO_2 排放》，《经济研究》2010 年第 1 期。

⑥ 刘华军、闫庆悦：《贸易开放、FDI 与中国 CO_2 排放》，《数量经济技术经济研究》2011 年第 3 期。

⑦ 宋马林、张琳玲、宋峰：《中国入世以来的对外贸易与环境效率——基于分省面板数据的统计分析》，《中国软科学》2012 年第 8 期。

环境质量，而加剧了发展中国家环境污染程度。

三　跨国外包对生态环境的影响

关于跨国外包对生态环境影响的国内外研究，主要集中在两个方面：一方面，跨国货物外包与服务外包两种方式对生态环境影响是否存在差异；另一方面，跨国外包是否有利于承接方产业价值链从附加值较低的生产环节趋向附加值很高的生产环节。通过对国内外文献的梳理，发现结论随模型设置和样本选择的不同存在较大的差别。

一方面，国外学者如 Gorg 和 Hanley（2003）运用爱尔兰 1990—1995 年间的数据发现，服务业外包能显著提升电子行业的生产率水平[①]。Amiti 和 Wei（2005）运用美国制造业的数据标明，制造业外包对劳动生产率没有显著的影响，而服务业外包能明显促进劳动生产率的提高[②]。Anderson 等人（2008）运用瑞典 1997—2002 年间的数据发现，不论是生产外包还是服务外包，均有利于促进东道国生产率改进[③]。Amiti 和 Wei（2009）将跨国外包区分为跨国货物外包与跨国服务外包，并认为两种外包方式对工业碳排放的影响存在差异[④]。国内学者如汪丽和燕春蓉（2011）运用中国 1997—2007 年间 24 个工业行业面板数据，发现货物外包能明显减少工业碳排放，而服务外包与工业碳排放之间呈现倒"U"型的变化规律，即先增加后减少的排放规律[⑤]。王爽（2012）对山东服务外包的低碳经济效应进行分析，发现服务外包产业附加值高，同时资源消耗低、环境污染少，有力推动了低碳经济的发展，但在产业规模、人才结构等方面仍然存在限制低碳经济的瓶颈[⑥]。

---

① Gorg H., Hanley A., International outsourcing and productivity: evidence from plant level data, *University of Nottingham*, 2003.

② Amiti M., Wei S. J., Service Offshoring, Productivity, and Employment: Evidence from the United States, *International Monetary Fund*, 2005.

③ Anderson. L., Karpaty P., Kneller R., Offshoring and productivity: Evidence using Swedish firm level data, *Svenska nätverkert för europaforskning working paper*, 2008（436）.

④ Amiti M, Wei S J. Service offshoring and productivity: Evidence from the US. *The World Economy*, 2009, 32（2）, pp. 203 – 220.

⑤ 汪丽、燕春蓉：《国际外包与中国工业 CO_2 排放——基于 24 个工业行业面板数据的经验证据》，《山西财经大学学报》2011 年第 1 期。

⑥ 王爽：《山东服务外包产业发展的低碳经济效应研究》，《东岳论丛》2012 年第 12 期。

另一方面，Ngo Van Long（2005）[1] 发现，由于附加值较高的高端环节如研发设计所耗费的劳动力成本较高，出于降低劳动力成本的目的，跨国企业将高端环节外包至劳动力成本较低的发展中国家，有利于东道国产业价值链升级与生态环境改善。Dossani 和 Panagariya（2005）发现跨国外包能使发展中国家软件行业从来料加工环节升级至系统集成等附加值较高的环节，进而有利于减少污染排放[2]。Dossani 和 Kenney（2004）认为，软件行业跨国公司外包的业务通常以软件编码等低水平服务为主，进而限制了东道国软件行业的升级改造[3]。郭吉强和虞添（2005）提出，发包国为防止核心技术外流，会将承接外包的国家固化在产业链的低附加值环节，对承接外包国的技术升级带来负面影响[4]。张少华和陈浪南（2009）以中国 2001—2005 年间 33 个行业为样本，发现跨国外包有利于降低环境污染强度[5]。王文治等（2013）运用中国 2001—2010 年间制造业行业面板数据，发现跨国外包业务的承接有利于制造业的清洁增长[6]。

第四节　国际技术溢出对生态环境影响的相关研究综述

如本章第三节所述，关于 FDI、对外贸易对东道国碳排放的影响，国内外学者进行了很多研究，这其中探讨了 FDI、对外贸易经由规模效应、结构效应、技术效应作用于东道国碳排放的影响机制，在此基础上，对不同的国际溢出渠道所发挥的技术效应对东道国碳排放的影响逐渐成为近年来国外学者研究的热点，然而，国外学者基于碳减排视角的国际技术溢出

---

① Long N. V. , Outsourcing and technology spillovers, *International Review of Economics & Finance*, 2005, 14（3）, pp. 297 – 304.

② Dossani R. , Panagariya A. , Globalization and the Offshoring of Services：The Case of India［with Comment and Discussion］//Brookings trade forum, *Brookings Institution Press*, 2005, pp. 241 – 277.

③ Dossani R. , Kenney M. , Offshoring：Determinants of the location and value of services, Asia Pacific Research Center, *Stanford University*, 2004.

④ 郭吉强、虞添：《正确看待外包带来的机遇》，《集团经济研究》2005 年第 4 期。

⑤ 张少华、陈浪南：《外包对于我国环境污染影响的实证研究：基于行业面板数据》，《当代经济科学》2009 年第 1 期。

⑥ 王文治、陆建明、李菁：《环境外包与中国制造业的贸易竞争力——基于微观贸易数据的GMM 估计》，《世界经济研究》2013 年第 11 期。

影响的研究大多立足于跨国面板数据或截面数据，所得结论存在较多分歧，不能为单个国家的发展提供更多的洞察，而国内学者对此研究极少，仅有一两篇文献从 FDI 水平方向的技术溢出渠道进行初步考察。为此，有必要针对不同的国际技术溢出的温室气体减排效应的代表性文献进行综述、比较与展望，以期对基于中国温室气体减排视角的国际技术溢出机制与路径优化的研究提供借鉴。

一　国际技术溢出对生态环境影响的国外研究

（一）FDI 技术溢出对生态环境影响的理论分析

理论分析的结果主要有三种：

1. FDI 技术溢出有利于改善生态环境

FDI 技术溢出有利于温室气体的减排，较为典型的观点有 Porter（1991）所提出的"波特假说"（porter hypothesis）[1] 与 Grey and Brank（2002）所提出的"污染晕轮效应"（pollution halo）[2]。前者认为环境规制力度的加大有助于东道国在降低污染排放的技术和设备方面的研制进度，后者认为跨国企业通过广泛建立和推广全球控制，促使东道国企业采用与此相似的环境规制标准，推动东道国企业实行 ISO 14001 环境管理体系。以上观点均体现了跨国公司在环境规制方面对东道国企业的示范作用。Girma（2004）认为，跨国企业与东道国企业之间人力资本流动也可能导致先进环境技术的非直接流动，可以发生在产业内同一部门或上下游产业之间[3]。Albornoz 等（2009）认为，外资企业可能选择从遵守东道国政府或跨国企业本身所制定的环境标准的供应商处购买中间产品，同时外资供应商选择向环境绩效较高的东道国企业出售商品，即外资企业可能通过供应链或上下游产业间人力资本流动来传递环境技术[4]。

2. 尽管 FDI 技术溢出有助于改善生态环境的观点得到了一定的认可，

---

① Porter M. E. , America's Green Strategy, *Scientific American*, 1991.

② Grey K. , D. Brank, Environmental Issues in Policy – Based Competition for Investment：A Literature Review, *ENV/EPOC/GSP*, 2002.

③ Grima S. , Gorg H. , E. Strobl. Exports, International Investment, and Plant Performance：Evidence from a Non – Parametric Test, *Economics Letters*, 2004, 83, pp. 317 –324.

④ Albornoz F. , M. A. Cole, R. J. Elliott, et al. , In Search of Environmental Spillovers, *The World Economy*, 2009, 32 (1), pp. 136 –163.

但也有学者认为 FDI 技术溢出不利于生态环境的改进

Perkins 和 Neumayer（2009）认为，跨国企业所导致的市场竞争压力可能会减少东道国企业的利润，随之降低东道国企业对减排技术进行投资的意愿或能力，在东道国企业的技术水平与领先技术存在较大差距的背景下，还有可能促使东道国企业一味追求成本最小化，从而对温室气体减排带来负面影响[①]。

3. FDI 技术溢出对生态环境的影响不确定

这主要是指 FDI 来源国环境技术水平与东道国吸收能力的不确定性。一方面，该不确定性与 FDI 来源国的环境技术水平有关。Prakash 和 Potoski（2007）认为，污染晕轮效应发挥作用的前提取决于 FDI 来源国的低碳技术水平优于东道国[②]。一般来说，跨国公司拥有世界领先技术，包括碳减排前沿技术，Ang（2009）进一步认为来自碳减排技术水平较高国家的外资企业可能通过价格或质量竞争，促使竞争对手对更高水平的碳减排技术进行投资，同时使低效率的企业退出行业以提高东道国碳排放效率的整体水平。另一方面，该不确定性与东道国的吸收能力有关[③]。Siddique 和 Williams（2008）认为，考虑到东道国的制度缺陷，外资企业面临比东道国本土企业更大的潜在风险，外资企业可能不会引进能够带来较高碳排放效率的知识和资本密集型技术，同时，外资企业为了最大限度地减少技术溢出的可能，宁愿选择外商独资的所有权模式，因此，制度越不完善，通过 FDI 渠道的技术溢出就越少[④]。Haum（2010）进一步指出，将低碳技术、传统技术进行比较，前者的技术扩散通常需要借助政府的干预，而跨国污染企业之所以没有对环境技术进行投资，原因在于市场的双重失灵，失灵的原因一方面在于消费者可能不愿对环境友好型产品支付额外的费用，从而导致环境投资的成本可能无法转嫁；另一方面在于环境投资的公

---

① Perkins R. , E. Neumayer, Transnational Linkages and the Spillover of Environment – Efficiency into Developing Countries, *Global Environmental Change*, 2009, 19 (3), pp. 375 – 383.

② Prakash A. , M. Potoski, Invest up: FDI and the Cross – Country Diffusion of ISO14001 Management System, *International Studies Quarterly*, 2007, 51 (3), pp. 723 – 744.

③ Ang J. B. , CO$_2$ Emissions, Research and Technology Transfer in China, *Ecological Economics*, 2009, 68 (10), pp. 2658 – 2665.

④ Siddique A. , A. Williams, The Use (and Abuse) of Governance Indicators in Economics: A Review, *Economics of Governance*, 2008, 9 (2), pp. 131 – 175.

共产品属性，可能导致其余未对清洁技术进行投资的企业也可能从污染减排中获益，因此，政府政策的干预是环境技术扩散必不可少的条件[①]。同时，Perkins 和 Neumayer（2012）提出，FDI 技术溢出不仅依赖于东道国与碳排放效率较高的国家之间的联系，还与东道国对温室气体减排技术的吸收能力密切相关，认为不同国家的碳排放效率水平、教育水平以及制度质量的差异是衡量东道国吸收温室气体减排技术能力的显著因素[②]。

（二）FDI 技术溢出对生态环境影响的经验实证分析

经验实证的结果主要有三方面：

1. 检验 FDI 技术溢出与能源强度或效率之间的关系

Fisher – Vanden 等（2009）运用中国工业企业层面的数据实证检验开放经济对能源生产率的影响，结果发现 FDI 垂直方向的知识溢出比 FDI 水平方向的知识溢出对能源生产率的影响更强，而且垂直溢出的渠道中，后向关联对于提升企业层面的能源效率方面的作用大于前向关联的作用，这与以往的经验研究结果不同，以往的研究建议企业通过提高自身研发创新活动和水平关联的技术溢出来提升中国能源生产率，这些研究忽略了垂直关联渠道对降低中国能源消费的潜在重要作用[③]。Leimbach 和 Baumstark（2010）对 FDI 的来源国进行了区分，认为 FDI 技术溢出促进了劳动力效率与能源效率的提升，进而降低减排成本，并运用 MIND—RS 模型对欧洲、中国、美国以及世界其他区域的样本进行研究，结果发现欧洲国家的能源效率高于美国，中国在能源效率方面与欧美国家的差距相对较大，因此，来自欧洲国家的资本技术溢出能有效提升中国能源效率，进而降低减排成本至 1.27%，比未溢出状态下的减排成本低 0.44 个百分点[④]。Garrone 等（2010）将专利活动纳入知识生产函数进行模型化分析，运用 1977—2006 年间 OECD18 个国家的面板数据，结果显示国际知识溢出对工业化国

①　Haum R. , Transfer of Low – Carbon Technology under the United Nations Framework Convention on Climate Change：The Case of the Global Environment Facility and its Market Transformation Approach in India, *Unpublished DPhil Thesis*, SPRU, University of Sussex, Brighton, UK. 2010.

②　Perkins R. , E. Neumayer, Do Recipient Country Characteristics Affect International Spillovers of CO_2 – Efficiency via Trade and Foreign Direct Investment? *Climate Change*, 2012, 112（2）, pp. 469 –491.

③　Fisher – Vanden K. , G. H. Jefferson, Y. D. Liu, et al. , Open Economy Impacts on Energy Consumption：Technology Transfer & FDI Spillovers in China's Industrial Economy, *NBER Working Paper*, 2009.

④　Leimbach M. , L. Baumstark, The Impact of Capital Trade and Technological Spillovers on Climate policies, *Ecological Economics*, 2010, 69（12）, pp. 2341 –2355.

家可再生能源技术的专利活动有积极的正向作用，而且一国越是落后，知识存量越小，其贸易伙伴的公共研发投入越多，该国越有可能从国际知识溢出中获益[①]。Braun 等（2010）专门考察了风能与太阳能技术创新活动的决定因素，发现国际技术溢出效应相对本国国内的溢出效应而言是微不足道的[②]。

2. 检验 FDI 技术溢出与生态环境之间的关系

Chudnovsky 和 Pupato（2005）从企业层面研究了阿根廷的产业内环境技术溢出，结果发现外资企业本身对环境技术溢出有积极的影响，但并非决定性的因素。具体来看，虽然外资企业比东道国本土企业更倾向于采用代表先进技术的环境管理系统（Environmental Management System）标准，但发展中国家需要具备一定的吸收能力才能获得环境技术溢出的正效应[③]。Albornoz 等（2009）进一步运用阿根廷内外资企业层面数据，开创性地研究了环境技术的产业内溢出效应与前向、后向溢出效应，研究结果显示，相对于东道国本土企业，外资企业更为广泛地采纳并实施环境管理体系标准，外资企业之间的水平溢出不明显，垂直溢出较为显著，而外资企业对内资企业的溢出不显著[④]。

3. FDI 技术溢出对生态环境的影响

经验实证的结果同样存在较大差异，Grimes 和 Kentor（2003）运用 CKC 模型考察了 FDI 对东道国低碳技术的影响，检验显示 FDI 没有显著的促进作用[⑤]，而 Perkins 和 Neumayer（2012）运用 1984—2005 年间 77 个国家的面板数据，结果表明 FDI 技术效应有利于东道国碳排放效率的改善，其改善作用与东道国自身的特征密切相关，表现为东道国碳排放效率越

①　Garrone P. , L. Piscitello, Y. Wang, The Role of Cross‐Country Knowledge Spillovers in Energy Innovation, *SSRN Working Paper*, 2010.

②　Braun F. G. , J. Schmidt‐Ehmcke, P. Zloczysti, Innovation Activity in Wind and Solar Technology: Empirical Evidence on Knowledge Spillovers Using Patent Data, *CEPR Discussion Paper*, 2010.

③　Chudnovsky D. , G. Pupato, Environmental Management and Innovation in Argentine Industry: Determinants and Policy Implications, *Buenos Aires: CENIT*, Mimeo, 2005.

④　Albornoz F. , M. A. Cole, R. J. Elliott, et al. , In Search of Environmental Spillovers, *The World Economy*, 2009, 32（1）, pp. 136 - 163.

⑤　Grimes P. , J. Kentor, Exporting the Green House: Foreign Capital Penetration and CO_2 Emissions 1980 - 1996, *Journal of World‐Systems Research*, 2003, 9（2）, pp. 261 - 275.

低、制度质量越高，则 FDI 技术效应对碳排放效率的影响越明显[①]。

（三）对外贸易技术溢出对生态环境影响的理论分析

国外学者的理论分析结果主要有三种：

1. 对外贸易技术溢出有利于改善生态环境

对外贸易技术溢出有助于温室气体减排。大部分学者认为先进技术设备的进口与出口产品严格的环境标准为东道国提供了接触国际环境技术与环境标准的机会，同时，进出口市场价格与质量的双重竞争迫使东道国不断模仿学习国际先进的环境技术与环境标准（Prakash 等，2007）[②]。

2. 尽管对外贸易技术溢出有助于改善生态环境的观点得到了一定的认可，但也有学者认为对外贸易技术溢出不利于生态环境的改进

Albornoz 等（2009）认为进出口市场价格与质量的双重竞争也有可能不利于对外贸易渠道的技术溢出，竞争压力的加剧可能促使东道国企业面临利润的压缩而不断降低改进能效的支出，进而对温室气体排放带来负面效应[③]。

3. 对外贸易技术溢出对生态环境的影响不确定

Siddique 和 Williams（2008）认为，由于设备和产成品的本土进口商熟悉本国的制度，在内部管理与风险控制方面适应能力更强，进而本土制度的缺陷对进口技术溢出影响较小[④]。Worrell（2009）认为，进口渠道的碳减排技术溢出相比其他渠道更依赖于东道国内资企业的需求状况，没有证据表明碳排放效率较低国家的进口方偏好碳减排技术较高的设备和产成品进口[⑤]。然而，Lovely 和 Popp（2011）的研究与早期不同，早期主要关注环境规制在多大程度上吸引技术创新和扩散，此研究关注

①　Perkins R., E. Neumayer, Do Recipient Country Characteristics Affect International Spillovers of CO₂ – Efficiency via Trade and Foreign Direct Investment? *Climate Change*, 2012, 112 (2), pp. 469 –491.

②　Prakash A., M. Potoski, Invest up: FDI and the Cross – Country Diffusion of ISO14001 Management System, *International Studies Quarterly*, 2007, 51 (3), pp. 723 –744.

③　Albornoz F., M. A. Cole, R. J. Elliott, et al., In Search of Environmental Spillovers, *The World Economy*, 2009, 32 (1), pp. 136 –163.

④　Siddique A., A. Williams, The Use (and Abuse) of Governance Indicators in Economics: A Review, *Economics of Governance*, 2008, 9 (2), pp. 131 –175.

⑤　Worrell E., L. Bernstein, J. Roy, et al., Industrial Energy Efficiency and Climate Mitigation, *Energy Efficiency*, 2009, 2, pp. 109 –123.

技术可获得性是如何影响非技术创新国家环境规制的制定，他们将环境规制因素引入对外贸易的均衡模型，结果显示对外贸易技术溢出对环境规制的影响具有两面性，贸易开放程度的扩大促进了外资企业与东道国本土企业之间的相互竞争，难以将环境规制成本转嫁到国内消费者身上，进而抑制环境规制实施的可能性，同时开放程度越高，越容易获取高效减排技术的机会，进而增加了接受环境规制的可能性①。在此基础上，Copeland（2011）进一步指出绿色创新技术扩散与大多数新技术扩散不同，后者扩散的动力来自于较低的成本或消费需求，而前者往往比现有技术成本更高，同时消费者并不总是偏好环境友好型产品，因此，在环境政策缺失的条件下，采用环境友好型技术的单位个体动机不够充分，所以，环境政策与绿色创新技术扩散两者之间相互补充，而并非相互替代②。Gallagher（2006）提出的汽车部门跨国技术转移与扩散的案例，正好印证了这一观点，案例研究发现国外汽车制造商并没有向中国转移其所拥有的高效减排技术，原因在于中国本土并未设立排放标准的环境规制以形成对高效减排技术的需求，而高效减排技术的转移与扩散只有在排放的外部成本内部化以后才有可能实现③。另外，Perkins 和 Neumayer（2012）认为通过进口模仿减排技术与东道国自身的吸收能力特征密切相关，如劳动力受教育程度等④。

（四）对外贸易技术溢出对生态环境影响的经验实证

经验实证研究主要有三方面：

1. 对外贸易技术溢出与能源之间的关系

经验实证的结果均表明对外贸易技术溢出有利于促进东道国能源效率或强度的提升。如 Perkins 和 Neumayer（2009）的实证研究表明进口贸易

---

① Lovely M. , Popp D. , Trade, Technology and the Environment: Does Access to Technology Promote Environmental Regulation? *Journal of Environmental Economics and Management*, 2011, 61（1）, pp. 16 – 35.

② Copeland B. R. , *International Trade and Green Growth*, The World Bank, Mimeo, 2011（2）, pp. 1 – 47.

③ Gallagher K. S. , Limits to Leapfrogging in Energy Technologies? Evidence from the Chinese Automobile Industry, *Energy Policy*, 2006, 34（4）, pp. 383 – 394.

④ Perkins R. , E. Neumayer, Do Recipient Country Characteristics Affect International Spillovers of CO_2 – Efficiency via Trade and Foreign Direct Investment? *Climate Change*, 2012, 112（2）, pp. 469 – 491.

技术溢出有利于提升东道国碳排放效率，而出口贸易技术溢出的正向作用不明显[1]。

2. 对外贸易技术溢出与环境之间的关系

经验实证的结果较为复杂，Antweiler 等（2001）运用一般均衡模型针对对外贸易技术溢出的环境效应进行估计，发现对外贸易的技术效应能减少环境污染[2]，而随后的研究发现，来自对外贸易的技术溢出并不是自动进行的，而是与贸易双方的污染减排技术类型、人力资本水平、气候政策、收入水平等因素密切相关（Jie，2006[3]；Albornoz et al.，2009[4]）。如 Hubler（2010）将 FDI 和进口渠道的技术溢出纳入递推动态 CGE 模型以分析气候政策，模型中区分了水平溢出与垂直溢出两种溢出渠道，并指出节能技术的国际溢出并非自动进行，可能需要中国国内经济政策、贸易合作伙伴的经济政策以及国际气候政策的相互协作，模型表明完全市场不能解决中国市场存在的诸多不完善之处，在给定一组模型结构与相关替代弹性系数的前提下，中国的边际减排成本是很低的[5]。Lovely 和 Popp（2011）以 45 个国家煤电站 NO_X 和 SO_2 排放规制的制定与实施为例，运用针对 NO_X 和 SO_2 减排的专利来衡量创新水平，研究发现贸易开放程度的扩大对环境规制的采纳存在相互矛盾的作用，实证结果表明正向效应起主导作用，其中，从收入水平的角度来看，发展中国家与发达国家相比，能在较低的人均收入水平上采纳这些环境规制，原因在于他们与发达国家相比，能够在同等发展阶段接触到更多的减排技术，同时，从人口密度的角度来看，一国的市场规模越大，越容易将管制成本转嫁到国外消费者身上，因

---

① Perkins R., E. Neumayer, Transnational Linkages and the Spillover of Environment - Efficiency into Developing Countries, *Global Environmental Change*, 2009, 19 (3), pp. 375 - 383.

② Antweiler W., B. R. Copeland, M. S. Taylor, Is Free Trade Good for the Environment? *American Economic Review*, 2001, 91 (9), pp. 877 - 908.

③ Jie H., Pollution Haven Hypothesis and Environmental Impacts of Foreign Direct Investment: The Case of Industrial Emission of Sulfur Dioxide (SO_2) in Chinese Provinces, *Ecological Economics*, 2006, 60, pp. 228 - 245.

④ Albornoz F., M. A. Cole, R. J. Elliott, et al., In Search of Environmental Spillovers, *The World Economy*, 2009, 32 (1), pp. 136 - 163.

⑤ Hubler M., Technology Diffusion under Contraction and Convergence: A CGE Analysis of China, *Energy Economics*, 2010, 33 (1), pp. 131 - 142.

此，收入水平与人口密度均有助于提高环境规制实施的可能性①。Meng 和
Ni（2011）基于中国 2002—2008 年间中东部地区 12 个省市数据，实证研
究发现产业内贸易与一般贸易对中国环境的影响有不同效应，产品内专业
化分工与贸易能减少污染排放，而一般贸易和分工会增加污染排放，差异
的原因在于中间产品的进口能够为中国带来更为先进的技术和新的生产资
源，进而有利于环境改善②。

3. 对外贸易技术溢出与碳排放之间的关系

Perkins 和 Neumayer（2012）通过考察东道国碳排放效率、人力资本
以及制度质量三个影响因素，发现人力资本水平的提升能显著促进机械制
品和产成品进口的技术溢出，而碳排放效率与制度质量对进口技术溢出的
影响不明显③。

（五）跨国外包技术溢出对生态环境影响的国外研究

关于跨国外包技术溢出对生态环境的影响研究，国外学者观点较为一
致，大多数认为相对于其他国际技术溢出方式，跨国外包技术溢出对技术
后进国的技术升级有更为明显的促进作用，同时，技术后进国的技术吸收
能力是关键影响因素。Pack 和 Saggi（2001）认为承接跨国外包的技术溢
出存在"技术吸收能力"的门槛条件，只有达到门槛条件才能实现技术溢
出与自身技术积累之间的良性互动④。Ernst（2002）将跨国外包与 OFDI
两种融入国际生产体系的方式进行比较，发现跨国外包的融入方式更有利
于知识在产业之间的纵向溢出⑤。Arora 和 Gambardella（2004）通过对印
度和爱尔兰的软件行业发展规律进行研究，发现跨国企业外包技术溢出对

---

① Lovely M., Popp, D., Trade, Technology and the Environment: Does Access to Technology Pro-
mote Environmental Regulation? *Journal of Environmental Economics and Management*, 2011, 61 (1), pp.
16 – 35.

② Meng Y. H., X. Y. Ni, Intra – Product Trade and Ordinary Trade on China's Environmental Pollution,
Procedia Environmental Sciences, 2011, 10, pp. 790 – 795.

③ Perkins R., E. Neumayer, Do Recipient Country Characteristics Affect International Spillovers of CO₂
– Efficiency via Trade and Foreign Direct Investment? *Climate Change*, 2012, 112 (2), pp. 469 – 491.

④ Pack H., Saggi K., Vertical technology transfer via international outsourcing, *Journal of Development
Economics*, 2001, 65 (2), pp. 389 – 415.

⑤ Ernst D., Global production networks and the changing geography of innovation systems. Implications
for developing countries, *Economics of innovation and new technology*, 2002, 11 (6), pp. 497 – 523.

行业发展发挥着关键作用[①]。Salomon 和 Jin（2008）认为跨国外包的技术溢出与发展中国家企业的创新能力相关，若企业的创新能力越强，对外包技术溢出的学习吸收能力越强[②]。

二　国际技术溢出对生态环境影响的国内初步研究

与国际技术溢出对生态环境影响相关的国内研究比较有限，主要集中在对能源强度、效率和环境污染的影响方面，而仅有一两篇文献从 FDI 水平方向的技术溢出渠道对碳排放进行初步考察。在能源强度或效率影响方面，如 Sun（1998）基于中国 1980—1994 年间数据得出改革开放促进了能源利用效率提高的结论[③]，史丹（2002）依据 1953—2000 年间能源利用效率的变动过程得出了相似的结论[④]。而李未无（2008）则首先从理论层面探讨了对外开放尤其是 FDI、出口渠道影响能源利用效率的一般机制，包括对外贸易商品结构、国际能源价格、国内能源价格、节能技术和资本品进口以及国际分工和全球价值链模式等影响途径，然后分析了 1999、2002、2005 年三个年份 35 个工业行业横截面数据，结果显示能源强度与对外开放总体上呈显著的负相关关系。[⑤] Yue 等（2010）运用 LMDI 模型将江苏能源强度分解为 FDI 规模、结构与技术效应，结果发现 FDI 技术效应对能源强度的影响反复波动，样本期间的技术累积效应为负值。[⑥] 高大伟等（2010）运用 1991—2007 年间中国 32 个省市的面板数据，结果显示国际贸易技术溢出带来的技术进步能促进全要素能源效率的提高。[⑦] Teng

---

①　Arora A., Gambardella, A., The globalization of the software industry: perspectives and opportunities for developed and developing countries, *National Bureau of Economic Research*, 2004.

②　Salomon R., Jin B., Does knowledge spill to leaders or laggards? Exploring industry heterogeneity in learning by exporting, *Journal of International Business Studies*, 2008, 39（1）, pp. 132–150.

③　Sun J. W., Accounting for Energy Use in China: 1984—1994, *Energy*, 1998, 23（10）, pp. 835–949.

④　史丹：《中国经济增长过程中能源利用效率的改进》，《经济研究》2002 年第 9 期。

⑤　李未无：《对外开放与能源利用效率：基于 35 个工业行业的实证研究》，《国际贸易问题》2008 年第 6 期。

⑥　Yue T., R. Y. Long, Y. Y. Zhuang, Analysis of the FDI Effect on Energy Consumption Intensity in Jiangsu Province, *Energy Procedia*, 2010, 5, pp. 100–104.

⑦　高大伟、周德群、王群伟：《国际贸易、R&D 技术溢出及其对中国全要素能源效率的影响》，《管理评论》2010 年第 8 期。

（2011）按能源消费强度分组考察了进口贸易技术溢出对工业行业能源消费强度的影响，该分析基于中国 1998—2007 年间 32 个工业行业面板数据，结果表明进口贸易的研发溢出有助于降低能源消费强度。[①] 齐绍洲等（2011）从中国区域划分的角度进行研究，发现 FDI 的技术溢出对能源强度的影响还存在较大的区域差异。[②] 在环境污染影响方面，陈媛媛等（2010）运用 2001—2007 年间 36 个工业行业面板数据，实证检验了外资企业的水平溢出、前向溢出与后向溢出三种渠道对主要污染物 SO_2 和排放强度的影响，结论发现水平溢出能明显降低两种污染物的排放强度，前后向溢出对 SO_2 排放强度的影响均为正，而只有前向溢出对排放强度有一定的影响，但不够明显[③]，可见，垂直溢出对中国污染物排放强度的影响方式、方向与污染物类型有关。在温室气体排放影响方面，李子豪等（2011）采用 1999—2008 年间中国 35 个工业行业面板数据，研究发现 FDI 的产业内技术溢出能明显降低工业行业碳排放，其中人员流动的积极效应强于竞争与示范效应，分行业的研究表明，低排放行业的 FDI 技术效应能够显著降低行业碳排放，而高排放行业的积极影响并不显著。[④] Geng 等（2011）利用 1991—2006 年间处于不同发展阶段的 35 个国家 56 个制造业面板数据，研究不同的贸易模式对碳排放的影响，将样本区分为 17 个 OECD 国家与 18 个亚洲和拉丁美洲国家两组，并按技术密集度标准划分为高、中、低技术密集型产业类型，研究显示，从出口的角度来说，中等技术密集型产品出口与 OECD 国家的碳排放显著为正，而低技术密集型产品出口对非 OECD 国家的碳排放有明显促进作用；从进口的角度来说，进口产品的技术密集程度越高，OECD 国家的碳排放水平越低，而非 OECD 国家的进口与该国碳排放水平无明显关联。对外贸易的技术溢出对碳排放的

---

① Teng Y. H., H. G. Wang, Y. Chen, R&D Spillover Embodied in Imports and Energy Consumption Intensity in China: An Empirical Analysis Based on Panel Data of 32 Industries, *Asia – Pacific Power and Energy Engineering Conference*, 2011.

② 齐绍洲、方扬、李锴：《FDI 知识溢出效应对中国能源强度的区域性影响》，《世界经济研究》2011 年第 11 期。

③ 陈媛媛、王海宁：《FDI、产业关联与工业排放强度》，《财贸经济》2010 年第 12 期。

④ 李子豪、刘辉煌：《FDI 的技术效应对碳排放的影响》，《中国人口·资源与环境》2011 年第 12 期。

影响与国别、进出口商品的技术含量水平有关。[①]

以国外文献为基础，国内学者以中国为样本，分行业类型、分区域以及分技术溢出渠道深入探讨了跨国外包技术溢出的微观机制。徐毅（2009）指出，相对于对外贸易技术溢出，跨国外包作为国际生产体系的一环，该方式更有利于隐性知识的溢出。徐志成等（2010）以中国南京第三产业为研究对象，发现跨国服务外包技术溢出能显著促进第三产业的技术进步。张望（2010）构建了包括最终产品生产部门、中间投入生产部门、研发部门等三个部门的经济增长模型，将跨国外包技术溢出引入研发部门生产函数，设立由产出水平、污染强度以及环境自净能力决定的环境质量函数，探讨分散经济中三个部门与代表性家庭的最优化条件下稳态经济增长路径，结果发现跨国外包技术溢出有利于环境质量的改善，但这一改善作用会受到东道国技术存量、人力资本存量以及运输成本的约束。张秋菊和刘宏（2010）运用中国 1995—2005 年间 29 个省市面板数据，发现跨国外包技术溢出的关键在于承接国的技术吸收能力，中国东部地区吸收能力提高的关键在于基础设施投资，而中国中西部地区的关键在于人力资本积累。黄烨菁和张纪（2011）构建了南北国家的中间品生产合作模型，指出了发包方技术升级对承接方技术创新的激励效应，运用中国 7 年 27 个省的省际面板数据实证研究发现，承接外包有利于促进中国省际技术创新能力的提升。郎永峰和任志成（2011）以中国 14 个服务外包城市软件行业为样本进行实证研究，发现跨国外包技术溢出有利于劳动生产率的提高，其中示范与人力资本渠道最为明显。任志成和张二震（2012）以江苏省软件行业企业层面调查数据为样本进行实证分析，发现跨国服务外包业务技术溢出有助于创新能力的提高，尤其是人力资本渠道。樊秀峰和寇晓晶（2013）运用中国 2001—2010 年间制造业行业面板数据，发现跨国服务外包对劳动和技术密集型行业的前向技术溢出明显，而对资本密集型行业的后向技术溢出明显。王俊（2013）运用中国 1998—2008 年间制造业行业面板数据，结论显示跨国外包进口技术溢出效应显著，而出口技术溢出与纯知识溢出效应不明显。

① Geng W. , Y. Q. Zhang, The Relationship between Skill Content of Trade and Carbon Dioxide Emissions, *International Journal of Ecological Economics & Statistics*, 2011, 21（11）, pp. 82 –91.

三　简要述评与研究展望

1. 简要述评

FDI、对外贸易技术溢出渠道对东道国温室气体排放的影响受到一系列条件的限制，主要由于作为东道国的发展中国家大部分处于工业化发展阶段，普遍存在高碳锁定效应；同时，FDI 技术溢出对中国低碳技术创新的影响路径与中国经济条件相脱离，导致了东道国低碳技术创新能力不足的困境，进而不利于东道国温室气体减排。无论从理论研究还是实证研究的角度而言，FDI、对外贸易技术溢出的能源或污染排放效应均存在较多的分歧，其影响方向与影响程度的不确定性主要归结为下述几个方面的原因：

第一，FDI、进口来源国的环境技术水平。FDI、进口货物中所内含的环境技术水平是国际技术溢出的前提，换言之，以 FDI 为例，这与拥有碳减排领先技术的跨国企业在选址过程中是否将环境成本作为主要的考量标准密切相关。

第二，东道国自身对环境技术的吸收能力。反映东道国吸收能力的因素包括碳排放效率、人力资本、研究开发、收入水平以及制度质量等方面。

第三，政府环境规制力度。在缺乏强有力的政府环境规制约束下，环境污染成本无法纳入跨国企业或进口企业成本核算中，进而缺少清洁产品或工艺创新的动力，由此推知，政府环境规制是一国致力温室气体减排技术吸收、消化以及创新的根本。

第四，FDI、对外贸易技术溢出渠道的细分。已有文献将 FDI 技术溢出渠道划分为水平溢出与垂直溢出两种类型，类似地，对外贸易技术溢出渠道可细分为产业内贸易与一般贸易渠道，而不同类型的技术溢出的污染减排效应差异较大。

此外，考察所选择的样本对象、年限、测度温室气体减排技术的指标以及计量模型与实证方法等存在较大差别，也是导致实证研究结论不一致的原因。

2. 研究展望

由文献的整理归纳可推知，国内学者关于国际技术溢出对温室气体排放的影响研究仍处于起步阶段，而国外学者以中国为样本、细分技术溢出渠道的文献并不多见，且考察多使用跨国面板数据或截面数据，不能为单个国家的发展提供更多的洞察，未来需要进一步展开研究的内容设想如下：

第一，结合中国的碳排放效率、人力资本、研究开发以及制度质量等吸收能力因素，考察不同的吸收能力因素在促进温室气体减排技术创新过程中的影响方法与影响程度。

第二，为将环境技术的生产工艺创新与生产末端治理区分开来，可运用环境全要素生产率分解指标与污染强度指标来测度上述两种不同的环境技术创新模式，以考察国际技术溢出是否有利于中国温室气体减排，以及该减排效应究竟来自于环境技术水平的提高，还是来自于管理水平、组织制度等方面的改进所带来的生产效率改善。

第三，将 FDI 技术溢出渠道细分为前向、后向以及水平溢出渠道，类似地，将对外贸易技术溢出渠道划分为出口贸易后向、进口前向以及进出口水平溢出渠道，并区分出对外贸易中的中间产品进出口贸易，以考察跨国外包技术溢出的环境效应。考虑到投入产出表数据更新的滞后，可运用 RAS 更新替代方法补充最新数据，以充分考察不同的国际技术溢出渠道对温室气体排放影响的差异。

在此基础上，可进一步按区域或行业类型进行分组分析，充分考虑各区域、行业的差异，以促进低碳技术国际转移与扩散过程中中国低碳技术路径优化，缓解低碳技术创新能力不足的困境，这对于促进中国温室气体减排显然有着重要的现实意义。

如何在借鉴与吸收国外研究成果的基础上，结合中国 FDI、对外贸易与碳排放的特点，进行有针对性的研究，是当前摆在国内学者面前的一个重要课题。由此，本章对以往文献研究进行系统梳理的基础上，接下来，将以中国工业为样本进行延伸与补充，系统、深入地研究国际技术溢出对中国工业能源消费碳排放的影响。

第三章　国际技术溢出对工业能源消费
碳排放影响的内在机制

本章借鉴 Grossman 和 Krueger（1991）[①] 的经典分析框架，将国际技术溢出对生态环境的总效应分解为规模效应、结构效应与技术效应，以考察 FDI、对外贸易技术溢出对东道国工业碳排放的影响机制。

第一节　国际技术溢出对工业碳排放影响的
内在机制：一个理论模型

拓展 Grossman 和 Krueger（1991）[②] 的理论模型，参照盛斌等（2012）[③] 将 FDI 技术效应引入的方法，以此为基础，设立柯布—道格拉斯生产函数形式，引入 FDI、对外贸易技术效应，全面考察国际技术溢出通过技术进步的促进作用影响东道国工业碳排放水平的内在机制。

一　关于生产函数的基本假设

1. 一国运用两种生产要素生产两种类型的产品，即运用资本 K 与劳动 L 生产产品 X 与产品 Y，其中产品 X 属于劳动密集型产品，产品 Y 属于资本密集型产品；

2. 两类产品的产出水平分别为 Q_X、Q_Y，商品 Y 的充分就业产出水平为 Q_F，其中，产品 X 与产品 Y 的生产函数为：

$$Q_X = G(L_X, K_X) \tag{3.1}$$
$$Q_F = F(L_Y, K_Y) \tag{3.2}$$

[①]　Grossman G. M. , A. B. Krueger, Environmental Impact of A North American Free Trade Agreement, *NBER Working Paper*, 1991.

[②]　Ibid. .

[③]　盛斌、吕越：《外国直接投资对中国环境的影响》，《中国社会科学》2012 年第 5 期。

3. E 为产品 Y 生产过程中能源消费的碳排放，其排放水平与产品 Y 的产出 Q_Y 正相关；

4. 产品 X 与产品 Y 的生产规模收益不变；

5. t 为政府对产品 Y 生产过程中碳排放征收碳排放税费或企业在碳排放权交易所购买的碳排放许可权费用；

6. 为实现利润最大化，企业面临耗费一定的资源减少碳排放与按碳排放量交纳碳排放费用之间的选择，其中，用于减少碳排放的资源耗费比例为 λ ，且 $0 \leqslant \lambda \leqslant 1$ ；

7. 当企业运用 λ 比例的资源用于碳减排，则相应的产品 Y 产出水平为：

$$Q_Y = (1 - \lambda) \cdot Q_F \qquad (3.3)$$

8. 碳排放水平 E 随比重 λ 的增加而减少，随技术水平 T 的上升而下降，反映出资源耗费越大，碳减排的规模效益递增的变化特征具体关系为：

$$E = \frac{1}{T} \sqrt[\beta]{1 - \lambda} \cdot Q_F，且 \ 0 < \beta < 1 \qquad (3.4)$$

9. 生产要素市场、商品市场均为完全竞争的市场结构，资本要素与劳动要素的均衡价格分别为 r、w ，商品 X 与商品 Y 的均衡价格分别为 P_X、P_Y 。

二　生产成本最小化决策

1. 产品 Y 的生产函数转换

由式（3.4）可知：

$$1 - \lambda = \left(\frac{TE}{Q_F} \right)^{\beta} \qquad (3.5)$$

代入商品 Y 的生产函数 $Q_Y = (1 - \lambda) \cdot Q_F$ 中，以剔除变量 λ ，如下：

$$Q_Y = (TE)^{\beta} \cdot Q_F^{1-\beta} \qquad (3.6)$$

2. 产品 Y 的成本最小化

产品 Y 的成本最小化包含以下两个步骤：

其一，充分就业条件下的生产成本最小化。在单位劳动成本为 w、单位资本成本为 r 的条件下，企业面临劳动与资本两种要素最优投入比例的抉择，如下：

$$\text{Min} \ C_F(w,r) = w \cdot L_Y + r \cdot K_Y \qquad (3.7)$$

$$\text{s.\,t.} \ \ Q_F = F(L_Y, K_Y) \qquad (3.8)$$

建立拉格朗日函数为：$C_F(w,r) = w \cdot L_Y + r \cdot K_Y + [Q_F - F(L_Y,K_Y)]$

$$(3.9)$$

分别求式（3.9）关于 L_Y, K_Y 的一阶导数为：

$$\frac{\partial C_F}{\partial L_Y} = w - \frac{\partial F(L_Y,K_Y)}{\partial L_Y} = 0 \qquad (3.10)$$

$$\frac{\partial C_F}{\partial K_Y} = r - \frac{\partial F(L_Y,K_Y)}{\partial K_Y} = 0 \qquad (3.11)$$

则要素最优投入比例满足的条件为：$\dfrac{w}{r} = \dfrac{\dfrac{\partial F(L_Y,K_Y)}{\partial L_Y}}{\dfrac{\partial F(L_Y,K_Y)}{\partial K_Y}}$ $\qquad (3.12)$

其二，实际生产成本的最小化。企业面临有效碳排放与充分就业产出两种生产要素最优投入比例的抉择：

$$\text{Min } C_Y(t,C_F) = t \cdot (TE) + C_F \cdot F(L_Y,K_Y) \qquad (3.13)$$

$$\text{s.t. } Q_Y = (TE)^\beta \cdot Q_F^{1-\beta} \qquad (3.14)$$

同理，建立拉格朗日函数为：

$$C_Y(t,C_F) = t \cdot (TE) + C_F \cdot F(L_Y,K_Y) + [Q_Y - (TE)^\beta \cdot Q_F^{1-\beta}]$$

$$(3.15)$$

类似地，分别求式（3.15）关于 (TE)、Q_F 的一阶导数为：

$$\frac{\partial C_Y}{\partial (TE)} = t - \beta \cdot (TE)^{\beta-1} \cdot Q_F^{1-\beta} = 0 \qquad (3.16)$$

$$\frac{\partial C_Y}{\partial Q_F} = C_F - (1-\beta) \cdot Q_F^{-\beta} \cdot (TE)^\beta = 0 \qquad (3.17)$$

则要素最优投入比例满足的条件为：

$$t = \beta \cdot (TE)^{\beta-1} \cdot Q_F^{1-\beta} \qquad (3.18)$$

$$C_F = (1-\beta) \cdot Q_F^{-\beta} \cdot (TE)^\beta \qquad (3.19)$$

三　碳排放水平的确定

1. 碳排放总量的分解

完全竞争的市场结构满足如下条件：$C_F \cdot Q_F + t \cdot (TE) = P_Y \cdot Q_Y$

$$(3.20)$$

由式（3.18）、式（3.19）以及式（3.20）推知：

$$E = \frac{\beta \cdot C_F \cdot Q_F}{(1 - \beta) \cdot t \cdot T} \qquad (3.21)$$

$$Q_Y = \frac{C_F \cdot Q_F}{(1 - \beta) \cdot P_Y} \qquad (3.22)$$

则碳排放强度：$EI = \dfrac{E}{Q_Y} = \dfrac{\beta \cdot P_Y}{t \cdot T} \qquad (3.23)$

碳排放总量：$E = EI \cdot Q_Y$

$$= (P_X \cdot Q_X + P_Y \cdot Q_Y) \cdot \left(\frac{P_Y \cdot Q_Y}{P_X \cdot Q_X + P_Y \cdot Q_Y} \right) \cdot \frac{EI}{P_Y}$$

$$= GM \cdot JG \cdot EI \cdot \frac{1}{P_Y} \qquad (3.24)$$

其中，GM 为规模效应，JG 为结构效应，EI 为技术效应，进一步将式（3.23）代入式（3.24）得：

$$E = \frac{GM \cdot JG \cdot \beta}{t \cdot T} \qquad (3.25)$$

2. 结构效应

根据结构效应的表达式为：$JG = \dfrac{P_Y \cdot Q_Y}{P_X \cdot Q_X + P_Y \cdot Q_Y}$，需要推知产品 X 与产品 Y 的均衡价格与均衡产出。可根据产品市场的均衡条件推出均衡价格 P_X、P_Y，并根据生产要素市场的均衡条件推出均衡产出 Q_X、Q_Y。

（1）产品市场的均衡

首先将产品 X 与产品 Y 的生产函数按柯布—道格拉斯生产函数形式设定如下：

$$Q_X = G(L_X, K_X) = L_X^{\alpha} \cdot K_X^{1-\alpha} \qquad (3.26)$$

$$Q_F = F(L_Y, K_Y) = L_Y^{\theta} \cdot K_Y^{1-\theta} \qquad (3.27)$$

$$Q_Y = (1 - \lambda) F(L_Y, K_Y) = (1 - \lambda) L_Y^{\theta} \cdot K_Y^{1-\theta} \qquad (3.28)$$

为使产品 X 生产成本最小化，企业面临劳动与资本要素的最优投入比例：

$$\text{Min } C_X(w, r) = w \cdot L_X + r \cdot K_X \qquad (3.29)$$

$$\text{s. t. } Q_X = L_X^{\alpha} \cdot K_X^{1-\alpha} \qquad (3.30)$$

建立拉格朗日函数为：$C_X(w, r) = w \cdot L_X + r \cdot K_X + (Q_X - L_X^{\alpha} \cdot K_X^{1-\alpha})$

$$(3.31)$$

分别求得式（3.31）关于 L_X, K_X 的一阶导数为：

$$\frac{\partial C_X}{\partial L_X} = w - (1 - \alpha) \cdot K_X^{\alpha} \cdot L_X^{-\alpha} = 0 \tag{3.32}$$

$$\frac{\partial C_X}{\partial K_X} = r - \alpha \cdot K_X^{\alpha-1} \cdot L_X^{1-\alpha} = 0 \tag{3.33}$$

得到要素的最优投入比例：$\dfrac{K_X}{L_X} = \dfrac{\alpha}{1 - \alpha} \cdot \dfrac{w}{r}$ \hfill (3.34)

则 单 位 产 出 的 资 本 投 入 为：$m_{KX} = \dfrac{K_X}{Q_X} = \dfrac{K_X}{L_X^{\alpha} \cdot K_X^{1-\alpha}} = \left(\dfrac{K_X}{L_X}\right)^{\alpha} =$

$\left(\dfrac{\alpha}{1 - \alpha} \cdot \dfrac{w}{r}\right)^{\alpha}$ \hfill (3.35)

类似地，单位产出的劳动投入为：

$$n_{LX} = \frac{L_X}{Q_X} = \frac{L_X}{L_X^{\alpha} \cdot K_X^{1-\alpha}} = \left(\frac{L_X}{K_X}\right)^{1-\alpha} = \left(\frac{1 - \alpha}{\alpha} \cdot \frac{r}{w}\right)^{1-\alpha} \tag{3.36}$$

由此，单位产出的生产成本为：

$$c_X = \frac{C_X}{Q_X} = r \cdot m_{KX} + w \cdot n_{LX} = \frac{\alpha^{\alpha-1} \cdot w^{\alpha}}{(1 - \alpha)^{\alpha} \cdot r^{\alpha-1}} \tag{3.37}$$

同理，为使产品 Y 的充分就业产出最小化，推导出对应的 m_{KY} 与 n_{LY} 如下：

$$m_{KY} = \left(\frac{\theta}{1 - \theta} \cdot \frac{w}{r}\right)^{\theta} \tag{3.38}$$

$$n_{LY} = \left(\frac{1 - \theta}{\theta} \cdot \frac{r}{w}\right)^{1-\theta} \tag{3.39}$$

产品 Y 单位充分就业产出的生产成本为：

$$c_F = \frac{C_F}{Q_F} = r \cdot \frac{K_Y}{Q_F} + w \cdot \frac{L_Y}{Q_F} = \frac{\theta^{\theta-1} \cdot w^{\theta}}{(1 - \theta)^{\theta} \cdot r^{\theta-1}} \tag{3.40}$$

相应地，根据式（3.3），产品 Y 单位实际产出有效碳排放的环境成本为：

$$c_E = \frac{C_E}{Q_F} = \frac{t \cdot TE}{Q_F} = \frac{\beta}{1 - \beta} \cdot c_F \tag{3.41}$$

则产品 Y 单位实际产出的生产成本为：

$$c_Y = \frac{C_Y}{Q_Y} = \frac{c_E}{1 - \lambda} = \frac{\beta}{(1 - \beta) \cdot (1 - \lambda)} \cdot c_F$$

$$= \frac{\beta \cdot \theta^{\theta-1} \cdot w^{\theta}}{(1 - \beta) \cdot (1 - \lambda) \cdot (1 - \theta)^{\theta} \cdot r^{\theta-1}} \tag{3.42}$$

完全竞争的产品市场条件下，企业利润为零，满足如下条件：

$$P_X = c_X \quad 且 \quad P_Y = c_Y \tag{3.43}$$

通过求解式（3.37）、式（3.42）、式（3.43）得：

$$P_X = \frac{\alpha^{\alpha-1} \cdot w^\alpha}{(1-\alpha)^\alpha \cdot r^{\alpha-1}} \quad 且\ P_Y = \frac{\beta \cdot \theta^{\theta-1} \cdot w^\theta}{(1-\beta) \cdot (1-\lambda) \cdot (1-\theta)^\theta \cdot r^{\theta-1}} \tag{3.44}$$

（2）要素市场的均衡

$$K = K_X + K_Y = m_{KX} \cdot Q_X + \frac{m_{KY} \cdot Q_Y}{1-\lambda} \tag{3.45}$$

$$L = L_X + L_Y = n_{LX} \cdot Q_X + \frac{n_{LY} \cdot Q_Y}{1-\lambda} \tag{3.46}$$

通过求解式（3.35）、式（3.36）、式（3.38）、式（3.39）以及式（3.45）、式（3.46）得：

$$\begin{aligned}
Q_X &= \frac{K \cdot n_{LY} - L \cdot m_{KY}}{m_{KX} \cdot n_{LY} - n_{LX} \cdot m_{KY}} \\
&= \frac{[(1-\theta)rK - w\theta L] \cdot \alpha^{1-\alpha} \cdot w^{-\alpha}}{(1-\alpha)^{-\alpha} \cdot r^{1-\alpha} \cdot (\alpha-\theta)}
\end{aligned} \tag{3.47}$$

$$\begin{aligned}
Q_Y &= (1-\lambda) \cdot \frac{n_{LX} \cdot K - m_{KX} \cdot L}{m_{KY} \cdot n_{LX} - m_{KX} \cdot n_{LY}} \\
&= (1-\lambda) \cdot \frac{[(1-\alpha)rK - \alpha wL] \cdot \theta^{1-\theta} \cdot w^{-\theta}}{(1-\theta)^{-\theta} \cdot r^{1-\theta} \cdot (\theta-\alpha)}
\end{aligned} \tag{3.48}$$

（3）结构效应

$$\begin{aligned}
JG &= \frac{P_Y \cdot Q_Y}{P_X \cdot Q_X + P_Y \cdot Q_Y} \\
&= \frac{\beta \cdot [(1-\alpha)rK - \alpha wL]}{\beta \cdot [(1-\alpha)rK - \alpha wL] + (1-\beta) \cdot [(1-\theta)rK - \theta wL]} \\
&= \frac{\beta \cdot [(1-\alpha)rk - \alpha w]}{\beta \cdot [(1-\alpha)rk - \alpha w] + (1-\beta) \cdot [(1-\theta)rk - \theta w]}
\end{aligned} \tag{3.49}$$

式 3.49 中，k 为人均资本存量，该式反映出结构效应与 r、w、k 因素相关，α、β、θ 为外生变量。

3. 技术效应

碳排放强度随生产技术水平的提高而提高，而生产技术水平的提升来自国内与国外渠道，国内渠道来自自主研发创新，国外渠道来自 FDI 与对外贸易技术溢出。

$$T = H(rd, fdi, tra) \qquad (3.50)$$

式 3.50 中，rd 为国内研发水平，fdi 为外资进入程度，$fdi = FDI/K$，tra 为对外开放程度，$tra = TRA/GDP$，TRA 为进出口贸易额。

4. 碳排放总量的影响因素

将碳排放总量的结构效应、技术效应代入式（3.25）中，得到碳排放总量影响因素表达式为：

$$E = GM \cdot JG \cdot EI \cdot \frac{1}{P_Y}$$

$$= GM \cdot \frac{\beta \cdot \left[(1-\alpha)rk - \alpha w\right]}{\beta \cdot \left[(1-\alpha)rk - \alpha w\right] + (1-\beta) \cdot \left[(1-\theta)rk - \theta w\right]} \cdot$$

$$\frac{\beta}{t \cdot H(rd, fdi, tra)} \qquad (3.51)$$

将式（3.51）转换成如下线性对数函数形式：

$$\ln E = \alpha_0 + \alpha_1 \ln GM + \alpha_2 \ln k - \alpha_3 rd - \alpha_4 fdi - \alpha_5 tra - \alpha_6 t + \varepsilon \qquad (3.52)$$

式 3.52 中，碳排放与经济规模、人均资本存量呈正相关的关系，与自主研发创新、FDI、对外贸易、碳排放税费呈负相关关系，变量 ε 反映 α、β、r、w 等变量的综合效应，为上述对数函数的外生变量。

第二节　FDI 技术溢出的碳减排效应分解与机制

一　FDI 技术溢出的碳减排效应分解

在线性对数函数形式（3.52）的两边，对 FDI 进行求导，$dFDI = dk$，如下：

$$\frac{1}{E} \cdot \frac{dE}{dFDI} = \alpha_1 \cdot \frac{1}{GM} \cdot \frac{dGM}{dFDI} + \alpha_2 \cdot \frac{1}{k} \cdot \frac{dk}{dFDI} - \alpha_4 \cdot \frac{dfdi}{dFDI} \qquad (3.53)$$

式（3.53）两边同乘以 FDI 为：

$$\frac{FDI}{E} \cdot \frac{dE}{dFDI} = \alpha_1 \cdot \frac{FDI}{GM} \cdot \frac{dGM}{dFDI} + \alpha_2 \cdot \frac{FDI}{k} \cdot \frac{dk}{dFDI} - \alpha_4 \cdot FDI \cdot \frac{dfdi}{dFDI}$$

$$\Rightarrow \frac{dE/E}{dFDI/FDI} = \alpha_1 \cdot \frac{FDI}{GM} \cdot \frac{dGM}{dK} \cdot \frac{K}{K} + \alpha_2 \cdot \frac{FDI}{K/L} \cdot \frac{dK/L}{dFDI} - \alpha_4 \cdot FDI \cdot \frac{dFDI/K}{dFDI}$$

$$\Rightarrow \frac{dE/E}{dFDI/FDI} = \alpha_1 \cdot e_{GM,K} \cdot \frac{FDI}{K} + \alpha_2 \cdot \frac{FDI}{K} - \alpha_4 \cdot \left[\frac{FDI}{K} - \left(\frac{FDI}{K}\right)^2\right]$$

$$\Rightarrow e_{E,FDI} = \alpha_1 \cdot e_{GM,K} \cdot fdi + \alpha_2 \cdot fdi - \alpha_4 \cdot (fdi - fdi^2) \qquad (3.54)$$

此处，式（3.54）与盛斌等（2012）[①] 关于 FDI 技术效应的结论相似，$e_{E,FDI}$ 为碳排放变动相对 FDI 变动的反应弹性，$e_{GM,K}$ 为经济规模变动相对资本存量变动的反应弹性。该式将碳排放变动相对 FDI 变动的反应弹性分解为三个部分：$\alpha_1 \cdot e_{GM,K} \cdot fdi$ 为 FDI 规模效应，$\alpha_2 \cdot fdi$ 为 FDI 结构效应，$\alpha_4 \cdot (fdi - fdi^2)$ 为 FDI 技术效应。其中，FDI 流入促进了东道国资本存量的增加，资本密集型行业的规模增长，进而导致工业能源消耗及相应的碳排放水平的增长，因此，FDI 的规模效应与结构效应一般为正效应，而技术效应与外资进入程度之间呈正"U"型曲线的变动关系表明，随着东道国外资进入程度的不断提高，FDI 技术效应对东道国碳排放的抑制作用趋于强化，FDI 通过产业内技术溢出、产业间前向关联与后向关联渠道的技术溢出效应得以充分发挥，而当外资进入程度达到一定的规模以后，FDI 技术溢出的碳减排边际效应递减，其技术效应的抑制作用趋于弱化，这一现象说明 FDI 技术溢出对碳减排的影响存在规模门槛效应。

此外，上述环境总效应的分解表明，FDI 通过规模效应、结构效应与技术效应作用于东道国工业碳排放环境，但是，我们难以将 FDI 规模效应与结构效应从工业总产出规模变动与产业结构变动的环境效应中严格分离出来，因此，在后续考察 FDI 技术溢出的环境效应实证分析中，我们设定工业产出规模、产业结构变动的环境效应中包含 FDI 规模效应、FDI 结构效应。

二　FDI 技术溢出的碳减排效应理论机制

MacDougall（1960）[②] 率先关注到 FDI 技术溢出的现象，后由 Kokko（1992）开始探讨 FDI 技术溢出的成因，认为 FDI 企业技术向东道国本土企业的非自愿扩散来自示范、模仿与竞争[③]。本文从 FDI 技术溢出的路径来划分：

（一）FDI 技术水平溢出的碳减排效应机制

1. 示范与模仿机制

FDI 企业的示范在激发东道国市场潜力的同时，也给予了东道国本土企业接触领先技术的机会，促使东道国有研发实力的企业模仿 FDI 企业的

---

①　盛斌、吕越：《外国直接投资对中国环境的影响》，《中国社会科学》2012 年第 5 期。

②　MacDougall G. D., The Benefits and Costs of Private Investment from Abroad: A Theoretic Approach, *Economic Record*, 1960, 36, pp. 13 – 35.

③　Kokko A., Foreign Direct Investment, Host Country Characteristics, and Spillovers, *The Economics Research Institute*, Stockholm, 1992.

外围技术，而其核心技术由于知识产权保护制度、FDI 独资化倾向、FDI 国际生产分散化等原因而难以复制。

2. 人员流动机制

相对于东道国本土企业而言，FDI 企业拥有更为先进的技术与管理制度，更为注重对技术人员与管理人员的培训，通过 FDI 企业人员与东道国本土企业人员的双向流动（Gorg et al.，2003）[①]，有利于促进东道国能源利用效率的提升，从而减少碳排放。

3. 竞争机制

FDI 的流入会加剧东道国本土同类行业的竞争程度，体现在对东道国同类行业市场份额的挤占，以及对东道国高壁垒高利润垄断行业的打破。其竞争程度的提高一方面，有利于淘汰行业内落后的产能企业，并激励东道国现存同类行业本土企业不断改进其生产技术；另一方面，也有可能导致东道国同类行业的利润减少，进而限制东道国本土企业对环保技术进行投资的意愿及能力，并以牺牲环境为代价追求成本最小化（Perkins and Neumayer，2009）[②]。因此，FDI 的流入对东道国碳排放水平的影响不确定，取决于两方面影响程度的相对大小。

假说1：FDI 技术水平溢出对东道国碳排放水平的影响不确定，与东道国本土吸收能力密切相关。

（二）FDI 技术垂直溢出的碳减排效应机制

1. FDI 前向技术溢出机制

FDI 企业通过将高品质的中间产品出售给下游东道国本土企业，可直接提高下游东道国本土企业的生产技术水平，进而促进能源利用效率的提升并减少碳排放，同时，FDI 企业也有可能凭借技术或品牌优势而掌握对中间产品的定价权，使下游东道国本土企业因生产成本过高而导致研发资本积累的不足，从长远来看，不利于生产技术的持续改进，反而促使碳排放水平上升。

2. FDI 后向技术溢出机制

FDI 企业对向东道国上游供应商采购的中间产品有较高的品质要求，

---

① Gorg H.，Hanley，A.，International outsourcing and productivity: evidence from plant level data, *University of Nottingham*，2003.

② Perkins R.，E. Neumayer，Transnational Linkages and the Spillover of Environment – Efficiency into Developing Countries，*Global Environmental Change*，2009，19（3），pp. 375 – 383.

会倾向于与符合当地政府或 FDI 企业环境标准的上游供应商合作（Albornoz et al.，2009）[1]，在东道国上游供应商的技术水平与其品质要求存在较大差距的前提下，FDI 会对上游供应商技术人员进行定期培训并提供相应的技术支持，协助引进生产设备，甚至同上游供应商进行研发合作创新，或者通过中间产品市场的扩张以实现规模经济，而上游供应商产品成本与质量的提高，有利于促进能源利用效率的提升与碳排放水平的降低，与前向技术溢出类似，FDI 企业可能凭借其垄断地位而拥有上游市场的采购定价权，进而降低上游供应商利润与研发资本积累，反而不利于生产技术及碳排放水平的持续下降。

假说 2：FDI 前向技术溢出对东道国碳排放水平的影响不确定，主要与 FDI 企业的中间产品品质、定价权控制的两方面影响力相对大小有关。

假说 3：FDI 后向技术溢出对东道国碳排放水平的影响不确定，主要与 FDI 企业对中间产品品质需求、定价权控制的两方面影响力相对大小有关。

第三节　对外贸易技术溢出的碳减排效应分解与机制

一　对外贸易技术溢出的碳减排效应分解

类似地，在线性对数函数形式（3.52）的两边，对 TRA 进行求导，$dGDP = dTRA$，如下：

$$\frac{1}{E} \cdot \frac{dE}{dTRA} = \beta_1 \cdot \frac{1}{GM} \cdot \frac{dGM}{dTRA} + \beta_2 \cdot \frac{1}{k} \cdot \frac{dk}{dTRA} - \beta_4 \cdot \frac{dtra}{dTRA} \quad (3.55)$$

式（3.55）两边同乘以 TRA 为：

$$\Rightarrow \frac{TRA}{E} \cdot \frac{dE}{dTRA} = \beta_1 \cdot \frac{TRA}{GM} \cdot \frac{dGM}{dTRA} + \beta_2 \cdot \frac{TRA}{k} \cdot \frac{dk}{dTRA} - \beta_4 \cdot TRA \cdot \frac{dtra}{dTRA}$$

$$\Rightarrow \frac{dE/E}{dTRA/TRA}$$

$$= \beta_1 \cdot \frac{TRA}{GM} \cdot \frac{dGM}{dTRA} \cdot \frac{GDP}{GDP} + \beta_2 \cdot \frac{TRA}{K/L} \cdot \frac{dK/L}{dTRA} - \beta_4 \cdot TRA \cdot \frac{dTRA/GDP}{dTRA}$$

$$(3.56)$$

---

① Albornoz F.，M. A. Cole，R. J. Elliott，et al.，In Search of Environmental Spillovers，*The World Economy*，2009，32（1），pp. 136 - 163.

假定资本形成速度与经济增速一致，则 $dK/K = dGDP/GDP$，代入式（3.56）中得到：

$$\Rightarrow \frac{dE/E}{dTRA/TRA} = \beta_1 \cdot e_{GM,GDP} \cdot \frac{TRA}{GDP} + \beta_2 \cdot \frac{TRA}{GDP} - \beta_4 \cdot \left[\frac{TRA}{GDP} - \left(\frac{TRA}{GDP}\right)^2\right]$$

$$\Rightarrow e_{E,TRA} = \beta_1 \cdot e_{GM,TRA} \cdot tra + \beta_2 \cdot tra - \beta_4 \cdot (tra - tra^2) \quad (3.57)$$

式（3.57）中，$e_{E,TRA}$ 为碳排放变动相对对外贸易变动的反应弹性，$e_{GM,TRA}$ 为经济规模变动相对对外贸易变动的反应弹性。该式将碳排放变动相对对外贸易变动的反应弹性分为三个部分：$\beta_1 \cdot e_{GM,TRA} \cdot tra$ 为对外贸易规模效应，$\beta_2 \cdot tra$ 为对外贸易结构效应，$\beta_4 \cdot (tra - tra^2)$ 为对外贸易技术效应。其中，对外贸易促进了经济规模的增加，强化了东道国比较优势产业的发展，如环境比较优势产业的发展，从而导致能源消耗及相应的碳排放水平的上升，因此，对外贸易规模效应与结构效应一般为正效应。而技术效应与对外贸易依存度呈正"U"型曲线的变动关系说明，随东道国对外贸易依存度的持续提高，对外贸易技术效应对东道国碳排放水平的抑制作用不断增强，对外贸易通过进出口贸易水平技术溢出、进口贸易前向技术溢出以及出口贸易后向技术溢出效应得以充分展现；而当对外贸易依存度提高到一定程度，对外贸易技术溢出的碳减排边际效应递减，其技术效应对碳减排的作用不断降低，与上述 FDI 技术效应类似，这一现象也表明对外贸易技术溢出对碳减排的影响存在规模门槛特征。

二　对外贸易技术溢出的碳减排效应理论机制

（一）进口贸易技术溢出的碳减排效应机制

1. 进口贸易技术前向溢出有利于东道国本土下游企业碳排放水平的降低

进口的中间品和资本品中包含了物化形式的国外研发存量，一国通过高质量的中间品和资本品的投入直接促进下游东道国本土企业产品质量和价值的提升（Connolly，1997）[1]，这种形式的国外研发活动外部性来自租金溢出（Griliches，1979）[2]，而租金溢出是指具有创新技术的中间品和资

① Connolly M.，Learning to Learn：The Role of Imitation and Trade in Technological Diffusion，*Duke University Working Paper*，1997.

② Griliches Z.，Issues in Assessing the Contribution of Research and Development to Productivity Growth，*Bell Journal of Economics*，1979，10（1），pp. 92 – 116.

本品商业化的价格未能完全反映技术创新带来的质量改进，东道国本土下游企业在中间品投入生产过程中将从溢出中获得国外产品创新的一部分收益。中国从低碳技术领先国家进口机器设备、零部件中间品和最终产品等有形产品，有数据显示，自20世纪90年代中期以来，中国平均每年花费100多亿美元用于技术和设备引进，其中能源、石化、冶金、采掘、电力等引进了非常多的技术和外资（王海鹏，2010）[1]。这些行业能更多地接触到物化于进口产品中的国外领先技术，除物化技术以外，其下游进口贸易企业在"干中学"的过程中逐步接触到一些非物化的技术和隐性知识，而且随着进口的中间品数量增加与质量提升，总的生产过程分解成更多更为先进的生产过程，即生产的专业化程度提高（Ethier，1982）[2]，有利于能源利用效率的改善和碳排放强度的降低。

2. 进口贸易通过水平方向的"逆向工程"与模仿促进东道国本土中间品供应商碳排放的减少

逆向工程是指从进口的中间品和资本品中解析出包含其中的技术知识，改编成适合东道国本土需要的中间品。一般而言，进口的中间品和资本品的价格低于其竞争性价格（Eaton等，2002）[3]，即使进口的中间品和资本品的价格高于其竞争性价格，但不会高于其机会成本（机会成本中包括中间品和资本品的研发成本）（Keller，2004）[4]，逆向工程的模仿活动节约了东道国本土供应商的研发成本，而且进口贸易的种类与数量越多，接触到的物化于进口中间品和资本品中的技术知识越多，东道国本土供应商模仿复制的可能性越大（Grossman and Helpman，1991）[5]。除技术上自然的外部溢出之外，中间品和资本品的进口使东道国同类产品市场的东道国本土供应商面临更为激烈的竞争，竞争压力迫使东道国本土供应商更有效

① 王海鹏：《对外贸易与中国碳排放关系的研究》，《国际贸易问题》2010年第7期。

② Ethier W., National and International Returns to Scale in the Modern Theory of International Trade, *American Economic Review*, 1982, 72 (3), pp. 389 - 405.

③ Eaton J., S. Kortum, Technology, Geography, and Trade, *Econometrica*, 2002, 70 (5), pp. 1741 - 1779.

④ Keller W., International Technology Diffusion, *Journal of Economic Literature*, 2004, XLII, pp. 752 - 782.

⑤ Grossman G. M., E. Helpman, *Innovation and Growth in the world Economy*, Cambridge, MA: MIT Press, 1991.

地利用现有技术或寻求新技术以维持市场份额（Blomstrom and Kokko，1998）①，也有可能竞争压力的加剧减少了东道国本土供应商的利润，限制了东道国本土供应商对节能减排技术投资的能力和意愿，转向追求成本最小化战略，进而对碳减排带来负面影响。通过上述分析，我们可以得到假说4和假说5。

假说4：进口贸易技术前向溢出通过租金溢出与"干中学"效应促进工业行业碳减排。

假说5：进口贸易技术水平溢出通过逆向工程与行业竞争对工业行业碳排放的影响不确定，与引进技术的东道国本土消化吸收能力密切相关。

（二）出口贸易技术溢出的碳减排效应机制

1. 出口贸易技术后向溢出机制体现为跨国公司通过技术援助带动出口贸易供应商后，出口贸易供应商对其相关产业产生的技术创新的需求

从技术后向溢出来看，跨国公司对东道国本土配套供应商出口的产品质量提出较高的要求，为保证中间投入品的质量，愿意向东道国本土供应商提供技术援助（Humphrey and Schmitz，2001）②，东道国本土供应商的技术改进又会对相关行业技术创新有启示与促进作用，行业的竞争程度越高，东道国本土供应商的技术改进对相关行业的促进作用越明显，或者在技术吸收消化能力有限的前提下，跨国公司倒逼东道国本土供应商直接进口国外先进技术和设备，也有可能形成对国外先进技术的依赖（Pillai，1979）③，从而弱化了东道国本土供应商与相关行业之间的关联程度。

2. 出口贸易技术水平溢出机制表现为出口部门和非出口部门之间的水平关联

从出口部门与非出口部门之前的关系来看，出口部门从外国消费者处获得了产品设计、制造工业改造、产品质量等各种信息，其要素边际生产率高于非出口部门，其外部经济效应突出体现在非出口部门通过加强与出口部门之间的联系，分享出口部门的基础设施，模仿学习出口部门的先进

---

① Blomstrom M., A. Kokko, Multinational Corporations and Spillovers, *Journal of Economic Surveys*, 1998, 12 (3), pp. 247 – 277.

② Humphrey J., H. Schmitz, Governance in Global Value Chains, *IDS Bulletin*, 2001, 32 (3), pp. 19 – 29.

③ Pillai P. M., Technology Transfer, Adaptation and Assimilation, *Economic and Political Weekly*, 1979, 11 (47), pp. 121 – 126.

技术，以较高的薪酬吸引出口部门的人力资本向非出口部门迁移（Feder，1982)[①]。类似地，我们进一步得到假说6和假说7。

假说6：出口贸易技术后向溢出对工业行业碳排放的影响不确定，与引进技术的东道国本土消化吸收能力有关。

假说7：出口贸易技术水平溢出对工业行业碳减排有积极的促进作用。

接下来，我们将在FDI、对外贸易技术溢出机制的理论基础上，从不同的角度对上述假说1—7进行实证分析。

[①] Feder G., On Export and Economic Growth, *Journal of Development Economics*, 1982, （12），pp. 59 – 73.

第四章 国际技术溢出与中国工业能源消费碳排放的测度

第一节 国际技术溢出的测度

一 FDI 技术溢出的测度

HS_{it} 为 FDI 技术水平溢出变量,外资企业对该行业内资企业的水平技术溢出如示范效应、人员流动效应以及竞争效应与外资企业的产值规模直接相关,借鉴 Javorcik (2004)[1] 衡量水平关联指标的方法,运用外资企业产值占行业总产值的比重来表示,具体计算公式如下:

$$HS_{it} = \frac{Y_{it}^f}{Y_{it}} \tag{4.1}$$

BS_{it} 为 FDI 技术后向溢出变量,反映行业 j 外资企业透过对上游企业中间投入品的需求对上游行业 i 的碳减排技术的影响,借鉴 Javorcik (2004)[2] 衡量后向关联指标的方法,运用行业 i 向其下游行业 j 外资企业提供的中间投入品占行业 j 的工业产值比重表示,具体计算公式如下:

$$BS_{it} = \sum_{j, j \neq i} \alpha_{ij} \cdot \frac{Y_{jt}^f}{Y_{jt}} \tag{4.2}$$

式(4.2)中,α_{ij} 为后向关联系数,是投入产出表中行业 j 的单位工业产值中所直接消耗的行业 i 的中间投入品的比重。

FS_{it} 为 FDI 技术前向溢出变量,反映行业 i 通过购买上游行业 j 外资企业的中间产品与服务来影响该行业碳减排技术水平,借鉴王然等(2010)[3]

① Javorcik B. S. , Does Foreign Direct Investment Increase the Productivity of Domestic Firms? In Search of Spillovers through Backward Linkages, *American Economic Review*, 2004, 94 (3), pp. 605 – 627.

② Ibid. .

③ 王然、燕波、邓伟根:《FDI 对中国工业自主创新能力的影响及机制——基于产业关联的视角》,《中国工业经济》2010 年第 11 期。

度量前向关联指标的方法，运用行业 i 的投入品中上游行业 j 外资企业的投入的比重来表示，并在前向关联指标中剔除外资企业与内资企业生产的用于出口的产品，具体计算公式如下：

$$FS_{it} = \sum_{j,j \neq i} \alpha_{ji} \cdot \left(\frac{TS_{jt}^{f} - ES_{jt}^{f}}{TS_{jt} - ES_{jt}} \right) \qquad (4.3)$$

式（4.3）中，α_{ji} 为前向关联系数，是投入产出表中行业 i 的单位工业产值中所直接消耗的行业 j 的中间投入品的比重；TS_{jt}^{f} 与 TS_{jt} 为第 t 年行业 j 外资企业与全部企业的销售总额，ES_{jt}^{f} 与 ES_{jt} 为第 t 年行业 j 外资企业与全部企业的出口总额。

二　对外贸易技术溢出的测度

MHS 为进口贸易技术水平溢出，反映进口贸易品对东道国本土行业同类产品的水平关联效应，即进口渗透率。借鉴 Javorcik（2004）[1] 构建 FDI 水平关联指标的方法，运用进口贸易额占行业总产值的比重来表示，具体计算公式如下：

$$MHS_{it} = \frac{IM_{it}}{Y_{it}} \qquad (4.4)$$

EHS 为出口贸易技术水平溢出变量，反映行业内出口企业与非出口企业之间的水平关联效应，即出口依存度。借鉴 Javorcik（2004）[2] 构建 FDI 水平关联指标的方法，运用出口贸易额占行业总产值的比重来表示，具体计算公式如下：

$$EHS_{it} = \frac{ES_{it}}{Y_{it}} \qquad (4.5)$$

MFS 为进口贸易技术前向溢出变量，反映下游行业通过购买上游行业进口的中间产品与服务对下游行业的前向关联效应。借鉴 Javorcik（2004）[3] 构建 FDI 前向关联指标的方法，运用行业 i 的投入品中上游行业 j 进口贸易额的比重来表示，具体计算公式如下：

①　Javorcik B. S., Does Foreign Direct Investment Increase the Productivity of Domestic Firms? In Search of Spillovers through Backward Linkages, *American Economic Review*, 2004, 94 (3), pp. 605 – 627.

②　Ibid..

③　Ibid..

$$MFS_{it} = \sum_{j,j \neq i} \alpha_{ji} \times \frac{IM_{jt}}{Y_{jt}} \qquad (4.6)$$

EBS 为出口贸易技术后向溢出变量，反映下游行业出口企业透过对上游企业中间投入品的需求对上游行业的后向关联效应。借鉴 Javorcik（2004）[1] 构建 FDI 后向关联指标的方法，运用行业 i 向其下游行业 j 提供的中间投入品中出口贸易额占行业 j 的工业产值的比重表示，具体计算公式如下：

$$EBS_{it} = \sum_{j,j \neq i} \alpha_{ij} \times \frac{ES_{jt}}{Y_{jt}} \qquad (4.7)$$

上述各指标中，Y 为规模以上工业企业的总产值，IM 为进口贸易额，ES 为出口销售额，α_{ij} 为后向关联系数，α_{ji} 为前向关联系数。

第二节　中国工业能源消费碳排放的测度

一　中国工业能源消费碳排放量的测度

（一）测度方法与数据来源

1. 测度方法

国际上关于二氧化碳的测算方法还远未达成共识，目前普遍采用的方法有实测法、物料衡算法、碳排放系数法三种。其中，实测法的数据来自各国环境监测部门对代表性样品的精确分析获得，考虑到单独监测二氧化碳的成本过高，一般运用该方法监测多种污染物中的二氧化碳含量；物料衡算法基于质量守恒定律，即反应前的物料质量之和等于反应后生成的各物质质量之和，对二氧化碳的测算包括根据终端能源消费与化石燃料燃烧量估算两种常见方法；碳排放系数法测算的二氧化碳排放量是产品排放系数与产品产量之积，产品排放系数是根据单位产品正常生产过程中的气体排放进行实测或物料核算得到，在统计数据不够完备的情况下，该方法的测算效率较高。

由于中国缺乏官方对二氧化碳排放的直接统计数据，本章分工业行业碳排放量参考《2006 年 IPCC 国家温室气体清单指南》[2] 的测算方法，该

① Javorcik B. S., Does Foreign Direct Investment Increase the Productivity of Domestic Firms? In Search of Spillovers through Backward Linkages, *American Economic Review*, 2004, 94 (3), pp.605 –627.

② IPCC, *Guidelines for National Greenhouse Gas Inventories*, Intergovermental Panel on Climate Change, 2006.

方法运用官方公布的工业分行业终端 15 种能源消费量，与各终端能源对应的二氧化碳排放系数之积估算出各行业二氧化碳排放量，具体的估算公式如下：

$$C_i = \sum_{j=1}^{15} C_{ij} = \sum_{j=1}^{15} E_{ij} \cdot NCV_j \cdot CEF_j \cdot COF_j \cdot \frac{44}{12} \tag{4.8}$$

其中，$i = 1,2,\cdots,35$，表示工业行业类型；$j = 1,2,\cdots,15$，表示能源种类；C 代表工业能源消费碳排放，单位为万吨；E 代表工业能源消费量，单位为万吨；NCV 代表一次能源平均低位发热量的折标准煤系数，单位为千克标准煤/千克，见《中国能源统计年鉴（2008）》的附录 4，附录中缺乏其他石油制品、其他焦化产品和其他煤气的平均低位发热量数据，为此，其他石油制品的系数用原油参数替代，其他焦化产品系数用煤焦油参数替代，其他煤气采用焦炉煤气参数替代；CEF 代表单位热量的碳排放系数，单位为万吨/万吨标准煤；COF 代表碳氧化因子，此处取缺省值 1。

2. 数据来源

由于现行统计年鉴提供的工业分行业数据统计口径在 1998 年以前为乡及乡以上独立核算工业企业，而 1998 年及以后为全部国有及规模以上非国有工业企业，前后统计口径不匹配，同时，2001 年后才开始公布工业分行业出口交货值，为了保持统计口径的一致及数据可得，本文研究集中于 2001—2010 年间，期间工业分行业总产值与能源消费数据分别来自《中国统计年鉴》《中国能源统计年鉴》各期，将工业行业归并为 36 个行业类型，剔除"其他采矿业"、"木材及竹材采运业"、"工艺品及其他制造业"、"烟草制品业"、"废弃资源和废旧材料回收加工业" 5 个行业。另外，电力与热力不仅是工业的一种行业类型，也是其余 35 个工业行业能源消费的重要来源，为避免能源消费与碳排放重复计算的问题，本书在各工业行业能源消费的统计中考虑了除电力与热力以外的其余所有种类的化石能源，涉及的化石能源包括原煤、洗精煤、焦炭、焦炉煤气、其他煤气、其他焦化产品、原油、汽油、煤油、柴油、燃料油、液化石油气、炼厂干气、其他石油制品、天然气 15 种能源类型。

（二）中国工业能源消费碳排放量的测度

总体上，工业各行业能源消费碳排放量呈现明显的阶段性特征，表现为 2004 年以前，工业各行业能源消费碳排放量基本保持稳定，而自 2004 年以来呈现出显著的上升趋势，这一现象与 2004 年工业结构再次重化工

业化有关，相关研究表明，改革开放以来，产值占全国 GDP 比重约 40%
左右的工业伴随着占全国碳排放总量水平比重达 84% 的碳排放，且自 21
世纪初以来，工业能源消费碳排放量占全国的比重跃升至 90% 以上（陈诗
一，2011）[1]。分工业行业来看，黑色金属冶炼及压延加工业，非金属矿采
选业，化学原料及化学制品制造业，石油加工、炼焦及核燃料加工业，煤
炭开采和洗选业是碳排放量最大的前 5 个工业行业，其变化趋势与总体变
化趋势基本一致，少部分工业行业如烟草制品业、纺织业、化学纤维制造
业、燃气生产和供应业的能源消费碳排放量自 2004 年以来呈现出持续下
降的趋势。

二　中国工业能源消费碳排放强度的测度

（一）测度方法与数据来源

测度方法与数据来源同上。除此以外，来自《中国统计年鉴》中
的分行业工业总产值数据均为当年价格的名义值，为消除价格波动带
来的影响，本文利用公布数据推算了相应工业行业价格指数，并利用
该指数对 2001—2010 年工业分行业总产值进行了价格平减（"2000
年" = "100"）。分工业行业碳排放强度为单位工业产值所排放的二
氧化碳。

（二）工业能源消费碳排放强度的测度

总体上，自 21 世纪初以来，工业各行业能源消费碳排放强度呈波动
式下降的变化趋势，说明中国工业化进程伴随着碳生产力的有效提升。
2004 年大部分工业行业碳排放强度呈现小幅反弹，而自 2004 年以来恢
复并保持了持续下降的趋势。这一现象与上述工业结构的再次重型化密
切相关，针对"十五"期间存在的突出问题，"十一五"规划提出了主
要污染物排放总量减少 10% 与能源强度降低 20% 的减排目标，并将减排
指标上升至具有法律效力的强制性约束指标并纳入地方政府的政绩考核
范畴。2007 年，党的十七大将"建设生态文明，基本形成节约能源资源
和保护生态环境的产业结构、增长方式、消费方式"列入全面建设小康
社会的奋斗目标，并在同年出台了《中国应对气候变化国家方案》以及
《可再生能源中长期发展规划》。上述政策措施使碳排放强度持续下降的

---

① 陈诗一：《中国碳排放强度的波动下降模式及经济解释》，《世界经济》2011 年第 4 期。

趋势得以维持。

三　中国工业能源消费碳排放绩效的测度

（一）基于 Malmquist – Luenberger 指数的全要素碳排放绩效的测度模型

本文运用数据包络分析（DEA）方法来测算工业行业与省际碳排放效率的变化情况，首先，将每个工业行业与每个省视为决策单位，构造出每一时期的最佳生产实践边界，然后把每个工业行业与每个省的生产点与最佳生产实践边界对比。具体来看，借鉴 Fare 等（2007）构造的同时包括期望产出与非期望产出的生产可能集，设定在每一时期：$t = (1, \cdots, T)$，一个行业或一个省区使用 N 种投入：$x = (x_1, \cdots, x_N) \in R_N^+$，生产出 M 种期望产出：$y = (y_1, \cdots, y_M) \in R_M^+$，与 J 种非期望产出：$c = (c_1, \cdots, c_J) \in R_J^+$，则生产可能集表示为：

$$P(x) = \{(y,c) : x \text{ can produce}(y,c)\} \quad x \in R_N^+ \quad (4.9)$$

上述生产可能集 $P(x)$ 具有以下四个特点：

（1）$P(x)$ 闭集、有界，有限的投入对应有限的产出；

（2）投入 x 与期望产出 y 具有强可处置性；

（3）非期望产出 c 具有弱可处置性，非期望产出的减少与期望产出的减少同步，这保证了生产可能性曲线的凸性，即：若 $(y,c) \in p(x)$，$0 \leqslant \lambda \leqslant 1$，则 $(\lambda y, \lambda x) \in P(x)$；

（4）期望产出与非期望产出的零结合性，非期望产出与期望产出同时为 0，这保证了生产可能性曲线通过原点，即：$(y,c) \in P(x)$，$c = 0$，则 $y = 0$。

满足上述四个特点的生产可能集表达为：

$$P^t(x^t) = \begin{cases} (y^t, c^t) : \displaystyle\sum_{k=1}^{K} \theta_k^t y_{km}^t \geqslant y_{km}^t, \forall m; \\ \displaystyle\sum_{k=1}^{K} \theta_k^t c_{kj}^t = c_{kj}^t, \forall j; \\ \displaystyle\sum_{k=1}^{K} \theta_k^t x_{kn}^t \leqslant x_{kn}^t, \forall n; \end{cases} \quad (4.10)$$

上述生产可能集表达式中，涉及非期望产出的处理，常见方法有将非期望产出作为投入要素、将非期望产出转换成负产出（Seiford and

Zhu，2002)[1] 来处理，该处理方法无法体现真实的生产过程。考虑到非期望产出的弱可处置性，可运用 Shephard 距离函数将非期望产出转换成倒数的径向测度方法（Shephard，1970），然而，人为地设定决策单元效率沿径向单维改进存在较大的缺陷，因此，本文基于非径向测度方法，借鉴 Chung 等（1997）提出的非径向距离函数[2]，对 Shephard 方向性距离函数进行一般化处理，得到非径向的距离函数如下：

$$\vec{D}_c^t(x,y,c;g_y,-g_c) = \sup\{\beta:(y+\beta g_y,c-\beta g_c) \in P(x)\} \quad (4.11)$$

其中，$(g_y,-g_c)$ 为方向性向量，β 为期望产出与非期望产出扩大或缩小的比例。$\vec{D}_c^t$ 的值越小，则意味着生产点越是接近生产可能性曲线，碳排放绩效越高。将生产可能性曲线与非径向的距离函数反映在图 4 - 1 中：

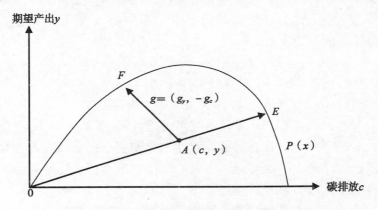

图 4 - 1   生产可能性曲线与非径向距离函数

为检验并比较 FDI、国际贸易技术效应对中国碳排放绩效影响的差异，本文首先测算 1995—2010 年间省际全要素碳排放绩效。为同时衡量非期望产出减少与期望产出增加时的综合绩效情况，进一步借鉴 Chung 等（1997）[3] 构建基于 Malmquist - Luenberger 指数的碳排放绩效测算模型：

① Seiford L. M. , Zhu J. , Modeling Undesirable Factors in Efficiency Evaluation, *European Journal of Operational Research*, 2002, 142（1）, pp. 16 - 20.

② Chung Y. H. , Fare R. , S. Grosskopf, Productivity and Undesirable Outputs：A Directional Distance Function Approach, *Journal of Environmental Management*, 1997, 51（3）, pp. 229 - 240.

③ Ibid. .

$$ML^{t,t+1} = \left\{ \frac{[1 + \vec{D}_c^t(x^t,y^t,c^t;y^t,-c^t)]}{[1 + \vec{D}_c^{t+1}(x^{t+1},y^{t+1},c^{t+1};y^{t+1},-c^{t+1})]} \right\}^{1/2} \cdot$$

$$\left\{ \frac{[1 + \vec{D}_c^{t+1}(x^t,y^t,c^t;y^t,-c^t)]}{[1 + \vec{D}_c^t(x^{t+1},y^{t+1},c^{t+1};y^{t+1},-c^{t+1})]} \right\}^{1/2} \qquad (4.12)$$

在规模报酬（CRS）不变的条件下，ML 指数可以分解为两种指数：技术进步指数和技术效率变化指数：

$$ML^{t,t+1} = \frac{1 + \vec{D}_c^t(x^t,y^t,c^t;y^t,-c^t)}{1 + \vec{D}_c^{t+1}(x^{t+1},y^{t+1},c^{t+1};y^{t+1},-c^{t+1})} \cdot$$

$$\left\{ \frac{[1 + \vec{D}_c^{t+1}(x^t,y^t,c^t;y^t,-c^t)]}{[1 + \vec{D}_c^t(x^t,y^t,c^t;y^t,-c^t)]} \cdot \frac{[1 + \vec{D}_c^{t+1}(x^{t+1},y^{t+1},c^{t+1};y^{t+1},-c^{t+1})]}{[1 + \vec{D}_c^t(x^{t+1},y^{t+1},c^{t+1};y^{t+1},-c^{t+1})]} \right\}^{1/2}$$

$$= MLEFF^{t,t+1} \cdot MLTE^{t,t+1} \qquad (4.13)$$

其中，$ML^{t,t+1}$ 代表全要素碳排放绩效指数；$MLEFF^{t,t+1}$ 代表技术效率变化指数，测度从 t 期到 $t+1$ 期每个决策单元的实际生产与环境生产前沿面的追赶程度，若 $MLEFF^{t,t+1} > 1$，说明技术效率提升，反之则下降；$MLTE^{t,t+1}$ 代表技术进步指数，测度环境生产前沿面从 t 期到（$t+1$）期的变动情况，若 $MLTE^{t,t+1} > 1$，说明技术进步；反之，则退步。为求解上述各指数，我们需要计算四个距离函数，涉及四个线性规划问题。求解 $\vec{D}_c^t(x^t,y^t,c^t;g^t)$ 的线性规划模型为：

$$\vec{D}_c^t(x_{k'}^t,y_{k'}^t,c_{k'}^t;y_{k'}^t,-c_{k'}^t) = \max\beta \qquad (4.14)$$

$$s.t. \sum_{k=1}^{K} z_k^t y_{km}^t \geqslant (1+\beta)y_{k'm}^t, \forall m$$

$$\sum_{k=1}^{K} z_k^t c_{ki}^t = (1-\beta)c_{k'i}^t, \forall i$$

$$\sum_{k=1}^{K} z_k^t x_{kn}^t \leqslant (1-\beta)x_{k'n}^t, \forall n$$

$$z_k^t \geqslant 0, \forall k \qquad (4.15)$$

式 (4.15) 中，$\vec{D}_c^{t+1}(x^{t+1},y^{t+1},c^{t+1};y^{t+1},-c^{t+1})$ 和 $\vec{D}_c^t(x_{k'}^t,y_{k'}^t,c_{k'}^t;y_{k'}^t,-c_{k'}^t)$ 为同期方向性距离函数，将上述线性规划的 t 转换成 (t+1) 即可。求解 $\vec{D}_c^t(x^{t+1},y^{t+1},c^{t+1};y^{t+1},-c^{t+1})$ 为跨期方向性距离函数，

其线性规划模型为：

$$\vec{D}_c^t(x_{k'}^{t+1},y_{k'}^{t+1},c_{k'}^{t+1};y_{k'}^{t+1},-c_{k'}^{t+1}) = \max\beta$$

$$s.t. \sum_{k=1}^{K} z_k^t y_{km}^t \geqslant (1+\beta)y_{k'm}^{t+1}, \forall m$$

$$\sum_{k=1}^{K} z_k^t c_{ki}^t = (1-\beta)c_{k'i}^{t+1}, \forall i$$

$$\sum_{k=1}^{K} z_k^t x_{kn}^t \leqslant (1-\beta)x_{k'n}^{t+1}, \forall n$$

$$z_k^t \geqslant 0, \forall k \tag{4.16}$$

另外一个跨期方向性距离函数 $\vec{D}_c^{t+1}(x^t,y^t,c^t;y^t,-c^t)$ 的线性规划求解模型可以通过将上式的 t 和（$t+1$）互换即可。

（二）中国工业能源消费碳排放绩效：基于省际层面

1. 省际工业层面变量说明与数据来源

（1）变量说明

测算省际工业碳排放绩效的投入变量为资本存量、劳动力和能源消费量，产出变量为 GDP 和碳排放量。①资本存量。运用永续盘存法估算资本存量，借鉴张军等（2004）①的方法补充数据，对名义资本存量的调整采用固定资产投资价格指数调整。由于中国从 1991 年开始对外公布固定资产投资价格指数，部分省市区该指数的缺失年份与 1991 年以前均用投资隐含平减指数替代。②劳动力。以各地年末就业人数表示。③能源消费量和碳排放量。各地能源消费统计是将煤炭、焦炭、原油、燃料油、汽油、煤油、柴油、天然气和电力等九类一次性能源消费量折算成统一热量单位标准煤，相应的碳排放量估算根据各类能源消费条目数据，参考《2006 年 IPCC 国家温室气体清单指南》② 提供的方法。④GDP。将各地名义 GDP 按 GDP 平减指数法以 1995 年不变价格进行换算。

（2）数据来源

本文基于 Malmquist – Luenberger 指数法，运用 MaxDEA 5.2 Version 软件测算全要素碳排放绩效指数 ML 以及由此分解出的技术进步指数 MLTE

---

① 张军、吴桂英、张吉鹏：《中国省际物质资本存量估算（1952—2000 年）》，《经济研究》2004 年第 10 期。

② IPCC，*Guidelines for National Greenhouse Gas Inventories*，Intergovermental Panel on Climate Change，2006.

和技术效率变化指数 *MLEFF*。基于数据的可得性与统计口径的一致性，本文选择的样本包括 28 个省、市、自治区（海南和西藏数据缺失，重庆并入四川），样本区间为 1995—2010 年（《中国能源统计年鉴》中各类能源消费条目自 1995 年才开始公布）。测算数据来自《中国统计年鉴》、各省市统计年鉴、《中国能源统计年鉴》、《中国劳动统计年鉴》各期以及《新中国六十年统计资料汇编》和《中国国内生产总值核算历史资料（1952—1995）》，以 1995 年为基期。

　　2. 省际工业碳排放绩效及其分解指数

　　根据式（2），对各省份的工业碳排放绩效指数进行测算，如表 4 - 1 所示。在 1995—2010 年间，从全国范围来看，全要素碳排放绩效的增长主要依靠技术效率的改进，而技术进步贡献相对较小；从东部、中部和西部三大区域来看，中西部地区工业碳排放绩效的增长高于东部地区，东部地区的全要素碳排放绩效的变动与全国类似，而中西部地区的全要素碳排放绩效的增长主要依靠技术进步，而技术效率变化的贡献相对较小。我们将从 FDI 和进出口贸易技术效应的视角进一步展开研究。

表 4 - 1　　　　　　　　　三大区域全要素碳排放绩效指数及分解

	ML	*MLTE*	*MLEFF*
全国	0.997	0.996	1.001
东部地区	0.992	0.991	1.001
中部地区	1.008	1.009	0.999
西部地区	1.014	1.009	1.004

　　在此基础上，为反映样本期间各省份碳排放绩效变化的规律，限于篇幅，本文列出代表性年份各省份的工业碳排放绩效变化指数 *ML*，如表 4 - 2 所示。具体来看，工业碳排放绩效水平高于 1.05 的仅有东部地区的北京、上海，自 2000 年以来始终处于最佳生产实践边界，较好地实现了碳减排约束下的经济发展；中部地区的山西工业碳排放绩效水平最低，作为中国的煤炭大省，年均工业碳排放绩效仅为 0.909，自 2002 年以来绩效水平降幅较大，与处于最佳生产实践边界的省份为参照，同样的要素投入，山西碳排放能在现有基础上减少 9.1%，同时工业产出增长 9.1%，这反映出山西工业在发展过程中存在明显的能源利用低效与生态环境破坏的

现象。西部地区的甘肃与广西工业碳排放绩效水平在 0.95 左右，稍高于山西，工业经济增长仍为粗放式的增长模式。

表 4 – 2   1996—2010 年中国各省份代表性年份碳排放绩效指数

地区	1996 年	1998 年	2000 年	2002 年	2004 年	2006 年	2008 年	2010 年
北京	0.965	0.991	1.042	1.042	1.041	1.094	1.098	1.131
天津	1.026	1.025	1.049	1.028	1.055	1.039	0.961	1.062
河北	1.007	0.982	0.982	0.999	1.004	1.011	0.972	1.012
山西	0.928	1.167	0.923	1.172	0.870	0.898	0.632	0.687
内蒙古	1.043	1.018	1.010	0.987	1.007	1.161	1.058	1.005
辽宁	1.021	1.049	1.030	1.027	0.995	1.002	0.950	0.997
吉林	1.045	1.032	0.992	0.982	0.974	0.952	1.052	1.089
黑龙江	1.034	0.991	1.013	1.014	1.024	1.008	0.979	0.976
上海	1.043	1.081	1.060	1.028	1.052	1.072	1.047	1.047
江苏	1.036	1.052	1.017	1.024	0.970	1.018	1.021	1.031
浙江	1.046	1.024	0.982	0.988	1.022	1.047	1.052	1.028
安徽	1.011	0.992	1.003	1.006	0.982	0.996	1.033	0.986
福建	1.037	1.020	0.951	0.925	0.974	1.013	1.047	1.035
江西	1.061	1.035	0.936	0.907	0.983	1.008	1.015	1.045
山东	0.998	0.999	0.945	0.903	1.030	1.027	1.028	1.048
河南	1.009	0.960	0.980	0.985	1.013	0.953	0.960	1.011
湖北	0.949	0.950	0.969	0.977	0.991	0.977	1.000	0.976
湖南	1.024	0.988	0.986	0.978	0.994	0.983	0.975	0.961
广东	1.026	1.024	1.019	1.022	1.027	1.018	0.991	0.977
广西	0.974	0.976	0.966	0.992	0.962	0.948	0.935	0.924
四川	0.995	0.964	0.973	0.980	0.984	0.973	0.946	0.995
贵州	1.014	0.972	0.961	0.941	0.980	0.984	0.939	0.900
云南	1.006	0.951	0.981	1.011	1.000	0.964	0.982	0.878
陕西	0.987	1.010	0.975	0.996	1.025	1.117	1.055	1.134
甘肃	0.986	0.969	0.956	0.949	0.965	0.952	0.872	0.937
青海	1.008	1.000	0.982	0.995	1.006	1.025	1.032	1.020
宁夏	1.085	1.012	0.984	1.000	0.983	1.035	1.074	1.091
新疆	1.007	1.007	1.019	0.999	1.020	1.037	1.039	1.012

（三）中国工业能源消费碳排放绩效：基于行业层面

1. 工业行业层面变量说明与数据来源

（1）变量说明

测算工业行业碳排放绩效的投入变量为资本存量、劳动力和能源消费量，产出变量为分行业工业总产值和碳排放量。①资本存量。运用工业行业固定资产净值年平均余额表示，并折算为 2000 年不变价。②劳动力。以工业行业年末就业人数表示。③能源消费量和碳排放量。考虑到电力与热力不仅是工业的一种行业类型，为避免重复计算，运用能源消费的统计中考虑了除电力与热力以外的其余所有种类的化石能源消费，相应行业碳排放量的估算方法参考《2006 年 IPCC 国家温室气体清单指南》①。④工业总产值。工业总产值折算成 2000 年不变价。

（2）数据来源

本文基于 Malmquist - Luenberger 指数法，运用 MaxDEA 5.2 Version 软件测算全要素碳排放绩效指数 *ML* 及其分解出的技术进步指数 *MLTE* 和技术效率指数 *MLEFF*。由于 2001 年后才开始公布工业分行业出口交货值，为了保持统计口径的一致及数据可得，本文研究集中于 2001—2010 年，工业行业归并为 34 个行业类型，剔除其他采矿业、木材及竹材采运业、工艺品及其他制造业、烟草制品业、废弃资源和废旧材料回收加工业 5 个行业。测算数据分别来自《中国统计年鉴》、《中国工业经济统计年鉴》、《中国能源统计年鉴》各期。为消除价格波动带来的影响，本文利用公布数据推算了相应工业行业价格指数，并利用该指数将 2001—2010 年工业分行业总产值折算成 2000 年不变价。

2. 工业行业碳排放绩效及其分解指数

由表 4 - 3 可知，工业各行业全要素碳排放绩效指数存在较大的差异，高于行业平均全要素碳排放绩效的有 8 个行业，其中最高的前 3 个行业分别为通信设备、计算机及其他电子设备制造业（1.243）、黑色金属冶炼及压延加工业（1.179）和石油加工、炼焦及核燃料加工业（1.121）；低于行业平均全要素碳排放绩效的有 26 个行业，其中最低的前 3 个行业分别为煤炭开采和洗选业（0.996）、有色金属矿采选业（1.001）与石油和天然气开采业（1.003）。前 3 个行业全要素碳排放绩效平均增长率介于

---

① IPCC, *Guidelines for National Greenhouse Gas Inventories*, Intergovermental Panel on Climate Change, 2006.

12%—25%之间，而后 3 个行业全要素碳排放绩效平均增长率介于
−1%—1%之间。

　　由于不同的行业碳排放绩效存在较大差异，我们将中国工业 34 个行
业分为重工业（19 个行业，包括高于行业平均绩效的 7 个行业）和轻工业
（15 个行业）。从全要素碳排放绩效的变动来看，2001—2010 年间重工业
行业平均碳排放绩效为 1.051，平均增长率 5.1%，重工业碳排放绩效提高
的主要得益于技术进步，贡献率为 5.4%，而技术效率存在一定的负面影
响；从轻工业行业来看，行业平均碳排放绩效为 1.022，平均增长率为
2.2%，比重工业行业低 3 个百分点，技术进步是碳排放绩效的主要原因，
而技术效率变化明显抑制了碳排放绩效的提高。

表 4-3　　　　　　2001—2010 年中国工业 34 个行业考虑碳排放
非期望产出的全要素碳排放绩效变动及分解

行业	全要素碳排放绩效	技术进步	技术效率	行业	全要素碳排放绩效	技术进步	技术效率
煤炭开采和洗选业	0.996	1.057	0.974	农副食品加工业	1.032	1.031	1.003
石油和天然气开采业	1.003	1.017	0.986	食品制造业	1.009	1.030	0.984
黑色金属矿采选业	1.004	1.041	0.969	饮料制造业	1.004	1.022	0.987
有色金属矿采选业	1.001	1.017	0.988	纺织业	1.016	1.019	0.999
非金属矿采选业	1.003	1.008	0.998	纺织服装、鞋、帽制造业	1.013	1.019	0.994
石油加工、炼焦及核燃料加工业	1.121	1.121	1	皮革、毛皮、羽毛（绒）及其制品业	1.112	1.112	1
化学原料及化学制品制造业	1.030	1.024	1.006	木材加工及木、竹、藤、棕、草制品业	1.011	1.023	0.992
化学纤维制造业	1.044	1.025	1.018	家具制造业	1.022	1.029	0.993
非金属矿物制品业	1.058	1.064	0.995	造纸及纸制品业	1.014	1.025	0.997
黑色金属冶炼及压延加工业	1.179	1.179	1	印刷业和记录媒介的复制	1.013	1.019	0.995

行业	全要素碳排放绩效	技术进步	技术效率	行业	全要素碳排放绩效	技术进步	技术效率
有色金属冶炼及压延加工业	1.032	1.022	1.009	文教体育用品制造业	1.021	1.023	0.998
金属制品业	1.017	1.031	0.987	医药制造业	1.010	1.025	0.988
通用设备制造业	1.011	1.020	0.992	橡胶制品业	1.015	1.032	0.988
专用设备制造业	1.019	1.023	0.996	塑料制品业	1.018	1.021	0.998
交通运输设备制造业	1.036	1.027	1.010	仪器仪表及文化、办公用机械制造业	1.023	1.026	0.996
电气机械及器材制造业	1.081	1.076	1.004				
通信设备、计算机及其他电子设备制造业	1.243	1.243	1				
电力、热力、水的生产和供应业	1.036	1.024	1.013				
燃气生产和供应业	1.051	1.014	1.036				
重工业平均	1.051	1.054	0.999	轻工业平均	1.022	1.030	0.994
制造业平均	1.036	1.042	0.997				

四　以中国工业行业为主导的对外贸易隐含碳排放量的测度

2009 年，中国在哥本哈根气候大会上承诺到 2020 年单位国内生产总值所排放的二氧化碳比 2005 年下降 40%—45%，自对外承诺以来，中国面临来自国内碳减排与国际碳减排转移的双重压力，基于消费视角的对外贸易隐含碳的探讨有助于我们清晰认识国际碳减排转移的外部压力与应对策略。

国际贸易隐含碳的研究领域属于国际贸易与气候变化的一个分支，文献主要集中在对外贸易隐含碳的测度方面。国外最早运用投入产出法进行测算的是 Machado 对 20 世纪 90 年代巴西对外贸易隐含碳的实证研究发现，截至 1995 年，巴西为隐含碳的净出口国，且单位美元出口隐含碳的排放比单位美元进口高出 56%[①]。随后，投入产出法在不同国家或区域对外贸

①　Machado G，Schaeffer R，Worrell E. Energy and Carbon Embodied in the international Trade of Brazil：an Input – output Approach. *Ecological Economics*，2001，39（3）：409–424.

易隐含碳的测度方面得以广泛运用：*Ahmad* 等对 *OECD* 国家[①]、Mongelli 对意大利[②]以及 Maenpaa 等对芬兰的测算等[③]。近几年的研究重心转向发达国家与发展中国家之间贸易隐含碳排放方面，Davis 等（2009）对中国及其他新兴市场与发达国家之间[④]、Xian bing（2010）对中日之间[⑤]、Ying hua（2011）[⑥] 以及 Hui bin 等（2011）[⑦] 对中美之间贸易隐含碳变化趋势的测算。生命周期评价法（LCA）是另一种测度方法，该方法适用于特定商品的量化评估，而大规模的测算应采用投入产出法[⑧]。

国内运用投入产出法对对外贸易隐含碳的研究起步较晚，最早的文献可追溯到马涛和陈家宽对 1994—2001 年间中国工业进出口产品的污染密集度进行核算[⑨]。随后代表性的文献有齐晔等估算了 1997—2006 年间中国进出口贸易隐含碳[⑩]；闫云凤等对 1997—2005 年间中国出口隐含碳排放的变化及其影响因素进行了分析，衡量了出口量、出口结构、排放强度对隐

①　Ahmad N. , Wyckoff A. W. , Carbon Dioxide Emissions Embodied in International Trade of Goods. *OECD Publications*, 2003.

②　Mongelli I. , Tassielli G. , Notarnicola B. Global Warming Agreements, International Trade and Energy/Carbon Embodiments：an Input – output Approach to the Italian Case. *Energy policy*, 2006, 34（1）：88 – 100.

③　Maenpaa I. , Siikavirta H. , Greenhouse Gases Embodied in the International Trade and Final Consumption of Finland：an Input – output Analysis. *Energy policy*, 2007, 35（1）：128 – 143.

④　Davis S. J. , Caldeira K. , Consumption – based Accounting of CO_2 Emissions. *PNAS*, 2009, 106（29）：11884 – 11888.

⑤　Liu X. B. , Analyses of CO_2 Emissions Embodied in Japan – China trade. *Energy Policy*, 2010, 38（3）：1510 – 1518.

⑥　Meng Y. H. , CO_2 Emissions Embodied in China's Export to U. S. ：Analysis on the Top Ten Export Goods. *Applied Economics*, *Business and Development*, 2011, 20（8）：422 – 428.

⑦　Du H. B. , Guo J. H. , Mao G. Z. , CO_2 Emissions Embodied in China – US Trade：Input – output Analysis Based on the Emergy/dollar Ratio. *Energy Policy*, 2011, 39（10）：5980 – 5987.

⑧　Ackeman F. , Ishikawa M. , Suga M. . The Carbon Content of Japan – US Trade. *Energy Policy*, 2007, 35（9）：4455 – 4462.

⑨　马涛、陈家宽：《中国工业产品的国际贸易的污染足迹分析》，《中国环境科学》2005 年第 25 卷第 4 期，第 508—512 页。

⑩　齐晔、李惠民、徐明：《中国进出口贸易中的隐含碳估算》，《中国人口·资源与环境》2008 年第 18 卷第 3 期，第 8—13 页。

含碳排放增长的影响[①]；王媛等采用平均 D 氏指数分解法进行了隐含碳排放结构分解分析[②]。

（一）对外贸易隐含碳排放量指标与数据来源

1. 对外贸易隐含碳排放量指标

隐含碳是指一种物品在生产过程中直接或间接的二氧化碳排放，具体包括整个生产链各种化石能源消耗的碳排放。"隐含"一词最初起源于 1974 年国际高级研究机构联合会（IFIAS）的能源工作组会议，会议提出了隐含能的概念，随后隐含的概念被广泛运用到土地资源、水资源、劳动力、环境污染等领域，发展出生态足迹、虚拟水、物化劳动以及隐含污染物等新的概念与研究领域。同样，隐含碳也是隐含能概念的衍生品[③]。从对外贸易的角度来看，对外贸易隐含碳排放与国际碳转移排放的含义接近，出口隐含碳排放是指出口商品在满足进口国消费需求的同时，其生产过程产生的二氧化碳排放在生产国，进口与此类似[④]。依据历年投入产出表，对中国各行业出口、进口及净出口贸易隐含碳计算过程如下：

$$EC_{jt}^{EX} = EX_{jt} \times T_j \qquad (4.17)$$

$$EC_{jt}^{IM} = IM_{jt} \times T_j \qquad (4.18)$$

$$EC_{jt}^{NX} = EC_{jt}^{EX} - EC_{jt}^{IM} \qquad (4.19)$$

上式中，EC_{jt}^{EX}、EC_{jt}^{IM} 分别代表第 t 年 j 部门出口与进口的隐含碳排放量；EX_{jt}、IM_{jt} 分别为第 t 年 j 部门的出口与进出数额；T_j 为 j 部门完全 CO_2 排放系数，$T_j = \sum_{i=1}^{n} r_i c_{ij}$，其中，$c_{ij}$ 代表 j 部门生产单位最终产品对 i 部门产品的完全需求量，a_{ij} 代表 j 部门生产单位最终产品直接消耗的 i 部门产品数量，由 c_{ij} 构成的矩阵 C 与由 a_{ij} 构成的矩阵 A 之间的关系为 $C = (I - A)^{-1}$，另外，r_i 为 i 部门直接能源的消耗系数，$r_i = \sum_{k=1}^{8} \frac{E_{ik} \cdot \theta_k}{X_i}$，各能源碳排放系数 θ_k 可借鉴黄

---

①　闫云凤、杨来科：《中国出口隐含碳增长的影响因素分析》，《中国人口·资源与环境》2010 年第 20 卷第 8 期，第 48—52 页。

②　王媛、魏本勇、方修琦等：《基于 LMDI 方法的中国国际贸易隐含碳分解》，《中国人口·资源与环境》2011 年第 2 期，第 141—146 页。

③　Peters G P, Hertwisch E G. CO₂ embodied in international trade with implications for global climate policy. *Environmental Science & Technology*, 2008, 42（2）：1401 - 1407.

④　Ipek G S, Turut E. CO₂ emissions vs CO₂ responsibility: An input - output approach for the Turkish economy. *Energy policy*, 2007, 35（2）：885 - 868.

敏等的测算结果，E_{ik} 为 i 部门第 k 种能源消耗量，X_i 为 i 部门的总投入[1]。由于中国是典型的加工贸易国家，进口中的一部分作为加工贸易的原材料，包括一般来料加工与能源，因此，现有文献关于对外贸易隐含碳的测算可区分为含加工贸易与不含加工贸易两种情况，后者从进口国消费的角度如实地反映了贸易隐含碳排放的真实值。目前中国历年投入产出表编制中只有 2007 年分行业统计了进口中来料加工贸易额，缺少其他年份的真实数据，参考王媛等的做法，通过假设进口商品等比例用于中间使用和最终使用来编制简化的非竞争型投入产出表，剔除用于加工贸易的进口部分，所测算的各行业贸易隐含碳排放变化趋势与依据竞争型投入产出表的变化趋势基本相同，不影响本文对 FDI 的贸易隐含碳排放效应的结论，所以本文仅选择竞争型投入产出表来测算并反映贸易隐含碳排放的变化趋势。

2. 数据来源

以 1997 年、2000 年、2002 年、2005 年、2007 年、2009 年数据为样本，其中，2009 年的投入产出数据是以 2007 年为基准运用 RAS 方法反复迭代得到，该方法是利用目标年常规统计数据对基准投入产出表进行更新，以实现目标年投入产出数据获得的及时性。由于分行业 FDI 统计口径、投入产出统计口径与能源统计口径不一致，出于本书研究的目的，经调整后将行业类型划分为农林牧渔业、采掘业、制造业、电力煤气水生产和供应业、建筑业、交通运输仓储和邮政业、批发零售和住宿餐饮业、其他服务业 8 个行业。能源统计数据来自各样本年《中国统计年鉴》。测算出的数据如表 4 – 4 所示。

（二）对外贸易隐含碳排放量

表 4 – 4　　　　中国各行业对外贸易隐含碳排放　　（单位：亿吨标准煤）

		农林牧渔业	采掘业	制造业	电力燃气水生产供应	建筑业	交通运输仓储和邮政	批发零售和住宿餐饮	其他服务业
1997 年	EC^{EX}	0.0990	0.3648	9.0907	0.1159	0.0121	0.3079	0.4129	0.2900
	EC^{IM}	0.0970	0.7192	7.6506	0.0006	0.0248	0.0576	0.0138	0.1622
	EC^{NX}	0.0020	− 0.3544	1.4401	0.1153	− 0.0127	0.2503	0.3991	0.1279

① 黄敏、蒋琴儿：《外贸中隐含碳的计算及其变化的因素分解》，《上海经济研究》2010 年第 3 期，第 70—76 页。

		农林牧渔业	采掘业	制造业	电力燃气水生产供应	建筑业	交通运输仓储和邮政	批发零售和住宿餐饮	其他服务业
2000 年	EC^{EX}	0.1284	0.2766	11.0065	0	0.0101	0.3554	0.4168	0.2845
	EC^{IM}	0.1193	1.1019	9.6383	0	0.0167	0.0735	0.0193	0.2029
	EC^{NX}	0.0092	−0.8252	1.3682	0	−0.0066	0.2818	0.3975	0.0816
2002 年	EC^{EX}	0.0895	0.2654	11.9161	0.0965	0.0370	0.5569	0.6430	0.4560
	EC^{IM}	0.1286	0.9879	11.5596	0.0200	0.0282	0.1120	0.0009	0.3286
	EC^{NX}	−0.0391	−0.7225	0.3565	0.0765	0.0088	0.4449	0.6422	0.1275
2005 年	EC^{EX}	0.1141	0.3744	28.2356	0.0776	0.0721	1.1816	0.9928	0.6399
	EC^{IM}	0.3274	1.9655	25.0175	0.0306	0.0450	0.7752	0.1897	0.6223
	EC^{NX}	−0.2133	−1.5911	3.2182	0.0470	0.0271	0.4064	0.8031	0.0176
2007 年	EC^{EX}	0.1029	0.2779	32.9843	0.0948	0.1258	1.2918	0.8175	0.7075
	EC^{IM}	0.3598	4.4892	22.6548	0.0262	0.0681	0.3537	0.0902	0.6617
	EC^{NX}	−0.2568	−4.2113	10.3295	0.0686	0.0577	0.9381	0.7273	0.0457
2009 年	EC^{EX}	0.1271	0.3129	34.9765	0.1017	0.1541	1.6683	1.1676	0.9206
	EC^{IM}	0.4441	5.0545	24.0232	0.0281	0.0834	0.4568	0.1288	0.8611
	EC^{NX}	−0.3171	−4.7416	10.9533	0.0736	0.0707	1.2115	1.0388	0.0595

注：根据历年中国投入产出表数据整理得到。

五 纳入中国工业能源消费碳排放的低碳经济水平测度

（一）中国低碳经济综合评价指标体系

发展低碳经济不仅仅是减少碳排放量，低碳经济发展水平是复合型指标，而非单一指标。"低碳经济"一词最早出现于 2003 年英国能源白皮书《我们能源的未来：创建低碳经济》。发展低碳经济，就是在消耗更少的自然资源、最大程度地降低环境污染的情况下获得更多的经济产出，它为发展、应用和输出先进技术创造了机会。庄贵阳认为，低碳经济的实质是能源效率和清洁能源结构问题，并从低碳产出、低碳消费、低碳资源及低碳政策四个方面构建了低碳经济综合评价指标体系[1]，付加锋等在以上四个方面的基础上增加了低碳环境的指标[2]。这套评价指标体系已被运用于吉林市的低碳发展实践中。齐培潇和郝晓燕等从二氧化碳的主要排放源出发，构建了由能源结构、交通部分支撑、工业发展水平、农业发展水平、技术水平支撑和居民生活方式六个方面组成的低碳经济发展水平评价体系[3]。

　　衡量一个国家或经济体的低碳经济发展水平，主要判断其资源禀赋、技术水平及消费方式方面是否具备低碳发展的潜力。构建低碳经济综合指标体系的关键在于体现一国或地区的节能减排潜力。中国社会科学院城市发展与环境研究所构建的低碳经济综合评价体系具有较好的理论基础，本文借鉴该综合评价体系，并对其二三级指标进行拓展，增加了一些反映中国现阶段节能减排潜力的指标，如中国煤炭占一次能源消费比重、服务业产值占 GDP 比重等。由此，本文从低碳产出、低碳消费、低碳资源及低碳制度四个方面评价中国低碳经济发展水平，具体指标见表 4 - 5。

表 4 - 5　　　　　　低碳经济发展水平综合评价指标体系

一级指标	二级指标	三级指标
低碳产出	碳排放效率	碳生产率（X1）
		碳排放弹性系数（X2）
		能源加工转换效率（X3）
	碳排放产业分布	工业碳排放强度（X4）
		高碳行业（钢材、水泥、电力、建筑、交通）碳排放强度（X5）
		服务业碳排放强度（X6）
低碳消费	人均碳排放程度	人均碳排放量（X7）
		人均生活碳排放量（X8）

----

　　① 庄贵阳、潘家华、朱守先：《低碳经济的内涵及综合评价指标体系构建》，《经济学动态》2011 年第 1 期，第 132—136 页。

　　② 付加锋、庄贵阳、高庆先：《低碳经济的概念辨识及评价指标体系构建》，《中国人口·资源与环境》2010 年第 20 卷第 8 期，第 38—43 页。

　　③ 齐培潇、郝晓燕、乔光华：《中国发展低碳经济的现状分析及其评价指标的选取》，《干旱区资源与环境》2011 年第 25 卷第 12 期，第 1—7 页。

一级指标	二级指标	三级指标
低碳资源	能源结构	非化石能源占一次能源消耗的比例（X9）
		煤炭占能源消耗的比例（X10）
		单位能源的碳排放系数（X11）
	森林碳汇能力	单位碳的森林密度（X12）
		人均森林面积（X13）
		森林覆盖率（X14）
低碳制度	环境规制	环境污染治理投资额（X15）

（二）研究方法和数据

1. 研究方法

本书中所构建的低碳经济综合评价指标体系共涉及15个三级指标，由于指标之间可能存在相关性，对应的数据所提供的信息可能发生重叠，因此需要采用降维的思想将所有指标的信息用少数几个指标来反映，在低纬空间将信息分解为互不相关的部分，以获得更有意义的解释。主成分分析法是通过采用投影方法来实现数据降维，在损失较少数据信息的情况下将多个指标转化为几个具有代表意义的综合指标的一种方法。与层次分析法、专家咨询法以及灰色综合评价法等相比，该方法能够避免评价者人为主观因素的影响，是一种较为客观的分析方法。本文运用主成分分析法综合多个指标的信息，得到低碳经济发展水平综合指数，以反映历年来中国低碳经济发展水平的变化。

2. 数据来源

关于表4-5所示的15个三级指标，需要作如下说明：

（1）碳生产率。该指标是GDP与碳排放量的比值。碳排放量的测算方法是，首先将各种能源的消耗量根据折标准碳系数转换为相同热当量的标准煤量，再乘以《IPCC国家温室气体排放清单指南》（2006）中各能源对应的碳排放系数。

（2）碳排放弹性系数。该系数为脱钩系数，是碳排放增长率与GDP增长率的比值。

（3）碳排放强度。该指标是某行业碳排放量与相应行业总产值的比值。

（4）单位能源的碳排放系数。该指标是指能源消费碳排放总量与能源消费总量的比值。

（5）单位碳的森林密度。该指标是森林面积与能源消费碳排放总量的比值。除了碳排放系数来自《IPCC 国家温室气体排放清单指南》（2006）外，三级指标数据的计算所涉及的其他数据均来自 1986—2010 年《中国统计年鉴》和《中国能源统计年鉴》各期。

本部分对各指标数据进行正向化和无量纲化处理，即运用倒数变换法对逆向指标进行正向处理，运用 Z - Score 法对各指标原始值进行无量纲化处理。研究数据的时间跨度为 1985—2009 年。

（三）中国低碳经济综合评价指数

1. 主成分分析与特征根检验

运用 SPSS 17.0 统计软件得到主成分分析的总方差分解表以及各主成分的特征根（见表 4 - 6）。由表 4 - 6 可知：Bartlett 球度检验的计量为 875.680，相应概率为 0.000，可认为相关系数矩阵与单位阵存在显著差异；KMO 检验值为 0.759，对照 Kaiser 提出的 KMO 度量标准，可推知原有变量适合作主成分分析。从原有变量的相关系数矩阵的特征根来看，主成分 F1 和 F2 的特征根分别为 11.480 和 1.653，两个主成分累积方差贡献率为 87.557%，因此提取这两个主成分基本能反映全部指标的信息，可用这两个新变量替代原来的 15 个三级指标对应的变量。

表 4 - 6　　　　　　　　　　总方差分解表

成分	初始特征值			提取平方和载入			主成分分析检验		
	合计	方差贡献率（%）	累积方差贡献率（%）	合计	方差贡献率（%）	累积方差贡献率（%）	KMO 检验	Bartlett 球度检验	Sig
F_1	11.480	76.536	76.536	11.480	76.536	76.536	0.759	875.680	0.000
F_2	1.653	11.020	87.557	1.653	11.020	87.557			

2. 主成分函数与主成分综合函数

通过计算得到下列表 4 - 7 中的前两个主成分的得分系数矩阵，得到 F1 和 F2 的函数表达式：

$$F_1 = 0.291X_1 + 0.026X_2 + 0.235X_3 + 0.291X_4 + 0.271X_5 + 0.292X_6$$
$$- 0.266X_7 + 0.270X_8 + 0.279X_9 + 0.273X_{10} + 0.233X_{11} - 0.214X_{12}$$
$$+ 0.281X_{13} + 0.288X_{14} + 0.241X_{15} \qquad (4.20)$$

$$F_2 = 0.093X_1 + 0.533X_2 - 0.222X_3 + 0.093X_4 + 0.196X_5 - 0.047X_6$$
$$+ 0.289X_7 + 0.251X_8 - 0.055X_9 + 0.200X_{10} + 0.413X_{11}$$
$$+ 0.460X_{12} - 0.078X_{13} - 0.082X_{14} - 0.158X_{15} \qquad (4.21)$$

在主成分综和函数表达式的基础上，以该主成分的特征根占全部特征根之和的比例为权数，对两个主成分进行加权综合，可获得如下主成分综合函数：

$$F = 0.266X_1 + 0.090X_2 + 0.177X_3 + 0.266X_4 + 0.262X_5 + 0.249X_6$$
$$- 0.196X_7 + 0.268X_8 + 0.237X_9 + 0.264X_{10} + 0.256X_{11}$$
$$- 0.129X_{12} + 0.236X_{13} + 0.241X_{14} + 0.191X_{15} \qquad (4.22)$$

表 4 - 7　　　　　　　　　　　主成分得分系数矩阵

指标	F_1	F_2	指标	F_1	F_2	指标	F_1	F_2
X_1	0.291	0.093	X_6	0.292	- 0.047	X_{11}	0.233	0.413
X_2	0.026	0.533	X_7	- 0.266	0.289	X_{12}	- 0.214	0.460
X_3	0.235	- 0.222	X_8	0.270	0.251	X_{13}	0.281	- 0.078
X_4	0.291	0.093	X_9	0.279	- 0.055	X_{14}	0.288	- 0.082
X_5	0.271	0.196	X_{10}	0.273	0.200	X_{15}	0.241	- 0.158

3. 中国低碳经济发展水平综合指数

将 1985—2009 年经过标准化处理的各有原有变量数据分别代入上述式（4.20）及式（4.22），可获得历年的各主成分得分值和低碳经济发展水平综合指数值（见表 4 - 8）。1985—2009 年中国低碳经济发展水平的变化趋势如图 4 - 2 所示。

表 4 - 8　　1985—2009 年中国各主成分得分和低碳经济发展水平综合指数

年份	F_1	F_2	F	年份	F_1	F_2	F
1985	- 4.709	0.449	- 4.060	1998	0.867	0.548	0.827
1986	- 4.584	- 0.157	- 4.027	1999	1.665	3.693	1.920
1987	- 4.395	- 0.119	- 3.857	2000	2.679	1.935	2.585
1988	- 4.158	- 0.084	- 3.646	2001	3.165	2.225	3.047
1989	- 4.046	- 0.266	- 3.570	2002	3.182	1.651	2.989
1990	- 3.834	- 0.157	- 3.371	2003	2.652	0.571	2.390

续表

年份	F_1	F_2	F	年份	F_1	F_2	F
1991	-3.561	-0.194	-3.137	2004	3.366	-0.267	2.908
1992	-3.123	-0.032	-2.734	2005	3.794	-0.976	3.194
1993	-2.381	-0.112	-2.096	2006	3.769	-1.243	3.138
1994	-1.702	0.313	-1.449	2007	4.122	-1.149	3.459
1995	-0.683	-0.791	-0.696	2008	4.187	-1.706	3.445
1996	-0.739	-0.860	-0.754	2009	4.508	-1.646	3.734
1997	-0.041	-1.625	-0.240				

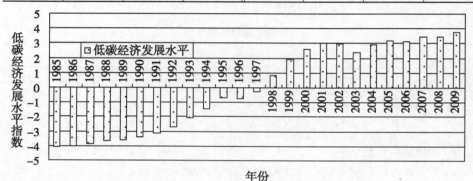

图 4 - 2　1985—2009 年中国低碳经济发展水平的变化趋势

从表 4 - 8 和图 4 - 2 可看出，中国低碳经济发展水平整体上呈稳步上升态势，说明此期间中国经济发展处于低碳化进程中。从增速的角度进一步观察可发现，1989 年以前增幅平缓；1989—2001 年增速明显提升，年均增幅高达 0.441；2001—2006 年间，除 2003 年明显下降外，其余年份基本保持平稳；2006 年后重新呈上升趋势，年均升幅达 0.198。此外，1997—1998 年为中国低碳经济变化的转折点——低碳经济发展水平综合指数在此期间由负值转变为正值。

上述变化趋势是 1989 年以来党中央实施一系列积极的环境保护政策的结果。自 1988 年第一次世界气候大会明确提出全球碳减排目标以来，1989 年第七届全国人民代表大会常务委员会第十一次会议通过《中华人民共和国环境保护法》，确定了环境保护的政府职责，这有力地促进了中国对环境污染的控制与生态保护。被纳入国民经济和社会发展"八五"、"九五"规划的环境保护计划均具有较强的可操作性，其中国家在"九五"规划中推出了全国主要污染物排放总量控制计划和跨世纪绿色工程规划两大重要举措。"十五"期间，粗放式的经济增长模式导致中国能源资源消耗过大、环境污染加剧等。据世界银行测算，2003 年中国环境污染与生态破坏造成的损失曾一度占 GDP 的 15%，而当年 GDP 的增幅仅为 10%。针对"十五"期间存在的突出问题，"十一五"规划中提出了主要污染物排放总量减少 10%、能源强度降低 20% 的减排目标，并将减排指标上升为具有法律效力的强制性约束指标并纳入地方政府的政绩考核范畴，这体现出党中央对环境保护的高度重视与决心。2007 年，党的十七大将"建设生态文明，基本形成节约能源资源和保护生态环境的产业结构、增长方式、消费方式"列入全面建设小康社会的奋斗目标，并在同年出台了"中国应对气候变化国家方案"以及"可再生能源中长期发展规划"。以上这些政策措施促进了中国经济在资源、环境约束下的可持续发展。

第三节　中国工业能源消费碳排放驱动因素的测度

工业部门作为主要碳排放源，1998 年后二氧化碳排放总量从 141396 万吨跃升至 2010 年的 274228 万吨，升幅达 93.94%；而与此同时，按 1998 年不变价衡量的国有及规模以上工业企业总产值从 1998 年的 66516 亿元快速增长到 2010 年的 606955 亿元，增长达 812.49%。值得关注的是，二氧化碳排放的升幅远低于工业总产值的增幅，这表明必定存在一些有利于二氧化碳减排的积极因素。为有效控制温室气体排放，"十二五"《规划纲要》提出中国要充分发挥技术进步的作用，综合运用调整产业结构和能源结构、节约能源和提高能效等多种手段。由此可见，低碳技术进步是中国二氧化碳的中长期减排的关键。除低碳技术进步以外，工业产业结构方面存在的高碳产业"锁定效应"可能也是当前影响中国工业二氧化碳减排的主要因素之一。考察低碳技术进步与工业产业结构调整对中国 36 个工业行业二氧化碳减排的贡献程度，有利于为制定合理的环境政策提供相应的科学依据，以缓解中国工业二氧化碳减排动力不足的压力与困境。

目前基于不同种类模型的环境效应分解研究，其中基于环境效用模型的碳排放分解方面，薛智韵（2011）[①] 直接运用 Levinson（2009）[②] 方法从

①　薛智韵：《中国制造业 CO_2 排放估计及其指数分解分析》，《经济问题》2011 年第 3 期。

②　Levinson A., Technology, International Trade and Pollution from US Manufacturing, *American Economic Review*, 2009（5），pp. 2177–2192.

规模、结构与技术三方面的效应度量了碳排量，而后者只是将技术效应简单地视为规模效应与结构效应的剩余，缺少对技术效应的进一步区分。由此可见，现有研究存在三个方面的不足：一是对技术进步的环境效应考察较为宽泛，没有对不同类型的技术效应进行细分，本文尝试拓展环境效应分解模型，进一步细分反映化石能源碳排放强度变化的环保技术效应与反映化石能源强度变化的生产技术效应；二是在定量分析过程中主要考察各因素的直接影响效应，没有体现其间接影响效应；三是以往在考察结构效应与技术效应时将工业总产值视为不变，忽略了随工业规模增长的动态效应。

因此，本节以此为切入点，在环境效应分解模型的基础上，细化不同类型的技术进步，并将拓展后的模型处理为差分模型，将碳排放变动的环境效应分解为规模效应、结构效应、环保技术效应、生产技术效应、混合技术效应、结构生产技术效应、结构环保技术效应以及整体效应等因素，运用 1998—2010 年中国工业行业面板数据，对工业行业二氧化碳排放的驱动因素进行测度，探讨碳减排技术进步与工业产业结构调整以及相关因素在中国工业行业二氧化碳减排过程中的作用。由于涉及结构调整的碳排放效应因样本选择的差异仍然存在较多的分歧，为此，本文将从整体、不同时间段、不同碳排放水平组别的多重角度进行综合考察，以期对现有研究进行补充。

一　环境效应分解模型的拓展

借鉴 Grossman 和 Krueger（1991）[1] 的思路，以及 Copeland 和 Taylor（2003）[2] 与 Levinson（2009）[3] 在此思路基础上构建的环境效应分解模型，对工业能源消费碳排放总量分解如下：

$$C = \sum_{i=1}^{n} c_i = \sum_{i=1}^{n} v_i z_i = V \sum_{i=1}^{n} \theta_i z_i \qquad (4.23)$$

式（4.23）中，n 为行业数，C 为工业能源消费碳排放总量，c_i 表示行

①　Grossman G. M., A. B. Krueger, Environmental Impact of A North American Free Trade Agreement, *NBER Working Paper*, 1991.

②　Copeland B. R., Taylor M. S., Trade, Growth and the Environment, *NBER Working Paper*, 2003.

③　Levinson A., Technology, International Trade and Pollution from US Manufacturing, *American Economic Review*, 2009 (5), pp. 2177 –2192.

业 i 的能源消费碳排放量；V 为工业总产值，v_i 表示行业 i 的产值，θ_i 表示行业 i 的产值占工业总产值的比重，即 $\theta_i = v_i/V$；z_i 表示行业 i 的碳排放强度，即 $z_i = c_i/v_i$。模型（4.23）对技术进步的碳排放效应的考察较为宽泛，为进一步细分不同类型的技术进步对碳排放的影响机制与效用，将模型（4.23）中的 z_i 拓展如下：

$$z_i = \frac{c_i}{v_i} = \frac{c_i}{e_i} \cdot \frac{e_i}{v_i} \qquad (4.24)$$

式（4.24）中，e_i 表示行业 i 的能源消费量，将式（4.24）代入式（4.23）可得：

$$C = V \sum_{i=1}^{n} \theta_i \cdot \frac{c_i}{e_i} \cdot \frac{e_i}{v_i} = V \sum_{i=1}^{n} \theta_i \cdot EP_i \cdot EI_i \qquad (4.25)$$

可见，式（4.25）将 z_i 分解为 EP_i 和 EI_i 两部分，其中，$EP_i = c_i/e_i$，代表行业 i 的能源消费碳排放强度，与行业 i 内部的能源消费结构和各种能源的碳排放系数有关，反映行业 i 的环保技术效应；$EI_i = e_i/v_i$，代表行业 i 的能源消费强度，反映行业 i 的生产技术效应。

在模型拓展的基础上，运用 Levinson（2009）[①] 的微分方法对模型（4.25）进行微分处理可分解为规模效应、结构效应、环保技术效应以及生产技术效应四个部分，能反映各因素的直接效应；然而，在结构效应、环保技术效应与生产技术效应的估算中将工业总产值视为一个常量，未能反映其效应随工业产值增长的动态变化，可能导致对各环境效应的低估，且微分方法仅适用于连续序列样本，因此，本文将模型处理为差分模型如下：

$$
\begin{aligned}
\Delta C = &\sum_{i=1}^{n} \theta_i \cdot EP_i \cdot EI_i \cdot \Delta V + (V + \Delta V) \sum_{i=1}^{n} EP_i \cdot EI_i \cdot \Delta \theta_i \\
&+ (V + \Delta V) \sum_{i=1}^{n} \theta_i \cdot EI_i \cdot \Delta EP_i + (V + \Delta V) \sum_{i=1}^{n} \theta_i \cdot EP_i \cdot \Delta EI_i \\
&+ (V + \Delta V) \sum_{i=1}^{n} \theta_i \cdot \Delta EP_i \cdot \Delta EI_i + (V + \Delta V) \sum_{i=1}^{n} EP_i \cdot \Delta \theta_i \cdot \Delta EI_i \\
&+ (V + \Delta V) \sum_{i=1}^{n} EI_i \cdot \Delta \theta_i \cdot \Delta EP_i + (V + \Delta V) \sum_{i=1}^{n} \Delta \theta_i \cdot \Delta EP_i \cdot \Delta EI_i
\end{aligned}
$$

$$(4.26)$$

---

① Levinson A., Technology, International Trade and Pollution from US Manufacturing, *American Economic Review*, 2009（5），pp. 2177 – 2192.

其中，等式（4.26）右边的第一项表示规模效应（GM），即在产业结构和技术水平与基期相比保持不变时，工业经济规模的变动导致碳排放总量的变化；第二项表示结构效应（JG），即随着工业总产值的增长，在技术水平与基期相比保持不变时，产业结构的调整所引起的碳排放总量的变动；第三项表示环保技术效应（HJ），即工业总产值的增加，在产业结构和生产技术与基期相比保持不变时，环保技术水平的变化引起的碳排放总量的改变；第四项表示生产技术效应（SJ），即随着工业总产值的增长，在产业结构和环保技术与基期相比保持不变时，生产技术的变动导致的碳排放总量的变动。上述前四项均为规模、结构、环保技术与生产技术因素对环境的直接影响，而后四项体现了各因素对环境的间接影响，如第五项表示混合技术效应（HS），即随着工业总产值的增加，在产业结构与基期相比不变时，技术（包括环保技术和生产技术）变化所导致的碳排放总量的变化；第六项表示结构生产技术效应（JS），即随着工业总产值的增长，在环保技术与基期相比保持不变时，产业结构和生产技术的同时变动引起的碳排放总量的变动；第七项表示结构环保技术效应（JH），即随工业总产值的增加，在生产技术与基期相比不变时，产业结构和环保技术的同时变动对碳排放总量的影响；最后一项表示整体效应（ZT），即随着工业总产值的增长，产业结构与技术的同时变动对碳排放总量的改变。

经过对模型（4.23）的拓展与差分处理得到模型（4.26），弥补了以往研究的三方面不足：一是将碳减排技术区分为环保技术与生产技术，细化了不同类型的环境技术进步在工业碳减排中的作用；二是考察了随工业经济规模增长，各因素变化的环境动态效应，而以往在估算结构效应和技术效应时未考虑工业经济规模的变化；三是在考虑各因素的环境直接效应基础上，对各因素对环境的间接影响也进行了定量分析。

二 规模效应、结构效应、技术效应的测度：描述统计

1. 数据来源描述统计

来自《中国统计年鉴》中的分行业工业总产值数据均为当年价格的名义值，而在运用模型进行比较分析时应消除价格波动带来的影响，本文利用各种公布数据推算了相应工业产业的价格指数，并利用该指数对1998—2010年工业分行业总产值进行了价格平减（"1998年" = "100"）。具体

过程为，2002—2010 年工业分行业价格指数主要利用历年的《中国统计年鉴》中"按行业分的工业品出厂价格指数"得到，1998—2001 年的价格指数通过历年《中国工业经济统计年鉴》中分行业工业总产值的当年价与不变价的换算得到。各行业碳排放量的估算方法参考《2006 年 IPCC 国家温室气体清单指南》。

2. 描述统计

在以上构造的工业行业面板数据的基础上，按 1998 年不变价估算，对 1998—2010 年的工业碳排放与总产值的变化趋势进行比较，从图 4 - 3 可以粗略看出，以 2005 年为分水岭，2005 年之前两者变化趋势大体保持一致，而 2005 年之后工业碳排放与工业总产值变动走势出现背离，说明有利于工业碳减排的积极因素的影响力在 2005 年后明显增强。具体来看，36 个工业总产值增长率除 2005 年略低以外其余年份均明显高于工业碳排放增长率，大多数年份保持在 15% 以上的增长率，尤其在 2004 年增长较快，增长率接近 50%，而工业碳排放增长率大体上呈现先上升后下降的变化趋势，2001—2004 年大幅上升至增长率达 20% 以上，2004 年后增速持续下降，尤其在 2009—2010 年工业总产值增速加快的情况下，同期工业碳排放总量反而显著下降。

为了进一步检验不同碳排放水平行业组的影响因素，本文按 1998—2010 年的平均碳排放由低到高的排序将 36 个工业行业区分为高、中、低三个碳排放行业组（每组 12 个工业分行业），将平均碳排放小于 700 万吨的行业划分为低排放行业组，界于 700 万—2100 万吨的行业划分为中排放行业组，高于 2100 万吨的行业划分为高排放行业组，每组数据的描述性统计如表 4 - 9 所示。

表 4 - 9　　　　　　　　　　分组描述性统计

变量		V（亿元）	E（万 tce）	C（万 t）	θ（%）	EP（万 t/万 tce）	EI（万 tce/亿元）
低排放组	均值	1980	139	334	0.84	2.49	0.19
	标准差	2088	102	227	0.64	0.19	0.31
	最小值	103	28	74	0.10	1.89	0.01
	最大值	11919	398	1064	3.03	2.86	2.00

续表

变量		V（亿元）	E（万 tce）	C（万 t）	θ（%）	EP（万 t/万 tce）	EI（万 tce/亿元）
中排放组	均值	9134	481	1255	3.52	2.61	0.19
	标准差	14140	189	472	3.61	0.11	0.21
	最小值	328	160	508	0.28	2.31	0.01
	最大值	87147	1073	2661	15.97	2.74	0.93
高排放组	均值	9658	5963	15644	3.98	2.58	0.80
	标准差	8700	7859	21691	1.88	0.25	0.71
	最小值	1189	588	1626	0.48	1.90	0.04
	最大值	37220	41669	114617	7.08	2.95	3.35

注：低排放行业组为：水的生产和供应业，家具制造业，文教体育用品制造业，仪器仪表及文化、办公用机械制造业，印刷业和记录媒介的复制，皮革、毛皮、羽毛（绒）及其制品业，有色金属矿采选业，烟草制品业，纺织服装、鞋、帽制造业，黑色金属矿采选业，通信设备、计算机及其他电子设备制造业，燃气生产和供应业；中排放行业组为：塑料制品业，木材加工及木、竹、藤、棕、草制品业，橡胶制品业，电气机械及器材制造业，非金属矿采选业，医药制造业，饮料制造业，金属制品业，专用设备制造业，化学纤维制造业，食品制造业，交通运输设备制造业；高排放行业组为：农副食品加工业，通用设备制造业，造纸及纸制品业，纺织业，有色金属冶炼及压延加工业，电力、热力的生产和供应业，石油和天然气开采业，煤炭开采和洗选业，石油加工、炼焦及核燃料加工业，非金属矿物制品业，化学原料及化学制品制造业，黑色金属冶炼及压延加工业。

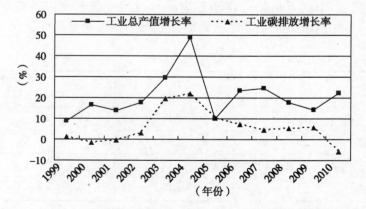

图 4-3　1999—2010 年中国工业总产值与工业碳排放增长率动态变化

表4-9的显著特征是，高排放组的碳排放、能源消费及其强度的均值比中低排放组要高很多，且高中排放组的工业总产值、工业行业产值比重的均值与低排放组相比差异较大，而不同组别的能源消费碳排放强度的变化很小。显然，对于高排放组而言，能源消费及其强度、工业规模及其内部结构是影响碳排放水平的主要因素，尤其是碳排放始终处于最大值的黑色金属冶炼及延压加工业；对于中排放组而言，工业规模及其内部结构是碳排放变动的主导因素，而能源消费碳排放强度的影响不明显。从行业分布来看，除了按排放分组的工业总产值与行业产值比重以外，较高排放组的碳排放、能源消费及其强度、能源消费碳排放强度的变化程度高于较低水平组，如高排放组的碳排放与能源消费变化的差异最为悬殊，最大值与最小值均相差70倍以上。由以上不同排放组别影响因素的存在的差别，可以初步认为，一般碳排放水平越高的工业行业，工业经济规模变动、行业生产技术的改进对其碳排放水平的影响越大。

三　规模效应、结构效应、技术效应的测度：不同时间段

为了使结论更具可比性，本文以1998年为基期，其他年份均为相对于1998年的变化量，本文给出了碳排放水平的变化值以及各种效应对碳排放贡献率的动态变化累积值，并增加了对2000—2005年与2005—2010年两个时间段的考察，分别反映了中国"十五"、"十一五"期间的碳减排效应。

表4-10　　　　　　　　不同时间段工业碳排放变动的环境效应分解

年份	ΔC	GM	JG	HJ	SJ	HS	JS	JH	ZT
	(万t)	(%)	(%)	(%)	(%)	(%)	(%)	(%)	(%)
1998—1999	1750	726.96	-14.29	-20.91	-577.74	2.66	-17.52	0.72	0.12
1998—2000	-213	-17838.02	837.46	645.72	16060.03	-121.71	534.63	-12.02	-6.10
1998—2001	-1017	-6188.43	184.23	169.95	5901.48	-46.03	89.40	-10.92	0.32
1998—2002	3521	2810.29	-256.88	-64.40	-2459.14	21.06	44.57	-5.40	-0.90
1998—2003	31975	533.02	-46.20	-3.89	-392.46	0.94	7.46	1.54	-0.41
1998—2004	69750	462.37	-23.16	0.16	-341.71	-0.41	2.17	0.78	-0.21
1998—2005	91312	403.03	-28.41	0.30	-282.25	-0.34	6.78	1.44	-0.56

年份	ΔC	GM	JG	HJ	SJ	HS	JS	JH	ZT
	(万 t)	(%)	(%)	(%)	(%)	(%)	(%)	(%)	(%)
1998—2006	108024	452.02	-34.72	-0.99	-329.22	0.46	11.50	1.59	-0.64
1998—2007	119781	537.04	-39.64	-9.27	-409.24	5.60	14.81	0.93	-0.23
1998—2008	134091	583.89	-52.92	-11.87	-448.84	7.60	21.23	0.64	0.27
1998—2009	149501	610.82	-45.53	-11.15	-480.71	7.33	18.37	0.31	0.56
1998—2010	132832	864.87	-84.53	6.16	-729.60	-4.05	45.24	2.01	-0.10
2000—2005	91525	283.88	-20.22	3.55	-171.19	-1.70	5.22	0.54	-0.09
2005—2010	41520	859.06	-64.12	16.01	-703.89	-6.16	-0.15	-1.96	1.21

从表 4 - 10 可以看出，1998—2010 年，中国工业碳排放总量持续上涨，其涨幅在 1998—2004 年间保持稳步上升，而在 2004 年后逐步放缓，甚至在 2009—2010 年出现总量减少的趋势。13 年间工业碳排放变动 132832 万吨，从大多数时间段各环境效应的贡献率来看，能明显促进碳排放减少的有利因素分别为结构效应（JG）与生产技术效应（SJ），而工业规模效应（GM）与结构生产技术效应（JS）显著促进了工业碳排放的增长。此外，环保技术效应（HJ）、环保生产技术效应（HS）、结构环保技术效应（JH）以及整体效应（ZT）对碳排放的影响不显著。进一步对碳排放有明显影响的各环境效应进行分析发现如下特征：

第一，2002 年以前各环境效应对工业碳排放的影响不确定。主要原因在于 20 世纪 90 年代末至 21 世纪初，国有企业体制改革导致了 10 万多家能源密集型企业陆续关停并转，各环境效应的变化波动较大，难以从中发现稳定的变化趋势。

第二，工业经济规模是导致工业碳排放快速增长的主导因素。2002—2010 年间规模效应对碳排放增长的累积贡献率保持稳步上升的趋势。自 2003 年人均 GDP 超过 1000 美元后，中国进入重化工业加速发展的工业化中期阶段，工业尤其是重化工业的主导地位增强，而且中国的重化工业化初期的推进方式具有明显的粗放式特征，进而导致工业能源消费与碳排放的快速增长。

第三，生产技术效应能显著降低工业碳排放。2002—2010 年间生产技术效应对工业碳减排的累积贡献率历经下降—上升两个阶段，从 2002 年的 – 2459.14% 降至 2005 年的 – 282.25%，随后又回升至 2010 年的 – 729.60%，这说明生产技术效应对碳减排的促进作用在 2002—2005 年间逐步弱化，而在 2005—2010 年间不断增强。可能的原因在于，"十五"期间中国重化工业粗放型增长模式带来的能源无度消耗，忽视了有利于节约能源、能源利用效率提升的技术创新与运用，为解决这一突出问题，"十一五"期间中国能源强度下降 19%，实现节能达 6.3 亿吨左右，其中技术因素占总节能的 69%（齐晔，2011）[1]，具体表现为低碳技术装备的国产化率明显提高，多项成本较低的低碳技术得到了广泛运用。此外，通过比较各环境效应累积贡献率的绝对值可以发现，生产技术效应对碳排放变动的影响程度仅次于工业规模，说明环境技术的改进（即能源强度的降低）是降低工业碳排放水平的主导因素。

第四，结构效应有利于工业碳排放水平的降低。与生产技术效应相比，2002—2010 年间结构效应对工业碳减排的累积贡献率同样历经下降—上升两个阶段，由 2002 年的 256.88% 降至 2004 年的 23.16%，随后增加到 2010 年的 84.53%，说明结构效应对碳减排的积极作用在 2002—2004 年间趋于弱化，而在 2004—2010 年间不断增强。高能耗、高排放的行业一般集中于重化工业行业，如上文所述，"十五"期间粗放型的工业化增长模式，导致重化工业比重的提升必然带来能源消费与碳排放水平的增长，而在"十一五"期间所实现的 6.3 亿吨左右节能总量中，结构因素占到了 23%（齐晔，2011）[2]，表现为高能耗行业增加值比重有所下降，有利于碳排放水平的降低。此结论与薛智韵（2011）[3] 的结论相反，区别主要来自估算方法的差异，本文的估算是在考虑工业经济规模增长的条件下相对于 1998 年的累加值，而后者是在假定工业经济规模始终保持不变的前提下，当前相对于前一期的结构变动对碳减排的影响，比较而言，本文估算方法更具可比性与准确性。

第五，环保技术效应大多数年份有利于工业碳排放水平的降低，但作用并不明显。中国能源资源禀赋以煤炭为主，占一次能源消费比重的 70% 左右；其次为石油，能源结构的调整受到自然资源禀赋的制约，而且长期

---

[1]　齐晔：《"十一五"中国经济的低碳转型》，《中国人口·资源与环境》2011 年第 10 期。

[2]　同上。

[3]　薛智韵：《中国制造业 CO_2 排放估计及其指数分解分析》，《经济问题》2011 年第 3 期。

以来形成的以煤炭为主的能源消费结构的调整还涉及能源相对价格、消费习惯的调整,因此,短期内能源消费结构调整的空间极为有限。

第六,结构生产技术效应对碳排放存在明显的促进作用。结构生产技术效应从 2003 年的 7.46% 升至 2010 年的 45.24%,主要是由工业产业结构与生产技术变化不同步所导致的,可能的原因在于,中国低碳技术基础薄弱,工业节能技术的提升可能更多地集中在碳排放较高的行业,因此,低碳产业产值比重的提高并不必然伴随相应产业能源强度的下降,为此,需要进一步按工业行业碳排放水平进行分组分析。

换个角度来看,我们对各环境效应进行累加,可以发现,有利于碳减排的积极效应与环境负面影响效应均随时间的推移而逐步增强,如图 4-4 所示。以对环境有较大影响的规模效应与生产技术效应为例,规模效应促使碳排放增长的累加值从 1999 年的 12718 万吨增至 1148830 万吨,而生产技术效应使碳排放下降的累加值从 1999 年的 -10108 万吨增至 2010 年的 -969143 万吨。同样,也可以对 2000—2005 年与 2005—2010 年两个时间段的环境效应进行比较,"十五"期间的规模效应与生产技术效应对环境效应的累加值分别为 259823 万吨、-156679 万吨,而"十一五"期间两者的累加值分别达 356685 万吨、-292258 万吨。

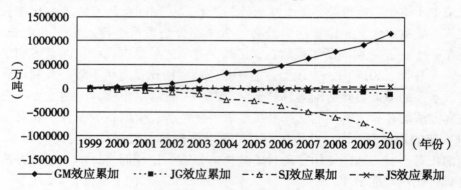

图 4-4　1999—2010 年中国工业碳排放环境效应累加值动态变化

四　规模效应、结构效应、技术效应的测度:不同碳排放组别

如前所述,工业内部产业结构调整与生产技术水平变化的不同步,可能导致结构生产技术效应无法带来碳排放环境的改善,因此,为深入分析其原因,有必要按行业碳排放水平进行分组比较。本文分别估算了高、中、低三个排放组别的规模效应、生产技术效应、结构效应以及结构生产

技术效应，由于 2002 年以前各环境效应波动较大，运用 2002 年后的各环境效应变化趋势进行比较，如图 4－5、图 4－6、图 4－7、图 4－8 显示。其中，规模效应、生产技术效应对中碳排放组别的工业行业碳排放变动的贡献率最大，低碳排放组别次之，而对高碳排放组别的贡献率最小；结构生产技术效应、结构效应对不同碳排放组别行业碳排放变化的影响存在差异，具体来看，中低排放组的结构生产技术效应会对工业碳减排带来负面影响，而高排放组别的结构生产技术效应则对工业碳减排有积极的促进作用，显然，高排放组与工业行业整体、中低排放组不同，其行业内部产业结构调整与生产技术改进同步变化，进一步说明生产技术改进更多地集中在高排放行业，而中低排放行业的技术创新能力明显不足，另外，中低排放组的内部产业结构调整降低了工业碳排放水平，而高排放行业组的结构调整则促进了工业碳排放水平的增长。

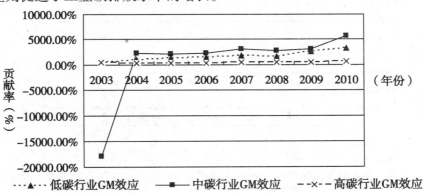

图 4－5 2003—2010 年高、中、低排放组 GM 效应贡献率

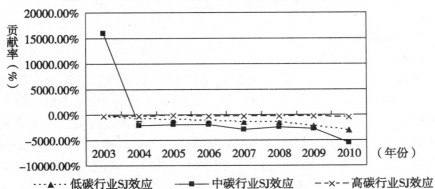

图 4－6 2003—2010 年高、中、低排放组 SJ 效应贡献率

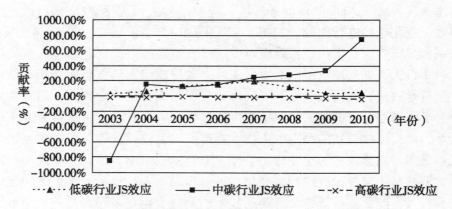

图 4 - 7 2003—2010 年高、中、低排放组 JS 效应贡献率

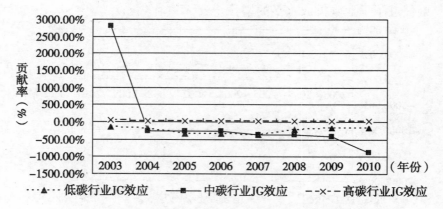

图 4 - 8 2003—2010 年高、中、低排放组 JG 效应贡献率

五 小结与启示

（一）本章小结

1998—2010 年，工业能源消费碳排放的增幅远低于工业总产值的增幅，对两者的变化趋势进行比较发现，以 2005 年为分水岭，2005 年以前，两者变动方向大体保持一致，2005 年以后变动走势出现背离，说明有利于工业碳排放环境改善的积极效应在不断增强。在此基础上，本文对工业碳排放变动的环境效应进行分解，研究发现，从样本期间工业行业整体来看，能显著降低工业碳排放的主导因素为生产技术效应与结构效应，而对工业碳减排存在明显负面影响的因素为规模效应与结构生产技术效应，环

保技术效应作用不明显。

为进一步分析工业产业结构调整与生产技术变化不同步的原因，本文进一步对高、中、低排放行业进行了分组研究。结果显示，其一，规模效应、结构生产技术效应、结构效应以及生产技术效应对中排放行业组碳排放变动的贡献率最大，低排放组次之，而高排放组贡献率最小；其二，结构效应与结构生产技术效应对不同排放组别的碳排放变动的影响存在差异，表现为中低排放组工业产业结构调整有利于工业碳排放的减少，而高排放组的影响方向相反，同时，中低排放组结构生产技术效应促进了工业碳排放增长，而高排放组的影响方向则相反。

（二）启示

1. 中国工业碳减排的关键在于低碳核心技术的创新与应用

目前中国低碳技术创新基础薄弱，要实现碳减排目标，需要 62 种低碳技术支撑，而其中 42 种为中国目前并不掌握的核心技术，接近 70% 的低碳核心技术依赖进口，对成熟技术的引进、消化、吸收、再创新的研发投入也是严重不足，从研发经费支出占 GDP 的比重来看，中国 2001—2011 年间该指标从 0.95% 增至 1.83%，年均升幅 0.08%，而大多数创新型国家该指标高达 3% 左右（王小鲁，2009）[①]，意味着中国在研发投入方面与创新型国家仍然存在较大的差距，持续提高研发投入比重是必要的。除研发投入力度有待加强以外，从研发投入效率的角度来看，对成本较低、节能效率较为突出的成熟技术的吸收与推广应用，能在较短的时间内实现碳排放水平的降低；对节约能源、提升能源利用效率的核心技术自主创新，是中长期工业碳减排实现的重点领域；对清洁能源的开发，以清洁能源结构逐步取代以煤炭主体的能源结构，是长期碳减排持续降低的潜在领域，而短期内能源结构调整的节能减排潜力有限。因此，当前的研发方向应侧重于对低碳成熟技术的吸收与应用，并不断提升低碳核心技术的自主研发能力，同时，相对于高碳排放组工业行业而言，中低碳排放组工业行业的生产技术效应对行业碳减排的贡献率更大，这意味着碳排放水平较低的工业行业的低碳技术创新与推广应用也是不容忽视的。

2. 适度控制工业结构的重型化与过度工业化倾向

重化工业化阶段是中国不可逾越的发展阶段，工业结构的重型化发展

---

① 王小鲁、樊纲、刘鹏：《中国经济增长方式转换和增长可持续性》，《经济研究》2009 年第 1 期。

将驱动工业碳排放的进一步增长。因此，为适度控制工业结构重型化的负面效应，应大力推进中低排放行业的结构调整，发挥中低排放行业结构调整的积极效应，适度控制高能耗高排放行业规模的过度增长，如控制黑色金属冶炼及压延加工业、石油和天然气开采业以及石油加工、炼焦及核燃料加工业等高排放行业的相对发展规模，尽可能将工业结构重型化的负面效应降到最低程度，实现工业结构与生态环境的协调发展。

第五章　国际技术溢出与中国工业能源消费碳排放量及强度关系的实证研究

随着中国工业化步伐的加快，以二氧化碳为主要成分的温室气体排放以及由此引发的"温室效应"等生态环境问题日益严峻。自对外承诺以来，工业部门作为国内主要碳排放源，面临着越来越大的碳减排压力。"十二五"《规划纲要》将"加强气候变化领域国际交流，在科学研究、技术研发和能力建设方面开展务实合作"作为新时期国家应对气候变化战略的核心。低碳经济中的节能减排已经上升到国家战略层面的高度。

自 2001 年中国加入 WTO 以来，伴随着中国经济高速增长的是 FDI、对外贸易规模的迅速扩大和工业碳排放的急剧增长，中国工业碳排放量从 2001 年的 139940 万吨上升到 2010 年的 274047 万吨，与此同时，FDI、对外贸易规模迅速扩大，截至 2010 年年底，中国累计吸收外资 1057.4 亿美元，突破千亿的水平，对外贸易总额达 29727.6 亿美元，接近 3 万亿美元大关。借鉴 Grossman 和 Krueger（1991）[①] 的经典分析框架，FDI、对外贸易能通过规模效应、结构效应以及技术效应等途径影响东道国生态环境，盛斌和吕越（2012）结合中国数据的研究显示，技术效应是 FDI 改善中国环境质量的根本原因，FDI 通过技术引进与扩散带来的正向技术效应超过了负向的规模效应与结构效应[②]。从技术效应途径来看，中国作为发展中国家，工业碳减排技术与跨国公司存在巨大差距，离不开发达国家的碳减排技术与金融支持。由此可知，通过低碳技术创新促进二氧化碳的中长期减排已成为人们的共识。

考虑到 FDI、对外贸易技术效应与工业碳排放的关系可能存在内生性问题或反向因果关系，表现为：其一，较宽松的环境规制（意味着更多的

---

①　Grossman G. M. , A. B. Krueger, Environmental Impact of A North American Free Trade Agreement, *NBER Working Paper*, 1991.

②　盛斌、吕越：《外国直接投资对中国环境的影响》，《中国社会科学》2012 年第 5 期。

碳排放），通常会引发地方政府在引资环境标准方面的"触底竞争"，容易吸引旨在规避东道国严格环境规制的污染密集型跨国企业，导致跨国企业的环境技术溢出程度较低，反之，在严格的环境规制条件下（意味着较少的碳排放），环境成本被纳入企业生产成本，环境技术水平直接反映企业竞争力的价值，清洁产业的跨国转移更具竞争优势，则跨国企业的环境技术溢出程度更高；其二，较宽松的环境规制常常会促进经济的粗放式增长，经济的粗放式增长又会带来更大规模的对外贸易。因此，探讨 FDI、对外贸易技术效应与工业碳排放的关系时需要对相关变量的内生性进行有效控制。

那么，FDI、对外贸易技术效应如何影响东道国碳排放环境？其作用机制是怎样的？本章在对相关变量的内生性进行有效控制的前提下，结合中国工业行业特征，分别探讨 FDI、对外贸易技术效应下不同技术溢出路径对中国工业碳排放强度影响的差异，为促进中国工业行业碳减排，制定相互有机联系的引资政策、产业政策及节能环保政策提供了合理的判断依据与政策建议。

第一节　FDI 技术溢出与中国工业能源消费碳排放强度

通过国内外相关文献的梳理可知，现有研究存在以下三个方面的不足：一是国外学者的研究成果涉及中国的较少，国内的相关成果仅有一两篇文献从 FDI 产业内技术渠道进行初步考察，而根据以往的研究显示，FDI 技术溢出更有可能通过产业间关联渠道实现；二是 FDI 技术溢出并不是随外资进入而自动产生的，而相关文献并未结合东道国工业行业特征因素进行全面考察；三是现有文献大多采用静态面板数据，没有控制有关变量的内生性问题，普通最小二乘估计和固定效应估计是有偏和非一致的，而考虑到中国各工业行业碳排放强度很可能存在滞后效应，引入动态模型滞后项可以控制滞后因素，需要分别运用一阶差分广义矩估计（DIF - GMM）与系统广义矩估计（SYS - GMM）方法对动态面板数据模型进行估计以保证结论的稳健性。因此，本节尝试在引进国外研究成果的基础上，以中国 2001—2010 年 35 个工业行业为样本，结合研发投入强度、所有制结构、行业结构等东道国工业行业特征，综合考察 FDI 水平、前向与后向技术溢出对中国工业行业碳排放强度的影响，同时使用 DIF - GMM 与

SYS – GMM 方法消除内生性问题，以期对现有研究进行延伸与补充。

一　静态模型的设定

关于衡量中国碳减排技术水平的指标，大多数国外文献常用环境管理系统（EMS）来表征环境技术水平，但环境管理系统在中国并不适用，为此，本节借鉴 Copeland 和 Taylor（2003）[①] 的做法，采用工业行业碳排放强度来表征工业碳减排技术水平，即工业行业碳排放强度越低，单位工业行业产值的二氧化碳排放量越少，则相应工业行业的碳减排技术水平越高。沿袭 Grossman 和 Krueger（1991）[②] 的思路，参考 Hubler 和 Keller（2009）[③] 的研究，将经济活动对环境的影响分解为规模效应、结构效应、技术效应三个作用机制，表述如下：

$$C = Y \cdot S \cdot T \tag{5.1}$$

其中，C 为碳排放量，Y 为产出水平，S 为行业结构，T 为碳减排技术水平。将公式（5.1）转换为行业碳排放强度 CI 如下：

$$CI = C/Y = S \cdot T \tag{5.2}$$

其中，碳减排技术水平，经由内部与外部渠道产生，内部技术渠道主要是行业自主研发，外部技术渠道主要来自 FDI 技术溢出，包括水平方向与垂直方向的技术溢出。此外，王然等（2010）的研究表明以国有企业比重度量的企业所有制结构会影响内资企业对 FDI 技术溢出效应的充分吸收与利用[④]；李小平等（2010）认为企业的规模经济有利于技术的研发与引进[⑤]。因此，关于 T 的函数设立如下：

$$T = T(RD, HS, BS, FS, SE, GM) \tag{5.3}$$

将方程（5.3）代入方程（5.2），得到：

$$CI = C/Y = S \cdot T(RD, HS, BS, FS, SE, GM) \tag{5.4}$$

---

① Copeland B. R., Taylor M. S., Trade, Growth and the Environment, *NBER Working Paper*, 2003.

② Grossman G. M., A. B. Krueger, Environmental Impact of A North American Free Trade Agreement, *NBER Working Paper*, 1991.

③ Hubler M., A. Keller, Energy Saving Via FDI? Empirical Evidence from Developing Countries, *Environment and Development Economics*, 2009, (15), pp. 59 – 80.

④ 王然、燕波、邓伟根：《FDI 对中国工业自主创新能力的影响及机制——基于产业关联的视角》，《中国工业经济》2010 年第 11 期。

⑤ 李小平、卢现祥：《国际贸易、污染产业转移和中国 CO_2 排放》，《经济研究》2010 年第 1 期。

同时考虑到内资企业吸收能力的局限性，FDI 技术溢出存在一定的滞后性（Zahra 和 George，2002）[①]，设立如下模型。

$$\ln CI_{it} = \alpha_0 + \alpha_1 \ln RD_{it} + \alpha_2 \ln RD_{i,t-1} + \alpha_3 \ln HS_{it} + \alpha_4 \ln HS_{i,t-1}$$
$$+ \alpha_5 \ln BS_{it} + \alpha_6 \ln BS_{i,t-1} + \alpha_7 \ln FS_{it} + \alpha_8 \ln FS_{i,t-1}$$
$$+ X'_{it}\beta + \lambda_i + \varepsilon_{it} \tag{5.5}$$

其中，i 表示工业行业横截面单元，$i = 1,2,\cdots,35$；t 表示时间；CI 为碳排放强度；RD 为工业行业研发投入强度；HS、BS、FS 分别为 FDI 水平技术溢出、后向技术溢出以及前向技术溢出度量指标；X 是其他控制变量，包括企业所有制结构 SE、行业结构 JG、企业规模 GM；λ_i 是不随时间变化的行业个体效应，ε_{it} 为与时间和地点无关的随机扰动项。

方程（5.5）属于分布滞后模型，即模型中解释变量中不仅包括当期值，也包括滞后值，有时会存在严重的多重共线性。消除多重共线性的常用方法包括权数法、自回归模型转换法、增加样本容量法以及剔除变量法等，由于滞后变量的权数确定需要利用先验信息，而且方程（5.5）中滞后解释变量不止一个，转换为自回归模型难度较大，因此，本文选择剔除变量法克服可能存在的多重共线性问题。此外，面板数据在运用随机效应进行估计时，要求外生变量与个体效应之间不相关，方程（5.5）较难满足这一条件，因此，本文对静态模型采用固定效应的估计方法，并通过 Hausman 检验加以验证。然而，在没有考虑内生性的情况下，对方程（5.5）进行固定效应模型估计的结果将是有偏和非一致的，此处的内生性主要表现为联立性、遗漏变量等方面。其中，联立性问题体现在，一方面，跨国公司在环境规制方面能够通过示范效应推动东道国企业实行 ISO 14001 环境管理体系，或者通过竞争效应限制东道国企业对现代化厂房、设备以及经营模式进行投资的能力，进而降低东道国企业对碳减排技术的投资，以实现 FDI 技术溢出对东道国碳排放环境的影响；另一方面，外资企业可能选择从遵守东道国政府或跨国企业本身所制定的环境标准的供应商处购买中间产品，或外资供应商选择向环境绩效较高的东道国企业出售商品，表明跨国企业通过产业供应链渠道的技术溢出更倾向实施较为严格的环境规制的东道国企业。因此，方程（5.5）中可能存在四个主要内生变量：碳排放强度、FDI 技术水平溢出、FDI 技术前向溢

① Zahra S., G. George, Absorptive Capacity: A Review, Reconceptualization and Extension, *The Academy of Management Review*, 2002, 27 (2), pp. 185 – 203.

出与 FDI 技术后向溢出。

二　动态模型的设定

方程（5.5）中很可能存在四个主要内生变量：碳排放强度、FDI 水平技术溢出、FDI 前向技术溢出与 FDI 后向技术溢出。此外，方程（5.5）可能会遗漏环境规制、各行业人力资本投入等与碳排放有关的变量，由于环境规制代理变量的测量误差以及工业行业人力资本统计数据的缺失，在方程（5.5）的构建中无法将解释变量全部列出，使得遗漏的解释变量被纳入随机扰动项，当遗漏的解释变量与模型中列出的解释变量相关时，可能会导致内生性问题。因此，本文运用 DIF – GMM 与 SYS – GMM 方法对下述动态差分模型进行估计，以消除联立性与遗漏变量带来的内生性问题。中国各工业行业的碳排放很可能存在滞后效应，在静态模型中引入被解释变量滞后项以反映动态效应，在方程（5.5）基础上设立如下动态模型。

$$\ln CI_{it} = \alpha_0 + \alpha_1 \ln CI_{i,t-1} + \alpha_2 \ln RD_{it} + \alpha_3 \ln RD_{i,t-1} + \alpha_4 \ln HS_{it}$$
$$+ \alpha_5 \ln HS_{i,t-1} + \alpha_6 \ln BS_{it} + \alpha_7 \ln BS_{i,t-1} + \alpha_8 \ln FS_{it}$$
$$+ \alpha_9 \ln FS_{i,t-1} + X'_{it}\beta + \lambda_i + \varepsilon_{it} \qquad (5.6)$$

在实证模型中引入被解释变量的滞后项会造成严重的内生性问题，即参数估计的非一致性，因此，本文采用由 Arellano 和 Bond（1991）[1] 提出，后由 Blundell 和 Bond（1998）[2] 改进的动态面板系统 GMM 估计方法，包括 DIF – GMM 与 SYS – GMM 方法进行估计，这两种方法均能在模型存在被解释变量滞后项和解释变量内生性的情况下得到一致估计量，适用于大 N 小 T 的面板数据结构，其基本思想是选取适当的工具变量，引入矩约束条件，以实现模型的有效估计，并运用工具变量过度识别检验 Sargan 检验与 Hansen 检验共同判定工具变量选择的合理性。从两者的区别来看，其一，DIF – GMM 方法采用水平值的滞后项作为差分变量的工具变量，而 SYS – GMM 方法进一步采用差分变量的滞后项作为水平值的工具变量，同时利用原始水平值的回归方程和差分回归方程，增加了可用的工具变量，提高了估计效率；其二，SYS – GMM 方法采用的滞后水平值工具变量比

---

① Arellano M., S. Bond, Some Tests of Specification for Panel Data: Monte Carlo Evidence and an Application to Employment Equations, *Review of Economic Studies*, 1991, 58（2）, pp. 277 – 297.

② Blundell R., S. Bond, Initial Conditions and Moment Restrictions in Dynamic Panel Data Models, *Journal of Econometrics*, 1998, 87（1）, pp. 115 – 143.

DIF－GMM 方法采用的一阶差分值工具变量方差更小，且少损失一个时间维度，具有较好的有限样本性质。因此，本文的模型估计可能更适合用 SYS－GMM 方法。

三　研究方法、变量与数据说明

（一）研究方法

很多文献表明，FDI 技术溢出并不是一个独立的过程，而是受到了东道国研发投入、企业所有制结构、行业结构以及行业碳排放强度等反映吸收能力的行业特征的影响，为检验行业特征对 FDI 技术溢出效应的影响，本文在基本模型的基础上运用两种方法，一是通过构造行业特征变量与代表 FDI 溢出效应变量的乘积交互项进行检验；二是按照行业特征分组检验。检验步骤如下：首先，通过构造国内研发、企业所有制结构、行业结构分别与 FDI 水平技术溢出效应变量的乘积交互项，将方程（5.5）改造为方程（5.7），同理，分别构造国内研发、企业所有制结构、行业结构与 FDI 前向、后向技术溢出效应变量的乘积交互项，将方程（5.5）分别改造为方程（5.8）、方程（5.9）；其次，按照工业行业碳排放强度标准分组，分别运用方程（5.7）、方程（5.8）、方程（5.9）中乘积交互项的系数估计结果，进一步考察工业行业碳排放强度在 FDI 水平技术溢出效应、前向技术溢出效应以及后向技术溢出效应对工业行业碳排放强度影响中的作用。方程（5.7）、方程（5.8）、方程（5.9）构建如下：

$$\ln CI_{it} = \beta_0 + \beta_1 \ln HS_{it} \cdot \ln RD_{it} + \beta_2 \ln HS_{i,t-1} \cdot \ln RD_{i,t-1}$$
$$+ \beta_3 \ln HS_{it} \cdot \ln MD_{it} + \beta_4 \ln HS_{i,t-1} \cdot \ln MD_{i,t-1}$$
$$+ \beta_5 \ln HS_{it} \cdot \ln JG_{it} + \beta_6 \ln HS_{i,t-1} \cdot \ln JG_{i,t-1}$$
$$+ \beta_7 \ln CI_{i,t-1} + X'_{it}\theta + \lambda_i + \varepsilon_{it} \tag{5.7}$$

$$\ln CI_{it} = \beta_0 + \beta_1 \ln BS_{it} \cdot \ln RD_{it} + \beta_2 \ln BS_{i,t-1} \cdot \ln RD_{i,t-1}$$
$$+ \beta_3 \ln BS_{it} \cdot \ln MD_{it} + \beta_4 \ln BS_{i,t-1} \cdot \ln MD_{i,t-1}$$
$$+ \beta_5 \ln BS_{it} \cdot \ln JG_{it} + \beta_6 \ln BS_{i,t-1} \cdot \ln JG_{i,t-1}$$
$$+ \beta_7 \ln CI_{i,t-1} + X'_{it}\theta + \lambda_i + \varepsilon_{it} \tag{5.8}$$

$$\ln CI_{it} = \beta_0 + \beta_1 \ln FS_{it} \cdot \ln RD_{it} + \beta_2 \ln FS_{i,t-1} \cdot \ln RD_{i,t-1}$$
$$+ \beta_3 \ln FS_{it} \cdot \ln MD_{it} + \beta_4 \ln FS_{i,t-1} \cdot \ln MD_{i,t-1}$$
$$+ \beta_5 \ln FS_{it} \cdot \ln JG_{it} + \beta_6 \ln FS_{i,t-1} \cdot \ln JG_{i,t-1}$$
$$+ \beta_7 \ln CI_{i,t-1} + X'_{it}\theta + \lambda_i + \varepsilon_{it} \tag{5.9}$$

（二）变量

FDI 技术水平溢出 *HS*、FDI 技术前向溢出 *FS* 与 FDI 技术后向溢出 *BS* 变量的测度见第四章，其余各变量的具体含义如下：

RD 为工业行业的研发投入强度，由于研发统计口径的变化，本文运用大中型工业企业的单位科技活动人员的科技活动经费内部支出来表示，以保证研发统计口径的一致性与连续性。

其他控制变量如 *SE* 为工业行业的企业所有制结构，运用工业行业中非国有企业总产值占行业总产值的比重来表示，一般情况下，非国有企业产权制度越清晰，企业学习模仿的动力与行业竞争程度越强，对产业关联渠道技术溢出的吸收能力越强。

JG 为工业行业的行业结构，参考李小平等（2010）[①]，运用工业行业的资本密集度来表示，即工业行业的固定资产净值年平均余额与该行业从业人员年平均人数的比值。

GM 为工业行业的企业平均规模，由于企业平均产出的度量指标与行业结构变量之间存在较强的相关性，本文选用企业平均从业人数来表示，即工业行业的平均从业人数与该行业的企业数目之比。

（三）数据说明

由于现行统计年鉴提供的工业分行业数据统计口径在 1998 年以前为乡及乡以上独立核算工业企业，而 1998 年及以后为全部国有及规模以上非国有工业企业，前后统计口径不匹配，同时，2001 年后才开始公布工业分行业出口交货值，为了保持统计口径的一致及数据可得，本文研究集中于 2001—2010 年间，期间工业分行业总产值、销售产值、出口交货值分别来自《中国统计年鉴》《中国工业经济统计年鉴》各期，将工业行业归并为 36 个行业类型，剔除其他采矿业、木材及竹材采运业、工艺品及其他制造业、烟草制品业、废弃资源和废旧材料回收加工业 5 个行业。来自《中国统计年鉴》中的分行业工业总产值数据均为当年价格的名义值，为消除价格波动带来的影响，本文利用公布数据推算了相应工业行业价格指数，并利用该指数对 2001—2010 年工业分行业总产值进行了价格平减（"2000 年" = "100"）。分工业行业碳排放强度为单位工业产值所排放的二氧化碳，其中，分行业碳排放量的估算方法参考《2006 年 IPCC 国家温

[①]　李小平、卢现祥：《国际贸易、污染产业转移和中国 CO_2 排放》，《经济研究》2010 年第 1 期。

室气体清单指南》①，其测算方法参见第四章。

此外，研发数据来源于《中国科技统计年鉴》各期；国有企业与非国有企业产值、人均固定资产总值、企业平均从业人数与行业从业总人数数据来源于《中国工业统计年鉴》；关于前向、后向关联系数估算中的直接消耗系数，2001—2005 年间取自 2002 年投入产出表，2006—2010 年间取自 2007 年投入产出表，将基本流量表中的工业行业合并为 35 个工业行业，然后计算出相应的直接消耗系数矩阵。

四　FDI 技术溢出对工业行业碳排放强度的影响

表 5 – 1 是 FDI 技术效应对中国 35 个工业行业碳排放影响的回归结果。模型 1、模型 4 用固定效应模型估计了静态回归方程（5.5），其中模型 1 的估计包括方程（5.5）所有变量的系数，而模型 4 是对方程（5.5）中不显著因子逐次剔除得到的最优静态回归方程的估计，Hausman 检验结果显示固定效应模型估计优于随机效应模型。模型 2、模型 5 采用 DIF – GMM 方法估计了动态回归方程（5.6），其中模型 2 是对方程（5.6）所有变量系数的估计，而模型 5 是对方程（5.6）运用逐次剔除法确定的最优动态回归方程的估计。模型 3、模型 6 采用 SYS – GMM 方法估计了动态回归方程（5.6），其中模型 3 的系数估计包含方程（5.6）的所有变量，而模型 6 的系数对方程（5.6）按逐次剔除法得到的最优动态回归方程的估计，运用 Stata 11.0 软件测算如表 5 – 1 所示。

表 5 – 1　　　　　　　**FDI 技术溢出对中国工业碳排放强度的影响**

	变量剔除之前			变量剔除之后		
	模型 1	模型 2	模型 3	模型 4	模型 5	模型 6
	FE	Diff – GMM	Sys – GMM	FE	Diff – GMM	Sys – GMM
FDI 溢出效应						
$\ln HS$	0.1670	0.1270	0.1483			
	(0.1818)	(0.1169)	(0.1089)			
$L.\ln HS$	−0.1503°	−0.1250	−0.1444			
	(0.0924)	(0.0799)	(0.1050)			

---

①　IPCC, *Guidelines for National Greenhouse Gas Inventories*, Intergovermental Panel on Climate Change, 2006.

续表

	变量剔除之前			变量剔除之后		
	模型 1	模型 2	模型 3	模型 4	模型 5	模型 6
	FE	Diff – GMM	Sys – GMM	FE	Diff – GMM	Sys – GMM
ln*BS*	0.0287	0.0729	0.0826°		0.1622 *	0.1127 **
	(0.0923)	(0.0499)	(0.0511)		(0.0902)	(0.0561)
L. ln*BS*	– 0.2890 ***	– 0.0999 **	– 0.0716°	– 0.2680 ***	– 0.1083 ***	– 0.0958 *
	(0.0913)	(0.0414)	(0.0462)	(0.0886)	(0.0396)	(0.0491)
ln*FS*	– 0.2927	– 0.6765 ***	– 0.3412 ***		– 0.9049 ***	– 0.3888 ***
	(0.2489)	(0.1969)	(0.1111)		(0.2319)	(0.1226)
L. ln*FS*	– 0.4498 *	0.1595	0.3362 ***	– 0.5991 **	0.2482 *	0.4048 ***
	(0.2336)	(0.1427)	(0.1123)	(0.2683)	(0.1286)	(0.1259)
控制变量						
ln*RD*	– 0.4597 ***	– 0.1669 ***	– 0.0943 ***	– 0.4900 ***	– 0.1447 ***	– 0.1164 ***
	(0.0652)	(0.0355)	(0.0307)	(0.0636)	(0.0310)	(0.0314)
L. ln*RD*	– 0.3905 ***	0.0107	0.1117 ***	– 0.4071 ***		0.1044 ***
	(0.0806)	(0.0394)	(0.0337)	(0.0669)		(0.0329)
ln*SE*	– 0.1141	– 0.2601 **	– 0.0982 ***		– 0.2037 ***	– 0.0673 ***
	(0.2191)	(0.1058)	(0.0301)		(0.0748)	(0.0172)
ln*JG*	– 0.4304 ***	– 0.1832 ***	– 0.0612 ***	– 0.3876 ***	– 0.2649 ***	– 0.0470 ***
	(0.1253)	(0.0701)	(0.0180)	(0.0987)	(0.1012)	(0.0179)
ln*GM*	– 0.0882	– 0.1280 **	– 0.0220		– 0.1743 **	
	(0.1440)	(0.0592)	(0.0178)		(0.0782)	
L. ln*CI*		0.7846 ***	1.005 ***		0.8212 ***	1.004 ***
		(0.0582)	(0.0074)		(0.0421)	(0.0093)
常数项	– 1.180		– 0.1573	– 0.4557		0.0597
	(1.017)		(0.1258)	(0.8365)		(0.0912)
AR (1)		– 3.42	– 3.15		– 3.11	– 2.76
		(0.001)	(0.002)		(0.002)	(0.006)

续表

	变量剔除之前			变量剔除之后		
	模型1	模型2	模型3	模型4	模型5	模型6
	FE	Diff – GMM	Sys – GMM	FE	Diff – GMM	Sys – GMM
AR（2）		0.58	0.18		0.61	0.39
		(0.559)	(0.855)		(0.543)	(0.697)
Sargan		176.35	184.70		125.14	133.74
test		(0.193)	(0.708)		(0.332)	(0.739)
Hansen		32.40	29.78		33.04	33.31
test		(1.000)	(1.000)		(1.000)	(1.000)
F	31.84			56.69		
	(0.0000)			(0.0000)		
Within – R^2	0.6808			0.6735		
样本	315	280	315	315	280	315

注：上标"o"、"*"、"**"、"***"分别表示15%、10%、5%和1%的显著性水平；回归系数括号里的数为稳健标准误，AR、Sargan test、Hansen test 和 F 统计括号里的数分别为 prob > z、prob > chi2、prob > chi2 和 prob > F 的值；在 GMM 估计中，回归中的前定变量为 $lnCI_{i,t-1}$，内生变量为 HS、BS、FS。

　　从表5–1的回归结果来看，模型1、模型4存在内生性问题，固定效应估计可能是有偏与非一致的，而模型2、模型3、模型5、模型6运用 GMM 估计法对相关变量的内生性进行了有效控制，并将碳排放强度的一阶滞后项纳入模型，运用 David Roodman（2006）的 Xtabond2 程序进行估计，结果显示，GMM 估计法不能拒绝模型没有二阶序列相关的原假设，说明 GMM 估计量是一致的，同时，本文通过 Sargan 与 Hansen 检验考察工具变量的有效性，Sargan 检验与 Hansen 检验都接受过度识别限制是有效的零假设，即工具变量有效。从上述三种估计法对应的系数估计值符号与显著性的稳健性判断，SYS – GMM 估计结果更为合理，与前文理论分析一致。因此，本文的模型估计方法以 SYS – GMM 方法为主，并借鉴固定效应与 DIF – GMM 的估计结果。

　　与大多数文献关于行业研发投入的结论一致，表5–1中所有模型研发投入强度系数均在1%的水平显著为负，表明研发投入强度的增加有利于提高生产率或改进环境技术，进而降低行业碳排放强度。目前中国节能减排技术创新基础薄弱，约有70%的减排技术依赖进口，对成熟技术的引进、消化、吸收、再创新的研发投入严重不足。从研发经费支出占GDP的比重来看，该指标在中国于2001—2011年间从0.95%增至1.83%，年均升幅0.08%，而大多数创新型国家该指标高达3%左右，意味着中国在研发投入方面与创新型国家仍然存在巨大的差距，通过提高研发强度降低工业行业碳排放强度的空间较大。

从FDI技术垂直溢出系数来看，表5-1中所有模型后向技术溢出滞后一期系数均显著为负，即上期外资企业的增加有利于当期上游该行业碳排放强度的下降。这可从以下两个方面来理解：其一，为减少运输成本与充分利用东道国要素禀赋，外资企业通常在东道国建立物流体系，逐步实施采购本土化经营战略，一般选择从遵守东道国政府或跨国企业所制定的环境标准的供应商处购买中间产品，使之与先进的技术相匹配，这导致上游内资供应商为应对环境标准的压力而进行清洁生产与清洁产品的研发创新；其二，考虑到上游内资企业在技术研发基础、制造方式方面与国际供应商之间存在的巨大差距，为避免上游内资企业可能存在的中间投入品质量以及供货问题，外资企业会定期派遣高级技术人员对其上游内资企业提供技术指导，协助引进设备生产线，甚至与内资企业共同投资联合研发以实现技术创新。

除模型1、模型4以外，表5-1中其余模型前向技术溢出当期系数均显著为负，而前向技术溢出滞后一期系数显著为正，意味着外资企业的增加短期内会降低下游行业碳排放强度，而对长期行业碳排放强度的降低存在抑制作用。这一动态变化表明，一方面，外资企业向下游内资企业出售高技术含量的中间产品，如汽车行业外资企业向国内自主品牌汽车生产企业出售高技术含量的零部件等，在短期内能改善内资企业的生产效率；另一方面，外资企业凭借其技术垄断与品牌优势而拥有较高的中间产品议价能力，中间产品价格在卖方势力的制约下价格偏高，无疑增加了下游内资企业的要素支付，进而减少了研发资本积累，在下游内资企业技术吸收能力薄弱的背景下，内资企业对内化于中间产品中的先进技术的消化吸收再创新能力有限，反而会抑制长期内资企业生产率或技术效率的提升，不利于行业碳排放强度的持续下降。

关于控制变量系数，除表5-1中模型1、模型4统计上不够显著外，其余模型企业所有制结构与行业碳排放强度显著负相关，说明企业所有制结构有助于行业碳排放强度的降低，可能的原因在于，企业所有制结构中私营企业比重越高，市场竞争越充分，越有利于吸引并甄别有先进技术实力的外商投资。表 5-1 中所有模型行业结构系数显著为负，说明行业资本密集度的增加会降低行业碳排放强度，可能的原因在于，资本密集度对碳排放强度的影响具有双重性，一方面，资本密集度的增加直接导致更多的资本设备投入与能源消耗，进而促进碳排放强度的上升；另一方面，资本密集度通过能源—资本配置比的降低来间接实现碳排放强度的降低，其间接影响效应大于直接影响效应（陈春华等，2012）[①]，此结论与李子豪和刘辉煌（2011）[②] 不同，后者未考虑资本结构强化的间接效应。最后，表 5-1 中大多数模型企业规模与行业碳排放强度没有明显的关联，说明工业行业的碳排放并不存在规模经济的现象。

五 吸收能力的行业异质性影响 FDI 技术效应的检验

（一）吸收能力的行业异质性影响 FDI 水平技术溢出的碳减排效应的进一步检验

为进一步检验吸收能力的行业异质性对 FDI 水平技术溢出对碳排放强度的影响，本文对方程（5-7）运用 SYS-GMM 方法进行系数估计，模型 1、模型 2、模型 3 分别为工业行业整体、高碳排放行业与低碳排放行业子样本进行估计的结果，模型 4、模型 5、模型 6 分别为按逐步剔除法得到的工业行业整体、高碳排放行业与低碳排放行业子样本的估计结果，以保证估计的稳健性，结果见表 5-2。

1. 研发投入强度

从研发投入强度的影响来看，行业整体及高碳排放行业 FDI 水平技术溢出与研发投入强度交互项的当期系数在 5% 的水平上显著为正，而高碳与低碳排放行业交互项滞后一期系数大多不显著，说明国内研发投入强度的提升不利于 FDI 水平技术溢出的碳减排效应，即国内研发作为吸收能力的作用不明显，原因可能是国内研发投入方向、力度与行业内外资的碳减

[①]   陈春华、路正南：《中国碳排放强度的影响因素及其路径分析》，《统计与决策》2012 年第 2 期。

[②]   李子豪、刘辉煌：《中国工业行业碳排放绩效及影响因素——基于 FDI 技术溢出效应的分析》，《山西财经大学学报》2012 年第 9 期。

排技术之间不太匹配，这与吴建新和刘德学（2010）[1] 的研究结论类似。

2. 企业所有制结构

从企业所有制结构的影响看，除模型 2 外，其余模型 FDI 水平技术溢出与所有制结构交互项当期系数均显著为正，且系数估计值在碳排放强度低样本组是高样本组的 5 倍以上，意味着以非国有企业比重的提高削弱了 FDI 水平技术溢出对工业碳减排的积极效应，这可以从以下几点来理解：相比于国有企业，一方面，私营企业在融资渠道、市场准入、税收优惠等方面长期处于劣势地位，发展空间受限，大多投资于劳动密集型低端产业，对先进碳减排技术的吸收能力有限；另一方面，私营企业的激励约束机制更为健全，私营企业比重的提高必然导致市场竞争加剧，在政府的环境规制力度有限的条件下，竞争的加剧可能使私营企业倾向于选择以牺牲环境为代价的技术类型，以不断降低生产成本，从而对 FDI 水平技术溢出的碳减排效应带来负面影响，这与 Perkins 和 Neumayer（2009）[2] 的研究结果类似。此外，研究期内低碳排放行业的外资参与度明显高于高碳排放行业，而外资参与程度越高，市场竞争越激烈，进一步强化了市场化程度的负面效应。

3. 行业结构

从行业结构的影响看，模型 3、模型 6 的 FDI 水平技术溢出与行业结构交互项滞后一期系数显著为负，说明低碳排放行业资本密集度增加对 FDI 水平技术溢出的碳减排效应有明显的促进作用，其原因是，FDI 技术溢出存在"门槛条件"，包括外商投资规模、技术势能与潜在市场规模，只有三者在适度值范围内技术溢出积极而显著（余泳泽，2012）[3]。一方面，企业的资本密集程度反映了企业的技术和资本装备程度（Kokko，1996）[4]，在内外资企业碳减排技术水平存在较大差距的前提下，资本密集度的增加意味着内外资企业技术差距的缩小，内资企业技术吸收能力越

① 吴建新、刘德学：《人力资本、国内研发、技术溢出与技术进步——基于中国省际面板数据和一阶差分广义矩方法的研究》，《世界经济文汇》2010 年第 4 期。

② Perkins R. , E. Neumayer, Transnational Linkages and the Spillover of Environment – Efficiency into Developing Countries, *Global Environmental Change*, 2009, 19 (3), pp. 375 – 383.

③ 余泳泽：《FDI 技术溢出是否存在"门槛条件"？——来自中国高技术产业的面板门限回归分析》，《数量经济技术经济研究》2012 年第 7 期。

④ Kokko A. , R. Tansini, M. C. Zejan, Local Technological Capability and Productivity Spillovers from FDI in the Uruguayan Manufacturing Sector, *Journal of Development Studies*, 1996, 32 (4), pp. 602 – 611.

强，即存在"技术门槛"的适度范围；另一方面，低碳排放行业外商投资规模明显高于高碳排放行业，而行业内的外商投资规模达到一定份额后，内资企业才能获得与外资企业之间更多的学习模仿、人员流动的机会，即存在"规模门槛"的条件。因此，技术势能与外商投资规模"门槛条件"的满足共同强化了 FDI 水平技术溢出的碳减排效应。

表 5 – 2　　　　吸收能力的行业异质性对 FDI 水平技术溢出的
碳减排效应影响的进一步检验

	变量剔除之前			变量剔除之后		
	模型 1	模型 2	模型 3	模型 4	模型 5	模型 6
$L.\ln CI$	1.0080 ***	1.0202 ***	0.9181 ***	1.0088 ***	1.0102 ***	0.9292 ***
	(0.0077)	(0.0127)	(0.0498)	(0.0084)	(0.0137)	(0.0340)
FDI 水平技术溢出效应						
$\ln HS \cdot \ln RD$	0.0695 ***	0.1002 ***	0.0004	0.0805 **	0.0730 **	
	(0.0238)	(0.0264)	(0.0593)	(0.0325)	(0.0299)	
$L.\ln HS \cdot L.\ln RD$	– 0.0478 *	– 0.0420	– 0.0549	– 0.0505 *		– 0.0632 *
	(0.0236)	(0.0273)	(0.0387)	(0.0266)		(0.0310)
$\ln HS \cdot \ln SE$	0.0531 *	0.0317	0.1620 *	0.0310 **	0.0176 ***	0.2201 **
	(0.0313)	(0.0384)	(0.0933)	(0.0124)	(0.0061)	(0.0935)
$L.\ln HS \cdot L.\ln SE$	– 0.0221	– 0.0128	– 0.1444			– 0.1502 **
	(0.0241)	(0.0240)	(0.0619)			(0.0668)
$\ln HS \cdot \ln JG$	0.0252	– 0.0090	0.1566			0.1708 *
	(0.0362)	(0.0363)	(0.1113)			(0.0887)
$L.\ln HS \cdot L.\ln JG$	– 0.0433	– 0.0363	– 0.1255 *	– 0.0262 *	– 0.0551 **	– 0.1232 *
	(0.0283)	(0.0332)	(0.0681)	(0.0155)	(0.0255)	(0.0716)
控制变量						
$\ln RD$	0.0537 *	0.1156 ***	– 0.0657	0.0626 *	0.1152 ***	– 0.0726 *
	(0.0326)	(0.0417)	(0.0917)	(0.0341)	(0.0435)	(0.0421)
$\ln SE$	– 0.0096	– 0.0377	– 0.1209			
	(0.0399)	(0.0544)	(0.0960)			

	变量剔除之前			变量剔除之后		
	模型 1	模型 2	模型 3	模型 4	模型 5	模型 6
lnJG	− 0.0662 **	− 0.1467 ***	− 0.0349	− 0.0770 ***	− 0.1492 ***	
	(0.0309)	(0.0351)	(0.0540)	(0.0259)	(0.0502)	
lnGM	− 0.0387 **	− 0.0293	− 0.1070 *	− 0.0354 *		− 0.0907 *
	(0.0183)	(0.0269)	(0.0609)	(0.0204)		(0.0508)
常数项	− 0.2858 **	− 0.2938	− 0.7101 *	− 0.2714 *	− 0.2879 ***	− 0.6379 **
	(0.1232)	(0.2603)	(0.3642)	(0.1409)	(0.0895)	(0.3162)
AR (1)	− 3.30	− 2.36	− 2.39	− 3.17	− 2.20	− 2.37
	(0.001)	(0.018)	(0.017)	(0.002)	(0.028)	(0.018)
AR (2)	− 0.74	− 0.03	− 1.37	− 0.24	− 0.29	− 1.41
	(0.459)	(0.976)	(0.170)	(0.809)	(0.772)	(0.158)
Sargan	225.78	132.90	133.53	217.53	126.93	131.96
test	(0.793)	(0.716)	(0.544)	(0.859)	(0.813)	(0.558)
Hansen	30.31	0.60	1.44	30.71	14.87	12.78
test	(1.000)	(1.000)	(1.000)	(1.000)	(1.000)	(1.000)
样本	315	162	153	315	162	153

注：同表 5 - 1。

（二）吸收能力的行业异质性影响 FDI 后向技术溢出的碳减排效应的进一步检验

为进一步检验吸收能力的行业异质性是否影响 FDI 后向技术溢出的碳排放强度，本文在方程（5.6）对 FDI 后向技术溢出效应考察的基础上，运用 SYS - GMM 方法对方程（5.8）分别对工业行业整体、高碳排放行业与低碳排放行业子样本进行估计，得到模型 1、模型 2、模型 3 的系数估计结果，随后对模型 1、模型 2、模型 3 按逐步剔除法逐次剔除不显著因子进行优化，得到模型 4、模型 5、模型 6 的系数估计结果，见表 5 - 3。

1. 研发投入强度

从研发投入强度的影响来看，所有模型 FDI 后向技术溢出与研发投入强度的交互项滞后一期系数均显著为负，表明研发投入强度会强化 FDI 后向技术溢出对工业碳减排的积极效应。跨国企业出于利润最大化考虑，将使行业内水平溢出最小化，而鼓励一般性技术知识向互补行业纵向流动，就后向关联而言，外资企业一般要求上游内资供应商提供的中间产品必须达到产品质量认证体系所规定的环境质量标准，考虑到内外资企业的碳减排技术差距，外资企业会采用多样化的方式提供技术援助与研发合作，为上游内资供应商提供了干中学的机会，从而使研发投入与后向关联的技术溢出之间有较好的适配性。

2. 企业所有制结构

从企业所有制结构与行业结构的影响来看，模型3、模型6的FDI后向技术溢出与所有制结构的当期系数显著为正，说明私营企业比重的提高削弱了低碳排放行业FDI后向技术溢出对工业碳减排的积极效应。可能的原因在于，上游行业私营企业比重的上升，加剧了上游内资供应商之间的市场竞争，在缺乏有效环境规制的条件下，可能导致上游内资供应商单纯追求成本最小化战略，从而弱化了外资的后向技术溢出效应。

3. 行业结构

模型3、模型6的FDI后向技术溢出与行业结构交互项的当期系数显著为负，表明资本密集度的增加有利于强化低碳排放行业FDI后向技术溢出的工业碳减排效应。可能原因为上游行业资本密集度的增加，则意味着内资供应商资本装备与技术水平的提高，缩小了内外资企业的碳减排技术差距，有助于FDI后向技术溢出的充分吸收与利用。

此外，低碳排放行业的外资参与度显著高于高碳排放行业，内外资企业之间联系更多，强化了所有制结构与行业结构特征对FDI后向技术溢出效应的影响程度。

表5-3　　　　吸收能力的行业异质性对FDI后向技术溢出的
碳减排效应影响的进一步检验

	变量剔除之前			变量剔除之后		
	模型1	模型2	模型3	模型4	模型5	模型6
L. lnCI	1.0071***	1.0163***	0.9639***	1.0022***	1.0117***	0.9632***
	(0.0066)	(0.0131)	(0.0256)	(0.0093)	(0.0150)	(0.0228)
FDI后向技术溢出效应						
lnBS · lnRD	0.0263*	0.0072	0.0180	0.0288***		
	(0.0125)	(0.0146)	(0.0191)	(0.0091)		

	变量剔除之前			变量剔除之后		
	模型 1	模型 2	模型 3	模型 4	模型 5	模型 6
$L.\ln BS \cdot L.\ln RD$	− 0. 0260 ***	− 0. 0251 ***	− 0. 0225 *	− 0. 0230 ***	− 0. 0257 ***	− 0. 0134 **
	(0. 0077)	(0. 0070)	(0. 0128)	(0. 0079)	(0. 0071)	(0. 0052)
$\ln BS \cdot \ln SE$	0. 0657	0. 0582	0. 1554 **		0. 0398 ***	0. 1644 ***
	(0. 0481)	(0. 0777)	(0. 0673)		(0. 0101)	(0. 0541)
$L.\ln BS \cdot L.\ln SE$	− 0. 0575	− 0. 0488	− 0. 0938			− 0. 0925 *
	(0. 0477)	(0. 0770)	(0. 0549)			(0. 0532)
$\ln BS \cdot \ln JG$	0. 0092	0. 0207	− 0. 0181 *		0. 0357 ***	− 0. 0179 ***
	(0. 0146)	(0. 0233)	(0. 0099)		(0. 0082)	(0. 0058)
$L.\ln BS \cdot L.\ln JG$	− 0. 0071	0. 003	− 0. 0110			
	(0. 0114)	(0. 0237)	(0. 0124)			
控制变量						
$\ln RD$	0. 0319	− 0. 0558	0. 0256		− 0. 0897 ***	
	(0. 0324)	(0. 0499)	(0. 0484)		(0. 0312)	
$\ln SE$	− 0. 0965 **	− 0. 0581	0. 1403	− 0. 0727 ***		0. 1802 **
	(0. 0401)	(0. 0429)	(0. 1508)	(0. 0158)		(0. 0888)
$\ln JG$	− 0. 0598 *	− 0. 0279	− 0. 0355	− 0. 0442 ***		
	(0. 0352)	(0. 0401)	(0. 0538)	(0. 0144)		
$\ln GM$	− 0. 0248°	0. 0027	− 0. 1137 *			− 0. 1149 **
	(0. 0153)	(0. 0244)	(0. 0597)			(0. 0526)
常数项	− 0. 2297 **	0. 0063	− 0. 7332 **	0. 0460	0. 1058	− 0. 7646 **
	(0. 1102)	(0. 1679)	(0. 3209)	(0. 0767)	(0. 1815)	(0. 3052)
AR (1)	− 3. 27	− 2. 20	− 2. 39	− 2. 75	− 1. 85	− 2. 33
	(0. 001)	(0. 028)	(0. 017)	(0. 006)	(0. 065)	(0. 020)
AR (2)	− 0. 34	0. 20	− 0. 93	0. 29	0. 33	− 0. 93
	(0. 735)	(0. 842)	(0. 354)	(0. 773)	(0. 738)	(0. 350)
Sargan	227. 82	132. 33	129. 35	142. 25	129. 25	128. 40
test	(0. 764)	(0. 728)	(0. 644)	(0. 549)	(0. 822)	(0. 666)
Hansen	27. 27	0. 22	0. 05	32. 22	15. 98	3. 06
test	(1. 000)	(1. 000)	(1. 000)	(1. 000)	(1. 000)	(1. 000)
样本	315	162	153	315	162	153

注：同表 5 - 1。

（三）吸收能力的行业异质性影响 FDI 前向技术溢出的碳减排效应的进一步检验

·在方程（5.6）对 FDI 前向技术溢出效应估计的基础上，本文进一步检验吸收能力的行业异质性对 FDI 前向技术溢出的碳减排效应的影响，运用 SYS－GMM 方法对方程（5.9）分工业行业整体、高碳排放行业与低碳排放行业子样本进行估计，得到模型 1、模型 2、模型 3 的系数估计结果，并对模型 1、模型 2、模型 3 按逐步剔除法逐次剔除不显著因素进行优化，得到模型 4、模型 5、模型 6 的估计结果，见表 5－4。

1. 研发投入强度

从研发投入强度的影响来看，除模型 3、模型 6 以外，其余模型 FDI 前向技术溢出与研发投入强度交互项滞后一期系数均在 1% 的水平上显著为负，说明研发投入强度的增加对外资的前向技术溢出效应有明显的促进作用，原因可能在于，越来越多的外资企业在中国设立研发中心，逐步以东道国市场为导向开展研发活动，其研发技术内化于中间产品之中，通过产业前向关联渠道实现研发技术溢出，与国内研发投入方向能较好地匹配。

2. 企业所有制结构

从企业所有制结构的影响来看，模型 3、模型 6 的 FDI 前向技术溢出与所有制结构交互项当期系数在 10% 的水平上显著为正，说明私营企业比重的提升强化了 FDI 前向技术溢出对工业碳减排的负面效应，具体原因与所有制结构对后向关联的影响类似。私营企业以劳动密集型低端制造加工业投资为主，技术与资本装备水平相对较低，对外资企业的高品质中间产品需求较小，减少了外资通过前向关联技术溢出的可能性。

3. 行业结构

从行业结构的影响来看，变量剔除之前，无论是根据工业行业整体验证，还是区分为高碳排放行业、低碳排放行业子样本进行验证，行业结构对 FDI 前向技术溢出均无明显作用，而将不显著变量剔除之后，结果显示行业结构对子样本的 FDI 前向技术溢出的碳减排效应均存在明显的促进作用，可能的原因在于，如前所述，行业资本密集度程度的提高反映了内资供应商资本装备与技术水平的提高，不仅缩小了内资企业与上游外资供应商之间的技术差距，而且有利于增强内资企业对物化于上游外资供应商提供的高品质中间产品的技术吸收消化能力，两方面的共同作用强化了 FDI 前向技术溢出的碳减排效应。

表 5 - 4　　吸收能力的行业异质性对 FDI 前向技术溢出的碳减排效应影响的进一步检验

	变量剔除之前			变量剔除之后		
	模型 1	模型 2	模型 3	模型 4	模型 5	模型 6
$L.\ln CI$	0.9981***	1.0099***	0.9393***	1.0035***	1.0166***	0.9394***
	(0.0081)	(0.0134)	(0.0336)	(0.0084)	(0.0132)	(0.0299)
FDI 前向技术溢出效应						
$\ln FS \cdot \ln RD$	0.0173	0.1007	0.0129	0.0267***	0.1222**	
	(0.0256)	(0.0811)	(0.0299)	(0.0093)	(0.0506)	
$L.\ln FS \cdot L.\ln RD$	-0.0343***	-0.0456***	-0.0091	-0.0342***	-0.0479***	
	(0.0121)	(0.0137)	(0.0120)	(0.0122)	(0.0133)	
$\ln FS \cdot \ln SE$	0.0199	-0.1407	0.1962*	0.0378***	-0.1585*	0.1540**
	(0.1022)	(0.1301)	(0.1037)	(0.0130)	(0.0882)	(0.0761)
$L.\ln FS \cdot L.\ln SE$	0.0014	0.0103	-0.1339°			-0.1393*
	(0.0203)	(0.0190)	(0.0832)			(0.0795)
$\ln FS \cdot \ln JG$	0.0005	-0.0913	-0.0261		-0.1219**	-0.0224*
	(0.0385)	(0.0844)	(0.0450)		(0.0526)	(0.0129)
$L.\ln FS \cdot L.\ln JG$	0.0066	-0.0004	0.0019			
	(0.0156)	(0.0240)	(0.0180)			
控制变量						
$\ln RD$	-0.0224	0.1924	0.0119		0.2624*	
	(0.0718)	(0.2369)	(0.0739)		(0.1435)	
$\ln SE$	-0.0401	-0.4694	0.1252		-0.5445**	
	(0.2480)	(0.3421)	(0.5277)		(0.2483)	
$\ln JG$	-0.0379	-0.3382	-0.1090	-0.0630***	-0.4269***	-0.1043**
	(0.0903)	(0.2502)	(0.1215)	(0.0209)	(0.1556)	(0.0485)
$\ln GM$	-0.0316	-0.0082	-0.1162*	-0.0338°		-0.1139**
	(0.0223)	(0.0255)	(0.0616)	(0.0223)		(0.0486)
常数项	-0.2197**	-0.0673	-0.6710**	-0.2211**	-0.1049***	-0.6560***
	(0.1118)	(0.1517)	(0.3017)	(0.1017)	(0.0259)	(0.2224)

	变量剔除之前			变量剔除之后		
	模型1	模型2	模型3	模型4	模型5	模型6
AR（1）	-3.12	-2.12	-2.25	-2.73	-1.79	-2.28
	(0.002)	(0.034)	(0.024)	(0.006)	(0.073)	(0.023)
AR（2）	0.31	0.36	-0.82	0.41	0.35	-0.97
	(0.755)	(0.717)	(0.410)	(0.685)	(0.723)	(0.333)
Sargan	215.44	127.44	131.57	150.20	122.69	128.56
test	(0.906)	(0.820)	(0.591)	(0.389)	(0.786)	(0.494)
Hansen	23.59	0.15	1.29	33.73	15.87	13.10
test	(1.000)	(1.000)	(1.000)	(1.000)	(1.000)	(1.000)
样本	315	162	153	315	162	153

注：同表 5 - 1。

六　小结与启示

（一）小结

本文采用中国 35 个工业行业 2001—2010 年间的面板数据，运用第四章构建的 FDI 水平技术溢出、后向技术溢出以及前向技术溢出指标，以检验 FDI 通过不同技术溢出路径对工业碳减排的影响，估算了研发投入强度、所有制结构、行业结构等不同指标度量的吸收能力对 FDI 技术溢出的碳减排效应的影响，并按行业碳排放强度进行了分组检验，与第三章提出的假说1—3相对应。在计量方法的选择上，利用固定效应、DIF - GMM、SYS - GMM 估计法提高回归结果的稳健与可靠程度。我们发现，FDI 技术水平关联效应不存在，经由前向关联与后向关联产生的技术溢出效应不一致，表现为外资企业通过后向关联的技术溢出有利于工业碳减排，经由前向关联的技术溢出短期内能促进工业碳减排，但对长期工业碳减排存在明显的抑制作用。此结论与李子豪、刘辉煌（2011）[①] 的文章观点不同，我们没有发现 FDI 水平技术溢出对中国工业行业碳排放强度的促进作用，即没有发现水平方向的技术溢出效应。产生差异的原因可能在于，我们在模型设定中引入了垂直关联变量，并对相关变量的内生性进行了有效控制。更进一步地，我们通过对吸收

①　李子豪、刘辉煌：《中国工业行业碳排放绩效及影响因素——基于 FDI 技术溢出效应的分析》，《山西财经大学学报》2012 年第 9 期。

能力的行业异质性影响的分析发现，除研发投入与 FDI 水平技术溢出不太匹配外，研发投入与行业结构均对 FDI 技术溢出均有明显的促进作用，而企业所有制结构对 FDI 技术溢出存在负面影响。

（二）启示

基于以上结论与实证结果，本文认为以下四点建议值得参考：

（1）政府在对外引资中应侧重产业链引资，加大与内资产业关联度较大的外资引进力度，以充分发挥 FDI 技术产业间溢出对工业碳减排的积极效应。

（2）研发活动是获得技术最根本、最主动的方式，而目前国内研发投入、研发专利转化率严重不足，因此，政府应加强国内研发投入，促进内资企业对引进技术消化吸收再创新的研发资本积累，鼓励内资企业与外资企业运用共同投资联合研发的模式进行合作，有效整合外资企业的先进技术优势、现代管理模式与内资企业国内市场的营销关系网络资源，建立合作共赢的利益基础，切实提高有研发成果转化的研发人员收益回报，以促进内资企业对先进技术的吸收能力与自主创新能力的有效提升。以 FDI 对内资供应商的后向关联为例，内资供应商在技术研发与制造方式方面与国际优秀供应商存在较大的差距，向下游外资企业提供的中间产品附加值低，市场议价能力有限，从而限制了内资企业研发资本的积累，为此，应鼓励内资供应商与下游订单外资企业联合研发，介入产品设计期形成产业链上游的核心竞争优势，从制造型企业向设计服务的系统供应商转变，逐步获取中间产品的定价权，避免以单纯获取订单为目标、以压低要素投入成本为手段的短视行为。

（3）营造公开、公平、公正的制度环境与市场投资经营环境，逐步消除在市场准入、投融资、土地审批及税收等方面制约私营企业发展的体制性障碍与政策歧视，同时建立与市场竞争相适应的监管制度与监管体系，规范内外资企业之间的交易关系与竞争方式，严格监管操纵价格等恶意竞争行为，有效提升私营企业的议价能力与利润空间，更好地发挥产权制度明晰的私营企业的学习激励机制，以促进对 FDI 技术溢出的充分吸收与利用。如 FDI 对下游内资企业碳减排的负面效应，反映出外资较强的议价能力，高昂的要素成本挤出了内资企业自主研发投入，导致对内化于中间产品中的先进技术吸收能力不足。因此，从根本上消除私营企业发展的制度劣势，是提升私营企业议价能力的关键。

（4）积极调整工业内部结构，适度提高行业资本密集度，通过工业行业能源—资本替代比例、化石能源占总能源消耗比例的降低促进工业碳减排。

第二节　对外贸易技术溢出与中国工业能源消费碳排放强度

通过对相关文献的整理发现，现有研究侧重于对对外贸易与碳排放两者关系的初步考察，而关于对外贸易不同技术溢出途径所发挥的技术效应对工业碳排放影响差异的实证研究，目前尚无文献涉及。基于此，本节以2001—2010 年中国 34 个工业行业为研究对象，试图在以下几个方面有所突破：①从行业层面考察对外贸易技术效应对工业行业碳排放的影响。现有研究主要集中在国家层面，而对外贸易主要通过产业活动对东道国碳排放产生影响，考虑到碳排放集中于工业部门的现实，工业行业层面的研究可能能更好地考察两者的关系。②研究对外贸易的技术溢出主要通过何种机制影响工业行业碳排放？对外贸易技术溢出途径是否存在行业异质性，同一途径的传导机制是否也存在行业异质性？其技术溢出的程度又受到哪些因素的影响？

本节在阐释对外贸易技术溢出对工业碳排放影响机理的基础上，运用投入产出表构造代表不同对外贸易技术溢出的指标，考察进口贸易技术水平溢出、出口贸易技术水平溢出、进口贸易技术前向溢出以及出口贸易技术后向溢出四种不同的技术溢出对工业碳排放产生的影响，并按工业行业碳排放强度分组，估算了研发投入强度、企业所有制结构等吸收能力的行业异质性在对外贸易技术溢出的碳排放效应中发挥的作用。

一　研究模型的设定

沿袭 Grossman 和 Krueger （1991）[①] 的思路，将经济活动对环境的影响分解为规模效应、结构效应、技术效应三个作用机制，表述如下：

$$C = Y \cdot S \cdot T \tag{5.10}$$

其中，C 为碳排放量，Y 为产出水平，S 为行业结构，T 为碳减排技术水平。将公式（5.10）转换为行业碳排放强度 CI 如下：

---

① Grossman G. M. , A. B. Krueger, Environmental Impact of A North American Free Trade Agreement, *NBER Working Paper*, 1991.

$$CI = C/Y = S \times T \tag{5.11}$$

其中，碳减排技术水平，经由内部技术与外部技术渠道产生，内部技术主要来自行业自主研发，外部技术渠道主要考察对外贸易的技术效应，包括进口贸易技术水平溢出、出口贸易技术水平溢出、出口贸易技术后向溢出以及进口贸易技术前向溢出四种技术溢出效应。此外，市场竞争程度越高，行业垄断势力越弱，能源利用和碳减排技术的创新动力越强。因此，关于 T 的函数如下：

$$T = T(RD, EHS, EBS, MHS, MFS, SE) \tag{5.12}$$

将方程（5.12）分别代入方程（5.10）、方程（5.11），分别得到：

$$C = Y \cdot S \cdot T(RD, EHS, EBS, MHS, MFS, SE) \tag{5.13}$$

$$CI = C/Y = S \cdot T(RD, EHS, EBS, MHS, MFS, SE) \tag{5.14}$$

参考 Hubler 和 Keller（2009）[①] 的处理方法，本文将行业碳排放强度和行业碳排放方程设定如下：

$$\ln CI_{it} = \alpha_0 + \alpha_1 \ln S_{it} + \alpha_2 \ln RD_{it} + \alpha_3 \ln EHS_{it} + \alpha_4 \ln MHS_{i,t} + \alpha_5 \ln EBS_{it}$$
$$+ \alpha_6 \ln MFS_{it} + \alpha_7 \ln SE_{it} + \delta_t + \eta_i + \varepsilon_{it} \tag{5.15}$$

$$\ln C_{it} = \alpha_0 + \alpha_1 \ln Y_{it} + \alpha_2 \ln S_{it} + \alpha_3 RD_{it} + \alpha_4 \ln EHS_{it} + \alpha_5 \ln MHS_{it}$$
$$+ \alpha_6 \ln EBS_{it} + \alpha_7 \ln MFS_{it} + \alpha_8 \ln SE_{it} + \delta_t + \eta_i + \varepsilon_{it} \tag{5.16}$$

其中，i 表示工业行业横截面单元，$i = 1$，2，$\cdots$，34；t 表示时间；δ_t 为时间非观测效应，反映随时间变化的诸如能源价格、环境规制政策变化对行业碳排放或碳排放强度产生的影响；η_i 为行业差异的非观测效应；ε_{it} 为与时间和地点无关的随机扰动项；C 为行业碳排放，CI 为行业碳排放强度；Y 为工业总产值；RD 为行业研发投入强度；EHS、MHS、MFS、EBS 分别为出口贸易技术水平溢出、进口贸易技术水平溢出、进口贸易技术前向溢出、出口贸易技术后向溢出；SE 为企业所有制结构衡量的市场竞争程度。

考虑到内资企业吸收能力的局限性，技术效应存在一定的滞后性，同时与对外贸易相关的变量可能存在内生性问题，即较宽松的环境规制（意味着更多的碳排放）常常会促进经济的粗放式增长，经济的粗放式增长又会带来更大规模的对外贸易。为消除内生性影响，本文用滞后一期的对外贸易技术溢出变量代替方程（5.15）（模型 A1）和方程（5.16）（模型

---

① Hubler M., A. Keller, Energy Saving Via FDI? Empirical Evidence from Developing Countries, *Environment and Development Economics*, 2009, (15), pp.59 - 80.

B1）中的对外贸易技术溢出变量，得到模型 A2 和模型 B2。为进一步考察较长时间对外贸易技术效应的滞后性影响，运用当期和前两年对外贸易技术溢出的移动平均值代替方程（5.15）和（5.16）中的相应变量，得到模型 A3 和模型 B3。

二　研究方法、变量与数据说明

（一）研究方法

很多文献表明，对外贸易技术溢出并不是一个独立的过程，而是受到了东道国研发投入、企业所有制结构以及行业碳排放强度等反映吸收能力的行业特征的影响，为检验行业特征对对外贸易技术溢出效应的影响，本文在基本模型（5.15）、模型（5.16）的基础上进一步运用两种方法，一是通过构造行业特征变量与代表对外贸易技术溢出效应变量的乘积交互项进行检验；二是按照行业特征分组检验。检验步骤如下：首先，依照本书第三章的假说 2 和假说 3，分别构造国内研发、企业所有制结构与出口贸易后向技术溢出效应、进口贸易水平技术溢出效应变量的乘积交互项，将方程（5.15）分别改造为方程（5.17）、方程（5.18），同时将方程（5.16）改造成方程（5.19）、方程（5.20）；其次，按照工业行业碳排放强度标准分组进一步考察吸收能力的行业异质性在对外贸易技术溢出效应对工业行业碳排放强度影响中的作用。方程（5.17）—方程（5.20）构建如下：

$$\ln CI_{it} = \alpha_0 + \alpha_1 \ln S_{it} + \alpha_2 \ln RD_{it} + \alpha_3 \ln EBS_{it} \times \ln RD_{it}$$
$$+ \alpha_4 \ln EBS_{it} \times \ln SE_{it} + \alpha_5 \ln SE_{it} + \delta_t + \eta_i + \varepsilon_{it} \qquad (5.17)$$

$$\ln CI_{it} = \alpha_0 + \alpha_1 \ln S_{it} + \alpha_2 \ln RD_{it} + \alpha_3 \ln MHS_{it} \times \ln RD_{it}$$
$$+ \alpha_4 \ln MHS_{it} \times \ln SE_{it} + \alpha_5 \ln SE_{it} + \delta_t + \eta_i + \varepsilon_{it} \qquad (5.18)$$

$$\ln C_{it} = \alpha_0 + \alpha_1 \ln Y_{it} + \alpha_2 \ln S_{it} + \alpha_3 \ln RD_{it} + \alpha_4 \ln EBS_{it} \times \ln RD_{it}$$
$$+ \alpha_5 \ln EBS_{it} \times \ln SE_{it} + \alpha_6 \ln SE_{it} + \delta_t + \eta_i + \varepsilon_{it} \qquad (5.19)$$

$$\ln C_{it} = \alpha_0 + \alpha_1 \ln Y_{it} + \alpha_2 \ln S_{it} + \alpha_3 \ln RD_{it} + \alpha_4 \ln MHS_{it} \times \ln RD_{it}$$
$$+ \alpha_5 \ln MHS_{it} \times \ln SE_{it} + \alpha_6 \ln SE_{it} + \delta_t + \eta_i + \varepsilon_{it} \qquad (5.20)$$

（二）变量

进口贸易技术水平溢出 MHS、出口贸易技术水平溢出 EHS、进口贸易技术前向溢出 MFS 以及出口贸易技术后向溢出 EBS 变量的测算方法见第四章，Y 为工业分行业总产值，其余变量测算如下：

RD 为工业行业研发投入强度，由于研发统计口径的变化，本文运用大中型工业企业的单位科技活动人员的科技活动经费内部支出来表示，以保证研发统计口径的一致性与连续性；

S 为行业结构，运用工业行业资本密集度来表示，即行业的固定资产净值年平均余额与该行业从业人员年平均人数的比值；

SE 为工业企业所有制结构，即行业的非国有企业总产值占行业总产值的比重来表示。

（三）数据说明

本文研究集中于2001—2010年间，期间工业分行业总产值、出口交货值分别来自《中国统计年鉴》《中国工业经济统计年鉴》各期，进口数据来自联合国统计处的 COMTRADE 数据库中按 ISIC Rev.3 分类的行业数据，参照盛斌（2002）[①] 的方法将其转换成与中国工业行业分类标准（CICC）相一致的行业数据。工业行业归并为34个行业类型，剔除其他采矿业、木材及竹材采运业、工艺品及其他制造业、烟草制品业、废弃资源和废旧材料回收加工业5个行业。来自《中国统计年鉴》中的分行业工业总产值数据均为当年价格的名义值，为消除价格波动带来的影响，本文利用公布数据推算了相应工业行业价格指数，并利用该指数将2001—2010年工业分行业总产值折算成2000年不变价。

此外，研发数据来源于《中国科技统计年鉴》各期；国有企业与非国有企业产值、人均固定资产总值数据来源于《中国工业统计年鉴》；关于前向、后向关联系数估算中的直接消耗系数，2001—2005年取自2002年投入产出表，2006—2010年取自2007年投入产出表，将基本流量表中的工业行业合并为34个工业行业，然后计算出相应的直接消耗系数矩阵。

分工业行业碳排放强度为单位工业产值所排放的二氧化碳，其中，分行业碳排放量的估算方法参考《2006年 IPCC 国家温室气体清单指南》[②]，具体的估算参见第四章。

三　对外贸易技术溢出对工业行业碳排放强度的影响

（一）变量描述

表5-5是各主要变量的统计性描述，通过均值的比较我们发现，不

---

① 盛斌：《中国对外贸易政策的政治经济分析》，上海人民出版社2002年版。

② IPCC, *Guidelines for National Greenhouse Gas Inventories*, Intergovermental Panel on Climate Change, 2006.

同碳排放强度工业行业在工业总产出、研发投入强度方面并不存在较大差异，而在工业结构、贸易技术溢出以及行业所有制结构方面差异较大。其中，相对于低排放行业组，高排放行业组具有较高的资本密集度、贸易技术垂直溢出水平，而贸易技术水平溢出水平、行业所有制结构比重较低。显然，高投资、高垄断的高排放行业组，其对外贸易的垂直关联效应较大，而低排放行业组的水平关联效应更为明显。从标准误的对比来看，除出口后向溢出以外，高排放行业组各变量的变化程度均高于低排放行业组，特别是贸易技术溢出变化差别较大，说明贸易技术溢出的传导途径可能存在行业异质性。

表 5 - 5   分组统计性描述

变量	单位	高排放行业组				低排放行业组			
		均值	标准误差	最小值	最大值	均值	标准误差	最小值	最大值
$\ln Y$	亿元	8.27	1.17	5.21	10.52	8.62	1.15	6.06	11.28
$\ln S$	亿元/万人	2.79	0.74	1.31	4.81	1.99	0.53	0.74	2.98
$\ln RD$	元/人	2.36	0.61	0.68	3.43	2.48	0.48	0.90	3.45
$\ln EHS$	—	-3.28	1.30	-10.09	-1.36	-1.65	0.95	-5.99	-0.38
$\ln EBS$	—	-3.41	1.53	-7.16	-0.93	-3.61	1.60	-7.64	-1.13
$\ln MHS$	—	-2.86	1.85	-7.72	0.55	-2.02	1.18	-4.42	0.67
$\ln MFS$	—	-2.55	0.76	-3.95	-0.58	-2.81	0.72	-5.21	-1.87
$\ln SE$	—	-0.71	0.83	-4.51	-0.02	-0.19	0.21	-1.10	0.00
$\ln C$	万吨	8.25	1.50	5.85	11.65	6.51	1.13	4.64	8.48
$\ln CI$	万吨/亿元	-0.02	0.94	-2.01	1.93	-2.11	0.94	-4.65	-0.33

（二）对外贸易的技术溢出的碳排放效应

表 5 - 6 给出了各种对外贸易技术溢出对工业碳排放强度与碳排放量影响的分析结果，EHS 与 MFS 的系数为负，表明其对工业碳减排有积极的促进作用，与前文假说 1、假说 4 一致，但在统计上并不显著；所有的 EBS 系数均为负值，表明出口贸易供应商对上游中间品供应商技术创新的需求与技术援助提高了工业碳减排技术水平，减少了工业碳排放量与碳排放强度，影响系数从模型 A1 至 A3、模型 B1 至 B3 明显增大，显著性均达到 1% 的水平，说明出口贸易技术后向溢出的碳减排效应存在滞后性，可能原因在于行业内企业需要一定的时间消化吸收出口贸易技术溢出，滞后

期的长度与东道国本土的技术吸收能力密切相关，这与假说 3 对应；所有模型的 *MHS* 系数均显著为正，表明通过"逆向工程"与竞争效应，中间品与资本品的进口抑制了东道国本土同行业产品供应商碳减排技术的提升，其影响系数在模型 A 和模型 B 中的变动与 EBS 影响系数类似，说明进口贸易技术水平溢出效应也存在滞后性，同假说 2 对应，原因可能是物化于进口中间品与资本品中的节能减排技术与东道国本土供应商技术存在巨大差距，技术势能过大限制了东道国本土供应商的吸收消化能力，在进口贸易强化了同行业产品竞争的背景下，东道国本土供应商难以在节能减排技术上有所突破，转向追求成本最小化战略，进而对碳减排带来负面影响。

与大多数文献关于研发投入的结论一致，除模型 B1 外，表 5 - 6 中所有模型研发投入强度系数均在 1% 的水平显著为负，表明研发投入强度的增加有利于提高生产率或改进节能减排技术，进而降低工业碳排放强度和碳排放量。目前中国节能减排技术创新基础薄弱，约有 70% 的减排技术依赖进口，对成熟技术的引进、消化、吸收、再创新的研发投入严重不足，中国在研发投入方面与创新型国家仍然存在巨大差距，通过提高研发强度降低工业行业碳排放强度的空间较大。

与上述各影响因素不同，行业结构和企业所有制结构对工业碳排放强度和碳排放量的影响存在差别，其中，反映行业结构的行业资本密集度与工业碳排放强度显著负相关，而与工业碳排放量显著正相关，表明行业资本密集度的增加会降低行业碳排放强度，但却导致更多的碳排放量。原因可能在于，资本密集度对工业碳排放的影响具有双重性，一方面，资本密集度的增加直接导致更多的资本设备投入与能源消耗，进而导致更高的碳排放量和碳排放强度；另一方面，资本密集度通过能源—资本配置比的降低来间接实现碳排放强度的降低，因此，资本密集度对碳排放强度的间接影响效应大于直接影响效应。除模型 A3 外，所有模型企业所有制结构系数均显著为正，表明非国有企业比重的增加会促进碳排放强度与碳排放量的上升，这是因为，在缺少严格环境规制将环境污染成本内生化的背景下，非国有企业比重越高，市场竞争压力加剧，可能会缩小企业利润空间，限制企业对碳减排技术、现代化厂房以及设备等进行投资的能力与意愿，从而给工业碳减排带来负面影响。此外，工业产出与工业碳排放量在 1% 的显著性水平上正相关，表明现阶段中国经济增长还未跨越倒"U"

型环境库兹涅茨曲线的拐点，原因与粗放式的工业产出增长模式所导致的能源、资源消耗较大有关。

表 5 - 6　　　　　　　　　　对外贸易技术溢出的碳排放效应

模型	工业碳排放强度			工业碳排放量		
	A1	A2	A3	B1	B2	B3
	FE	FE (LAG)	FE (MA)	FE	FE (LAG)	FE (MA)
对外贸易技术溢出效应						
lnEHS	-0.0198	-0.0007	0.0611	-0.0344	-0.0268	0.0367
	(-0.6500)	(-0.0243)	(1.6357)	(-1.3312)	(-1.0572)	(1.2057)
lnEBS	-0.0726*	-0.0892**	-0.1838***	-0.0568	-0.0613*	-0.1188***
	(-1.7337)	(-2.1135)	(-4.2936)	(-1.5952)	(-1.7459)	(-3.3657)
lnMHS	0.1412***	0.1321***	0.2290***	0.0579**	0.0413	0.1263***
	(4.7948)	(4.1145)	(6.5748)	(2.2120)	(1.4800)	(4.2283)
lnMFS	-0.0055	-0.0355	-0.0254	-0.0687*	-0.0844**	-0.0546
	(-0.1159)	(-0.7370)	(-0.5172)	(-1.6818)	(-2.0966)	(-1.3614)
控制变量						
ln$S$	-0.1546**	-0.1446*	-0.1017	-0.0402	0.0156	0.1809**
	(-2.1971)	(-1.7636)	(-1.0171)	(-0.6619)	(0.2231)	(2.1224)
lnRD	-0.1533***	-0.1442***	-0.1408***	-0.1002**	-0.1238***	-0.1375***
	(-3.2442)	(-2.9642)	(-3.2379)	(-2.4776)	(-3.0586)	(-3.8881)
lnSE	0.1547**	0.1223*	0.0796	0.2206***	0.1851***	0.1173**
	(2.1688)	(1.6828)	(1.1352)	(3.6230)	(2.9617)	(2.0516)
ln$Y$				0.2606***	0.1996***	0.1978***
				(3.7594)	(2.6904)	(2.6496)
常数项	-0.2290	-0.4706	-0.6000**	5.2917***	5.6463***	5.5303***
	(-0.8270)	(-1.6411)	(-2.0636)	(9.3056)	(9.1779)	(8.9325)
R^2	0.9839	0.9856	0.9907	0.9909	0.9923	0.9953
$Adjusted - R^2$	0.9812	0.9829	0.9887	0.9893	0.9908	0.9943
F	361.1925	366.0117	506.8465	629.8895	674.2858	987.8911
$prob$	0.0000	0.0000	0.0000	0.0000	0.0000	0.0000
样本	340	306	272	340	306	272

注：FE 表示固定效应估计，所有模型均采用行业和时间固定效应；上标"*"、"**"、"***"分别表示 10%、5% 和 1% 的显著性水平；A1 和 B1 表示模型采用当期的对外贸易溢出变量，A2 和 B2 表示模型采用滞后一期的对外贸易溢出变量，A3 和 B3 表示模型采用当期和前两年的对外贸易溢出变量的移动平均值；回归系数括号里的数为 t 值。

四　吸收能力的行业异质性影响对外贸易技术效应的检验

(一) 因变量为碳排放强度的计量结果分析

模型 1、模型 4 分别为方程 (5.15) 按碳排放强度分组的估计结果，模型 2、模型 5 分别为方程 (5.17) 的分组估计结果，模型 3、模型 6 分别为方程 (5.18) 的分组估计结果，回归结果见表 5-7。从表 5-7 的结果可知，对外贸易的技术效应对不同碳排放强度行业的影响迥异：在高碳排放行业组，EBS 系数显著为负，MHS 系数均显著为正，与行业整体回归结果相比，其影响系数与显著性均明显增大，而在低碳排放行业组，所有对外贸易溢出变量的系数均不显著。这说明对外贸易技术效应主要集中在高碳排放行业，可能的原因是，对外贸易技术效应对工业碳排放的影响存在一定的 "技术门槛"，与低碳排放行业相比，高碳排放行业的资本密集度普遍较高，而行业的资本密集程度反映了行业的技术和资本装备程度，在国内外碳减排技术水平存在巨大差距的背景下，行业资本密集度越高，意味着该行业对国外领先碳减排技术的吸收能力越强，从而使得高碳排放行业对外贸易技术效应对碳排放的影响更为显著。

其他因素的影响存在较大的差别。在行业结构方面，低碳排放行业资本密集度的提高能显著降低工业碳排放强度，而高碳排放行业影响系数较小，同为负值但不太显著，原因在于，与低碳排放行业相比，高碳排放行业资本密集度的存量水平相对较高，其资本密度强化通过资本设备投入、能源消耗进而促进碳排放强度提升的直接效应较为明显，而通过资本对能源的替代从而导致碳排放强度降低的间接效应比较有限。因此，低碳排放行业资本密度强化的综合效应更有利于碳减排；低碳排放行业研发投入与碳排放强度在 1% 的显著性水平上负相关，而高碳排放行业研发投入系数为负但不显著。

关于吸收能力的行业异质性对贸易技术效应对碳排放的影响方面，高碳排放行业的行业特征影响显著，而低碳排放行业的影响不明显。模型 2 结果显示企业所有制结构与出口贸易后向技术溢出的交互项系数显著为正，说明非国有企业比重的提高削弱了高碳排放行业出口贸易后向技术溢出对工业碳减排的积极效应，可能的原因在于，上游非国有企业比重的上升，加剧了上游东道国本土供应商之间的市场竞争，利润空间的缩小限制了东道国本土供应商研发能力的积累与吸收能力的提升，弱化了出口贸易的后向技术溢出效应；模型 3 结果显示进口贸易水平技术溢出分别与研发投入、企业所有制结构的交互项系数均显著为正，说明国内研发投入强度、非国有企业比重的提升不利于进口贸易水平技术溢出的碳减排效应，即国内研发作为吸收能力的作用不明显，原因可能与国内研发投入方向、力度和物化于进口中间品和资本品的节能减排技术之间不太匹配有关，而非国有企业比重的提高进一步加剧了进口贸易对东道国本土同行业供应商的竞争压力，强化了进口贸易的竞争效应对技术溢出的碳减排效应的负面作用。

表 5 −7　　　　　因变量为碳强度自然对数 （lnCI） 的分组检验结果

	高排放行业组			低排放行业组		
	模型 1	模型 2	模型 3	模型 4	模型 5	模型 6
		（TR = EBS）	（TR = MHS）		（TR = EBS）	（TR = MHS）
对外贸易技术溢出效应						
lnEHS	0.0655			− 0.0533		
	(1.2217)			(− 1.1372)		
lnEBS	− 0.1464 ***			− 0.0231		
	(− 2.6708)			(− 0.3705)		
lnMHS	0.2040 ***			− 0.1229		
	(5.6486)			(− 1.5240)		
lnMFS	− 0.0335			0.1205		
	(− 0.5014)			(0.8312)		
lnTR · lnRD		− 0.0055	0.0425 ***		0.0161	− 0.0068
		(− 0.3954)	(2.9005)		(1.4798)	(− 0.4612)
lnTR · lnSE		0.0783 ***	0.0618 **		0.0877	0.0786
		(2.9821)	(2.3527)		(1.6477)	(0.7116)
控制变量						
ln$S$	− 0.1887	− 0.4000 ***	− 0.1212	− 0.2739 **	− 0.1800	− 0.2563 **
	(− 1.5952)	(− 3.1488)	(− 0.9016)	(− 2.3848)	(− 1.6064)	(− 2.2620)

续表

	高排放行业组			低排放行业组		
	模型 1	模型 2	模型 3	模型 4	模型 5	模型 6
		(TR = EBS)	(TR = MHS)		(TR = EBS)	(TR = MHS)
lnRD	− 0.0396	− 0.0346	− 0.0281	− 0.1799 ***	− 0.1761 ***	− 0.1823 ***
	(− 0.5534)	(− 0.4283)	(− 0.3712)	(− 3.0237)	(− 3.0551)	(− 3.0925)
lnSE	0.1216	0.2263 **	− 0.0210	0.3682	0.6844 *	0.5462
	(1.4582)	(2.0864)	(− 0.2191)	(1.1385)	(1.8152)	(1.4004)
常数项	0.8213 *	1.0384 ***	0.7195 *	− 1.2123 **	− 1.1991 ***	− 1.1914 ***
	(1.8505)	(2.8063)	(1.9695)	(− 2.5193)	(− 4.3458)	(− 4.0326)
R^2	0.9646	0.9538	0.9592	0.9813	0.9812	0.9807
$Adjusted - R^2$	0.9555	0.9429	0.9495	0.9765	0.9768	0.9762
F	106.3215	87.5615	99.6405	204.4665	221.9410	215.8341
$prob$	0.0000	0.0000	0.0000	0.0000	0.0000	0.0000
样本	153	153	153	153	153	153

注：同表 5 - 6。

（2）因变量为碳排放量的计量结果分析

我们将回归方程的因变量换成碳排放量，回归结果见表 5 - 8。其中，模型 1、模型 4 分别为方程（5.16）按碳排放强度分组的估计结果，模型 2、模型 5 分别为方程（5.19）的分组估计结果，模型 3、模型 6 分别为方程（5.20）的分组估计结果。与表 5 - 7 的回归结果相比：其一，资本密集度的变动对碳排放量的影响没有碳排放强度明显，与表 5 - 6 的结果类似；其二，所有工业行业非国有企业比重的增加不仅会直接促进碳排放量的提升，还会通过强化贸易技术溢出的碳减排负面效应来间接促进碳排放量的增长，具体原因与前述分析一致；其三，所有行业工业产出均能显著促进碳排放量的增长，相对于低碳排放行业，高碳排放行业的影响系数较大且显著性水平较高，原因在于高碳排放行业的产出增加更多是依靠能源、资源投入型的粗放式增长模式，必然导致更多的碳排放量。

表 5 - 8　　　　因变量为碳排放量自然对数（lnC）的分组检验结果

	高排放行业组			低排放行业组		
	模型 1	模型 2	模型 3	模型 4	模型 5	模型 6
		（TR = EBS）	（TR = MHS）		（TR = EBS）	（TR = MHS）
对外贸易技术溢出效应						
$\ln EHS$	0.0109			0.0483		
	(0.2406)			(1.0936)		
$\ln EBS$	-0.1077**			-0.0411		
	(-2.3337)			(-0.7510)		
$\ln MHS$	0.1184***			-0.1122		
	(3.6591)			(-1.5861)		
$\ln MFS$	-0.0794			0.0522		
	(-1.4128)			(0.4817)		
$\ln TR \cdot \ln RD$		-0.0008	0.0328***		0.0144	-0.0156
		(-0.0730)	(2.7135)		(1.5211)	(-1.2203)
$\ln TR \cdot \ln SE$		0.0376*	0.0361*		0.1101**	0.2532**
		(1.7047)	(1.6579)		(2.3609)	(2.5793)
控制变量						
$\ln S$	0.0457	-0.0608	0.1070	-0.1403	-0.0363	-0.1447
	(0.4398)	(-0.5422)	(0.9382)	(-1.3629)	(-0.3610)	(-1.4667)
$\ln RD$	-0.0703	-0.0739	-0.0679	-0.1128**	-0.1230**	-0.1286**
	(-1.1710)	(-1.1162)	(-1.0891)	(-2.1182)	(-2.4119)	(-2.5112)
$\ln SE$	0.1846***	0.2168**	0.0847	0.3928	0.7211**	0.8654**
	(2.6254)	(2.4482)	(1.0618)	(1.3853)	(2.1890)	(2.5597)
$\ln Y$	0.2912***	0.1849*	0.2406**	0.2268*	0.2759**	0.2037*
	(2.9791)	(1.7833)	(2.4528)	(1.8374)	(2.4445)	(1.7496)
常数项	5.8183***	7.1366***	6.4891***	5.0384***	4.6796***	5.3569***
	(7.4148)	(8.5535)	(8.0599)	(4.6435)	(4.9411)	(5.4091)
R^2	0.9905	0.9882	0.9895	0.9907	0.9908	0.9909
$Adjusted - R^2$	0.9880	0.9853	0.9869	0.9883	0.9885	0.9886
F	390.8597	340.2204	381.5241	401.4522	437.9934	441.4250
$prob$	0.0000	0.0000	0.0000	0.0000	0.0000	0.0000
样本	153	153	153	153	153	153

注：同表 5 - 6。

五　小结与启示

（一）小结

本文首先阐述了对外贸易技术效应对工业碳排放的影响机制，在此基础上，采用中国34个工业行业2001—2010年的面板数据，运用投入产出表构建进口贸易水平技术溢出、出口贸易水平技术溢出、出口贸易后向技术溢出以及进口贸易前向技术溢出四种指标，以检验对外贸易技术效应对工业碳排放的影响，并估算了研发投入强度、企业所有制结构、碳排放强度等吸收能力的行业异质性在对外贸易技术溢出的碳排放效应中的作用。我们发现：从对外贸易技术效应的影响途径来看，出口贸易技术后向溢出、进口贸易技术水平溢出对全行业的碳排放强度或碳排放变化具有明显的作用，其中，出口贸易技术后向溢出对工业碳排放的降低存在积极影响，而进口贸易技术水平溢出对工业碳减排有负面影响。分行业的研究显示，高碳排放行业对外贸易的技术效应对工业碳排放影响显著，而低碳排放行业影响系数不明显。对行业特征影响的进一步分析发现，行业特征对对外贸易技术效应的影响集中在高碳排放行业，研发投入、非国有企业比重的提高抑制了进口贸易技术水平溢出，且非国有企业比重的提升对出口贸易技术后向溢出存在负面影响。

（二）启示

基于上述结论，本文建议如下：

1. 给予一定的贸易政策倾斜，鼓励与促进出口贸易企业的本土化采购，强化东道国本土供应商与出口贸易企业之间的关联程度，以充分发挥出口贸易后向技术效应对工业碳减排的积极作用。具体而言，应着重加强高碳排放强度行业的出口力度，保持低碳排放强度行业的出口规模水平。结合当前出口贸易规模增速变缓的趋势，政府应积极为出口贸易企业创造条件以开拓出口贸易新兴市场，将出口贸易的重心从欧美市场向东亚市场转移，旨在促进出口规模增长的同时优化出口贸易技术结构。

2. 研发活动是获得技术最根本、最主动的方式，而目前国内研发投入、研发专利转化率严重不足，因此，政府应加强国内研发投入，特别是在运用"逆向工程"等方式学习模仿、消化吸收的过程中，加大与物化于进口中间品和资本品中节能减排技术研发方向相适应的研发投入力度，同时，也应注意在引进中间品和资本品时不应一味地引进处于技术前沿的高端设备，而是应选择引进与当地的科研基础实力所反映的吸收能力相适应，又能促进当地吸收能力提升的中间品和资本品，从而使工业各行业技术研发存量、研发方向能更好地与对外贸易技术溢出相匹配。

3. 积极调整工业内部结构，适度提高行业资本密集度，特别是适度提升低碳排放行业的资本密集度，通过工业行业能源—资本替代比例、化石能源占总能源消耗比例的降低促进工业碳减排。

4. 由于碳减排技术的扩散与传统技术不同，前者面临市场的双重失灵，第一重失灵在于跨国污染企业无法将环境技术的投资成本转嫁到消费者身上；第二重失灵在于环境投资的公共性，环境投资企业无法获得充分的投资回报，这意味着，缺乏碳减排规制的约束，碳减排技术巨大差距下的竞争更多的是低成本竞争，不利于碳减排技术的跨国转移与扩散，而碳减排规制的缺乏，其深层次的原因与政府主导型的经济体制密切相关，表现在地方政府难以抑制 GDP 冲动，缺乏强化碳减排规制的动力，从而使粗放型的经济增长方式难以得到根本扭转。因此，从长远来看，应以经济体制转型的深化为切入点，运用市场主导的方式强化碳减排规制，发展以低碳能源消耗为主的低碳产业，逐步走出高碳"锁定效应"的困境。

第三节　FDI 技术溢出与中国对外贸易隐含碳排放

涉及 FDI 对碳减排影响的文献主要在 FDI 对国内二氧化碳排放绩效方面，成果主要集中在最近两年，自赵晓莉等（2010）[1] 首次从 FDI 对东道国低碳经济发展双重作用的角度展开了定性分析后，随之展开的研究由于样本选取与实证方法的不同，各研究结果存在较大的差异，其中，持环境负效应观点的有牛海霞等（2011）[2]、刘华军等（2011）[3]，他们认为 FDI 通过规模效应或结构效应促进了中国二氧化碳的排放；持环境正效应观点的有宋德勇等（2011）[4]、谢文武等（2011）[5]，他们认为 FDI 能明显减少

① 赵晓莉、熊立奇：《FDI 对东道国低碳经济发展的影响》，《国际经济合作》2010 年第 8 期。
② 牛海霞、胡佳雨：《FDI 与我国二氧化碳排放相关性实证研究》，《国际贸易问题》2011 年第 5 期。
③ 刘华军、闫庆悦：《贸易开放、FDI 与中国 CO₂ 排放》，《数量经济技术经济研究》2011 年第 3 期。
④ 宋德勇、易艳春：《外商直接投资与中国碳排放》，《中国人口·资源与环境》2011 年第 1 期。
⑤ 谢文武、肖文、汪滢：《开放经济对碳排放的影响——基于中国地区与行业面板数据的实证检验》，《浙江大学学报》2011 年第 5 期。

中国碳排放，与上述研究不同，持折中观点的有邹麒等（2011）[①]，他们认为当期的外商直接投资恶化了中国碳环境，而其滞后项的碳排放效应呈现清洁作用。

综观上述研究文献可发现，缺少 FDI 对贸易隐含碳影响的深入分析。因此，本文运用指数因素分解法，将影响贸易隐含碳排放的 FDI 分解为 FDI 数量、FDI 行业结构、投资的隐含碳强度因素进行实证分析，探讨 FDI 与对外贸易隐含碳排放的相关关系，为制定合理的引资政策提供相应的科学依据，引导 FDI 的产业流向，以减轻国际碳减排转移的压力。

一　相关性描述

依据中国统计年鉴 1997—2009 年的实际 FDI 数据，FDI 主要流向制造业，自 1997—2005 年，FDI 中制造业所占比例持续上升，最高达 2005 年的 70.4%；2005—2009 年所占比例降至 51.9%，仍吸引了半数以上的外资，说明在短期内制造业仍是外商直接投资的主要行业选择。

由此，以制造业为例，比较制造业 FDI 与中国制造业进出口隐含碳排放的变化趋势，以初步反映 FDI 与贸易隐含碳排放的相关性。从图 5－1 可以看出，中国制造业 FDI 从 1997—2005 年间呈现稳中有升的趋势，2005—2009 年略有下降。与贸易隐含碳排放量相比，制造业出口隐含碳排放 1997—2005 年一直保持上升的趋势，2005—2009 年增速放缓；而制造业进口隐含碳排放 1997—2005 年持续上升，2005—2009 年相对稳定。另外，从升幅的变化程度来看，2000—2005 年间制造业 FDI 无论是绝对数还是相对比例增幅均较大，相应制造业 2000—2005 年进出口隐含碳排放同期也呈现出较大幅度的上升。因此，制造业 FDI 与制造业进出口贸易隐含碳排放存在较为明显的内在关联，意味着 FDI 行业结构与中国贸易隐含碳排放可能存在正相关关系。

二　研究模型、方法与数据说明

（一）研究模型与方法

本部分运用指数因素分解法，将上述中国各行业对外贸易隐含碳指数

---

① 邹麒、刘辉煌：《外商投资和贸易自由化的碳排放效应分析》，《经济与管理研究》2011 年第 4 期。

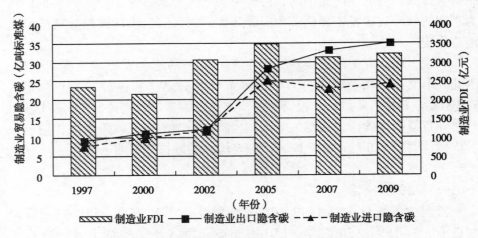

图 5 - 1　中国制造业 FDI 与制造业进出口隐含碳排放

分解为 FDI 数量效应、FDI 行业结构效应以及投资的贸易隐含碳强度效应，其中投资的贸易隐含碳强度是反映基于对外贸易隐含碳排放的 FDI 技术效应指标。本部分分别从以下两个方面来考察 FDI 对中国各行业对外贸易隐含碳排放的影响。

1. 中国各行业对外贸易隐含碳指数

$$IN_{EC_t} = \frac{EC_t}{EC_{t-m}} = \frac{\sum_{j=1}^{n} FDI_{jt} \cdot \dfrac{AI_{jt}}{FDI_{jt}} \cdot \dfrac{EC_{jt}}{AI_{jt}}}{\sum_{j=1}^{n} FDI_{j,t-m} \cdot \dfrac{AI_{j,t-m}}{FDI_{j,t-m}} \cdot \dfrac{EC_{j,t-m}}{AI_{j,t-m}}} \qquad (5.21)$$

式（5.21）运用贸易隐含碳排放的环比指数来反映各期贸易隐含碳排放相对于上一期的变动程度，其中，IN_{EC_t} 代表第 t 年中国各行业对外贸易隐含碳指数，m 为相邻年份的时间跨度；EC_t 与 EC_{t-m} 分别代表第 t 期、第（t-m）期贸易隐含碳排放量，包括隐含碳出口、进口以及净出口，FDI_{jt} 代表第 t 期 j 行业的外商直接投资额，AI_{jt} 代表第 t 期 j 行业的总投资额，EC_{jt} 代表第 t 期 j 行业的隐含碳排放，包括隐含碳出口、进口以及净出口，则 $\dfrac{AI_{jt}}{FDI_{jt}}$ 为第 t 期 j 行业占总投资的比例，$\dfrac{EC_{jt}}{AI_{jt}}$ 为投资的贸易隐含碳强度；分母中的变量为相应的第（t-m）期各变量对应的值。

对外贸易含碳量变化指数可以分解为 FDI 数量效应、FDI 行业结构效应以及投资的贸易隐含碳强度。

FDI 数量效应指数：

$$IN_{size} = \frac{\sum\limits_{j=1}^{n} FDI_{jt} \cdot \dfrac{AI_{jt}}{FDI_{jt}} \cdot \dfrac{EC_{jt}}{AI_{jt}}}{\sum\limits_{j=1}^{n} FDI_{j,t-m} \cdot \dfrac{AI_{jt}}{FDI_{jt}} \cdot \dfrac{EC_{jt}}{AI_{jt}}} \tag{5.22}$$

FDI 行业结构效应指数：

$$IN_{str} = \frac{\sum\limits_{j=1}^{n} FDI_{j,t-m} \cdot \dfrac{AI_{jt}}{FDI_{jt}} \cdot \dfrac{EC_{jt}}{AI_{jt}}}{\sum\limits_{j=1}^{n} FDI_{j,t-m} \cdot \dfrac{AI_{j,t-m}}{FDI_{j,t-m}} \cdot \dfrac{EC_{jt}}{AI_{jt}}} \tag{5.23}$$

投资的贸易隐含碳强度效应指数：

$$IN_{int} = \frac{\sum\limits_{j=1}^{n} FDI_{j,t-m} \cdot \dfrac{AI_{j,t-m}}{FDI_{j,t-m}} \cdot \dfrac{EC_{jt}}{AI_{jt}}}{\sum\limits_{j=1}^{n} FDI_{j,t-m} \cdot \dfrac{AI_{j,t-m}}{FDI_{j,t-m}} \cdot \dfrac{EC_{j,t-m}}{AI_{j,t-m}}} \tag{5.24}$$

2. 对外贸易含碳量变化的绝对值

$$\Delta EC_t = \sum_{i=1}^{n} FDI_{it} \cdot \frac{AI_{it}}{FDI_{it}} \cdot \frac{EC_{it}}{AI_{it}} - \sum_{i=1}^{n} FDI_{i,t-m} \cdot \frac{AI_{i,t-m}}{FDI_{i,t-m}} \cdot \frac{EC_{i,t-m}}{AI_{i,t-m}} \tag{5.25}$$

式（5.25）运用贸易隐含碳的环比增加值来反映各期贸易隐含碳排放量相对于上一期的绝对数额的变动值，能较为直观地展现贸易隐含碳排放的变化量，是对环比指数分析的有益补充。

数量效应的绝对值：

$$\Delta IN_{size} = \sum_{i=1}^{n} FDI_{it} \cdot \frac{AI_{it}}{FDI_{it}} \cdot \frac{EC_{it}}{AI_{it}} - \sum_{i=1}^{n} FDI_{i,t-m} \cdot \frac{AI_{it}}{FDI_{it}} \cdot \frac{EC_{it}}{AI_{it}} \tag{5.26}$$

行业结构效应的绝对值：

$$\Delta IN_{str} = \sum_{i=1}^{n} FDI_{i,t-m} \cdot \frac{AI_{it}}{FDI_{it}} \cdot \frac{EC_{it}}{AI_{it}} - \sum_{i=1}^{n} FDI_{i,t-1} \cdot \frac{AI_{i,t-m}}{FDI_{i,t-m}} \cdot \frac{EC_{it}}{AI_{it}} \tag{5.27}$$

强度效应的绝对值：

$$\Delta IN_{int} = \sum_{i=1}^{n} FDI_{i,t-m} \cdot \frac{AI_{i,t-m}}{FDI_{i,t-m}} \cdot \frac{EC_{it}}{AI_{it}} - \sum_{i=1}^{n} FDI_{i,t-m} \cdot \frac{AI_{i,t-m}}{FDI_{i,t-m}} \cdot \frac{EC_{i,t-m}}{AI_{i,t-m}} \tag{5.28}$$

（二）数据说明

FDI 行业划分为上述八大行业类别，各行业实际 FDI 投资额来自样本年《中国统计年鉴》，按当年人民币平均汇率进行换算后用固定资产价格指数调整为实际值。各行业固定资产投资总额来自《中国固定资产投资统计年鉴》，用固定资产价格指数进行调整。

三　环比指数与环比增加值的数据分析

（一）环比指数的数据分析

根据上述公式（5.21）、公式（5.22）、公式（5.23）、公式（5.24），表 5 – 9 中列出 FDI 与中国隐含碳出口、进口、净出口关系的环比指数分析结果，FDI 影响因素包括 FDI 数量、FDI 行业结构以及投资的隐含碳强度的变化。

表 5 – 9　　　　　　中国贸易隐含碳排放与 FDI 关系的环比指数分析

年份	EC^{EX}				EC^{IM}				EC^{NX}
	数量效应	结构效应	强度效应	总指数	数量效应	结构效应	强度效应	总指数	总指数
2000	0.878	1.482	0.897	1.167	0.870	1.458	1.009	1.280	0.664
2002	1.333	0.922	0.917	1.127	1.355	0.906	0.960	1.179	0.685
2005	1.052	2.340	0.915	2.254	0.986	2.486	0.898	2.201	3.035
2007	0.862	1.827	0.730	1.149	0.906	1.736	0.630	0.991	2.836
2009	1.091	1.377	0.720	1.082	1.063	1.407	0.726	1.087	1.067

表 5 – 9 中的数据为 1997—2009 年间各样本年中国各行业贸易隐含碳排放与 FDI 关系的环比指数，即报告期与前一期的比值。数据显示：

其一，中国出口隐含碳排放持续增加，其中数量效应表明外商直接投资在 1997—2009 年间反复波动，说明 FDI 数量变化对出口贸易隐含碳排放的影响是不稳定的，两者之间不存在稳定的内在联系；FDI 行业结构效应除 2000—2002 年间略有下降以外，其余年份均有稳步提高，尤其在 2002 后增幅较大，表明 FDI 行业结构变化促进了出口贸易隐含碳排放的增加；投资的出口贸易隐含碳强度效应一直在减少，且降幅不断增大。因此，中国出口贸易隐含碳排放的增加主要是由 FDI 行业结构效应所导致的。

其二，中国进口隐含碳排放除 2005—2007 年略微下降外，其余年份均保持明显的增加，其中数量效应表明 1997—2009 年外商直接投资历经下降—上升—下降—上升四个阶段，说明 FDI 数量变化对进口贸易隐含碳排放的影响不稳定，没有明显的内在关联；FDI 行业结构效应除 2000—2002 年稍有下降以外，其余年份均有明显提高，2002 年后增幅显著，表明 FDI 行业结构变动导致进口贸易隐含碳排放增加；投资的进口贸易隐含碳强度效应 1997—2000 年间基本保持稳定，自 2000 年后持续下降，且降幅呈逐步增大的趋势。由此可知，中国进口贸易隐含碳排放的增加主要是由 FDI 行业结构效应所导致的，而碳排放的下降主要来自强度效应。

其三，中国净出口隐含碳排放净值 1997—2002 年间大幅下降，而 2002—2009 年间开始大幅上升，表明最初中国进出口隐含碳排放差距不断缩小，而 2002 年后不平衡程度逐步加剧。

（二）环比增加值的数据分析

进一步根据上述公式（5.25）、公式（5.26）、公式（5.27）、公式（5.28），表 5 - 10 中列出受 FDI 影响的中国各行业进出口贸易隐含碳排放的绝对值变化情况。

表 5 - 10　　　　　　中国贸易隐含碳排放与 FDI 关系的环比增加值分析

（单位：亿吨标准煤）

年份	EC^{EX}				EC^{IM}				EC^{NX}
	数量效应	结构效应	强度效应	总指数	数量效应	结构效应	强度效应	总指数	总指数
2000	-1.7283	4.6200	-1.1066	1.7851	1.6739	4.0379	0.0822	2.4462	-0.6611
2002	3.5123	-0.8963	-1.0339	1.5821	3.4467	-1.0076	-0.4454	1.9938	-0.4117
2005	1.5681	17.2495	-1.1900	17.6276	-0.4217	17.6276	-1.3403	15.8073	1.8203
2007	-5.8393	19.1152	-8.5615	4.7144	-2.9925	13.4102	-10.7023	-0.2693	4.9837
2009	3.2866	9.8963	-10.1801	3.0028	1.8604	8.4840	-7.8610	2.4834	0.5195

表 5 - 10 中的数据为 1997—2009 年间各样本年中国贸易隐含碳排放与 FDI 关系的环比增加的绝对数值，即报告期相对前一期绝对数值的变化。数据显示：

其一，中国出口隐含碳排放持续上升。2000 年出口隐含碳排放与 1997 年相比增加 1.7851 亿吨标准煤，其中 FDI 行业结构效应导致增加 4.6200 亿吨标准煤，而 FDI 数量效应与投资的出口贸易隐含碳强度效应分别导致减少 1.7283、1.1066 亿吨标准煤，2007 年的情况与此类似；2002 年相比 2000 年出口隐含碳排放增加 1.5821 亿吨标准煤，其中 FDI 数量效应导致增加 3.5123 亿吨标准煤，而 FDI 行业结构效应与投资的出口贸易隐含碳强度分别导致减少 0.8963、1.0339 亿吨标准煤；2005 年相对于 2002 年出口隐含碳排放增加 17.6276 亿吨标准煤，其中 FDI 数量效应与 FDI 行业结构效应分别导致增加 1.5681、17.2495 亿吨标准煤，而强度效应导致减少 1.1900 亿吨标准煤，2009 年与之相似。由此可知，FDI 行业结构分布是影响出口隐含碳排放的主导因素，表现在两个方面：一是除 2000—2002 年外其余年份 FDI 结构效应均为正值，说明其对出口隐含碳排放的增加有明显的促进作用；二是从 2000 年、2005 年、2007 年、2009 年的数据比较来看，FDI 行业结构分布的变化使出口隐含碳排放同上一期相比分别增加 4.6200、17.2495、19.1152、9.8963 亿吨标准煤，表明这种促进作用有增强的趋势。

其二，中国进口隐含碳排放 1997—2005 年明显增加，2005—2009 年变化幅度较小，相对保持稳定。2000 年进口隐含碳排放相对于 1997 年增加 2.4462 亿吨标准煤，其中 FDI 数量效应、行业结构效应以及强度效应分别导致增加 1.6739、4.0379、0.0822 亿吨标准煤；2002 年相比 2000 年进口隐含碳排放增加 1.9938 亿吨标准煤，其中 FDI 数量效应导致增加 3.4467 亿吨标准煤，而结构效应与强度效应分别导致减少 1.0076、0.4454 亿吨标准煤；2005 年与 2002 年相比大幅增长 15.8073 亿吨标准煤，其中 FDI 行业结构效应导致增加 17.5693 亿吨标准煤，而 FDI 数量效应与强度效应分别使之减少 0.4217、1.3403 亿吨标准煤，2007 年的情况与此类似；2009 年进口隐含碳排放比 2007 年增加 2.4834 亿吨标准煤，其中数量效应与结构效应分别增长 1.8604、8.4840 亿吨标准煤，而强度效应减少了 7.8610 亿吨标准煤的排放。由此可知，FDI 行业结构是影响进口隐含碳排放的主导因素，且 2005—2009 年的影响程度有逐步减小的趋势。

其三，1997—2002 年间中国的贸易隐含碳排放净值不断降低，2002 年后进出口隐含碳排放量差距大幅上升，2009 年达到最高。

结合以上环比指数与环比增加值指数，进一步分析可知：

FDI 行业结构的变化促进了贸易隐含碳排放的增加，相对于其他行业而言，制造业为碳排放强度较大的行业，随着 1997—2005 年间制造业 FDI 份额的上升，FDI 结构效应持续上升达到最大值，期间结构效应持续增加的原因可初步认为是 FDI 产业向碳排放强度较大的制造业转移所导致的，然而，2005—2009 年间制造业 FDI 份额的下降并没有减少贸易隐含碳排放，只是增长的幅度有所减缓，前面的初步解释缺乏说服力，从投入产出的角度来看，较为合理的解释为，FDI 行业结构效应包括直接碳排放效应与间接碳排放效应，其中，直接碳排放效应为在出口产品生产过程中 FDI 产业本身的碳排放，可依据贸易隐含碳计算公式将完全需求系数替换为直接消耗系数得到，间接碳排放效应为出口产品生产过程中与 FDI 产业相关联的其他产业的碳排放，当制造业 FDI 份额上升，直接碳排放效应与间接碳排放效应均正；反之，当制造业 FDI 份额下降，直接碳排放效应为负，间接碳排放效应有所降低，但仍为正值，两者的综合效应为正。这意味着与 FDI 产业相关联的国内其他产业碳排放强度远大于 FDI 产业本身，可从下图制造业出口直接与间接碳排放量的对比看出，具体原因有待深入分析。另外，投资的贸易隐含碳强度效应说明投资的贸易隐含碳强度在持续下降，且降速不断加快，可能原因在于外资企业进入能提升中国能源利用效率。而中国能源结构以煤炭为主，自 21 世纪初以来工业重型化的发展使煤炭消费比重不断攀升，能源结构的变化不利于强度效应的下降，而 FDI 数量变化对贸易隐含碳排放的影响不稳定，说明吸收外资数量的增长并不必然导致碳排放量的增加。

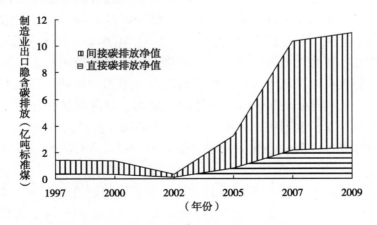

图 5 - 2　中国制造业出口直接与间接隐含碳排放

本部分运用 1997—2009 年间数据对制造业 FDI 与制造业进出口隐含碳排放进行对比分析，从变化的趋势与升幅来看，制造业 FDI 与中国制造业进出口隐含碳排放之间存在明显的内在关联。在此基础上，运用指数因素

分析模型分别将中国进出口隐含碳排放环比指数、环比增加值分解为 FDI
数量效应、FDI 行业结构效应以及投资的贸易隐含碳强度效应。其中，
FDI 数量变化对中国进出口隐含碳排放的影响不稳定，两者之间不存在明
显的关联；FDI 行业结构的变化对进出口隐含碳排放的作用除 2000—2002
年略有下降外，其余年份均明显提高，说明 FDI 行业结构的变化促进了贸
易隐含碳排放的增加；投资的进出口贸易隐含碳强度一直在下降，且降幅
不断增大。这表明中国进出口隐含碳排放的增加主要是由 FDI 行业结构效
应所导致的，与张为付等的研究结论相似，该研究从中国与主要贸易伙伴
失衡度的视角发现中国对外贸易隐含碳排放的增加是由新一轮国际产业转
移引起的。

四　小结与启示

（一）小结

1. 自 2002 年后，中国对外贸易隐含碳排放不平衡程度加剧，且制造
业对外贸易隐含碳排放的失衡最为显著

中国对外贸易隐含碳排放不平衡程度的变化大致经历两个阶段：
1997—2002 年间进口与出口隐含碳排放差距逐渐缩小；而 2002 年后隐含
碳排放的不平衡程度加剧。进一步分行业来看，隐含碳排放净值的增加主
要集中在制造业，其次以交通运输业、仓储和邮政业等为代表的服务业碳
排放净值也呈现出明显的上升趋势。这说明中国作为一个对外贸易大国，
所承担的来自其他进口贸易国碳排放转移的压力越来越明显，而减少温室
气体排放是所有国家和地区都必须共同面对与承担的责任。因此，按生产
者原则核算的一国或地区碳排放不能较好地衡量该国或地区在生产过程碳
减排的努力程度，也不利于形成公正、有效的碳减排约束机制。

2. 样本期间 FDI 对中国贸易隐含碳排放的影响主要来自于 FDI 行业结
构效应

本文运用 1997—2009 年间数据对制造业 FDI 与制造业进出口隐含碳排
放进行对比分析，从变化的趋势与升幅来看，制造业 FDI 与中国制造业进
出口隐含碳排放之间存在明显的内在关联。在此基础上，运用指数因素分
析模型分别将中国进出口隐含碳排放环比指数、环比增加值分解为 FDI 数
量效应、FDI 行业结构效应以及投资的贸易隐含碳强度效应。其中，FDI
数量变化对中国进出口隐含碳排放的影响不稳定，两者之间不存在明显的

关联；FDI 行业结构的变化对进出口隐含碳排放的作用除 2000—2002 年略有下降外，其余年份明显提高，说明 FDI 行业结构的变化促进了贸易隐含碳排放的增加；投资的进出口贸易隐含碳强度一直在下降，且降幅不断增大。这表明中国进出口隐含碳排放的增加主要是由 FDI 行业结构效应所导致的，与张为付等的研究结论相似，该研究从中国与主要贸易伙伴失衡度的视角发现中国对外贸易隐含碳排放的增加是由新一轮国际产业转移引起的，同时，以投资的进出口贸易隐含碳强度表征的 FDI 技术效应促进了贸易隐含碳减排。

（二）启示

1. 建立公平、有效的碳减排合作的双赢机制与执行机制

碳减排是中长期国家战略，低碳技术与资金支持是关键。2005 年正式生效的《京都协议书》明确了发达国家碳减排的目标与责任，近年来承担着较大的碳减排短期压力，而发展中国家在向低碳经济转型的过程中，还面临资金与技术的挑战。中国作为发展中国家，可在短期内适当分担发达国家碳减排转移的压力，以换取更多的 CDM 项目的跨国技术研发合作机会，用于弥补中国在低碳技术的资金投入与研发基础方面的短板，因此，两者之间存在碳减排合作的利益共赢基础，并且建立双边与多边碳减排合作机制是长期持续降低碳排放的关键。

2. 通过 FDI 产业关联渠道促进国内关相关产业的低碳技术改进，实现产业链的清洁生产

短期内制造业仍是 FDI 的主要选择，贸易隐含碳排放的减少需要限制加工贸易下 FDI 流入碳排放密集制造业的规模，更重要的是加强 FDI 产业关联效应以实现低碳技术的垂直型外溢，提升与 FDI 产业相关的本土产业能源利用效率。因此，通过制定合理的引资政策，引导外资的产业流向，鼓励外资企业优先选择清洁供应商，或以低碳技术研发合作的方式改进产业链利益相关方的清洁技术，对于减少贸易隐含碳排放净值、减轻国际碳排放转移的压力，有重要的现实意义。

第四节　国际技术溢出与中国低碳经济水平

低碳经济拥有丰富的理论内涵，其综合评价指标体系尚未形成统一框架。另外，国内的相关研究主要集中在 FDI 对中国二氧化碳排放的影响方

面，而考察 FDI 与对外直接投资（OFDI）技术溢出对中国低碳经济发展影响的文献较为鲜见。鉴于此，本文在构建中国低碳经济综合评价指标体系的基础上，分析 FDI、OFDI 对中国低碳经济发展的影响，并揭示其主要的影响路径，最后从低碳经济发展的视角提出引资、对外投资的政策建议。

一 研究模型、方法与数据说明

（一）研究模型与方法

第四章所构建的低碳经济综合评价指标体系共涉及 15 个三级指标，由于指标之间可能存在相关性，对应的数据所提供的信息可能发生重叠，因此需要采用降维的思想将所有指标的信息用少数几个指标来反映，在低纬空间将信息分解为互不相关的部分，以获得更有意义的解释。主成分分析法是通过采用投影方法来实现数据降维，在损失较少数据信息的情况下将多个指标转化为几个具有代表意义的综合指标的一种方法。与层次分析法、专家咨询法以及灰色综合评价法等相比，该方法能够避免评价者人为主观因素的影响，是一种较为客观的分析方法。本文运用主成分分析法综合多个指标的信息，得到低碳经济发展水平综合指数，以反映历年来中国低碳经济发展水平的变化。

第四章采用 15 个三级指标的几个主成分综合计算得到的主成分得分作为低碳经济发展水平综合指数，并以此为因变量，以 FDI、OFDI 为自变量。为避免变量遗漏所造成的模型设置偏误，以因变量滞后一期为控制变量，建立线性模型即式（5.29）来分析国际资本流动对中国低碳经济发展影响的方向与程度。

$$F_t = \alpha_0 + \alpha_1 FDI_t + \alpha_2 ODI_t + \alpha_3 AR(1) + \varepsilon_t \qquad (5.29)$$

式（5.29）中，F 为第 t 期低碳经济发展水平综合指数；FDI 和 ODI 分别为第 t 期外商直接投资额、对外直接投资额；$AR(1)$ 为滞后一期的低碳经济发展水平综合指数；α_0 为截距参数，α_1、α_2 和 α_3 为相关系数，ε 为随机变量。

分别以三级指标 X_1，…，X_{15} 作为因变量，替代式（5.29）中的因变量 F_t，建立线性模型即式（5.30），逐一估计国际资本流动对各指标的影响，以揭示国际资本流动对低碳经济发展的影响路径。

$$X_t = \beta_0 + \beta_1 FDI_t + \beta_2 ODI_t + \beta_3 AR(1) + \nu_t \qquad (5.30)$$

式（5.30）中：X_t 分别为三级指标 X_1，…，X_{15}；FDI 和 ODI 的含义同式（5.29）；$AR(1)$ 为滞后一期的低碳经济发展水平三级指标；ν_t 为随机变量。

（二）数据说明

进出口贸易数据来自《中国统计年鉴》各期，FDI 与 OFDI 的数据来自联合国贸发组织网站发布的《世界投资报告（2011）》（*World Investment Report* 2011）。

二　国际技术溢出与中国低碳经济水平

以中国低碳经济发展水平综合指数为被解释变量，以国际资本流动为解释变量，利用 1985—2009 年的各低碳经济发展水平的指标值与中国国际资本流动值的时间序列数据，对模型（5.30）进行估计，结果见表 5 – 11。

以中国低碳经济发展综合指数为被解释变量的回归结果显示，FDI 对中国低碳经济发展水平有显著的正面影响，而 OFDI 对中国低碳经济发展影响不显著，但其系数符号为正。进一步看，FDI 每增加一个单位，中国低碳经济发展水平综合指数上升 0.239。这说明，国际资本流动对中国低碳经济发展均具有正面影响，而且 FDI 的正面影响程度大于 OFDI。

表 5 – 11　　国际资本流动对中国低碳经济发展水平影响的回归分析结果

指标	常数	*FDI*	*ODI*	R^2	$\bar{R}^2$	F	*prob*
F	0.299 *** (0.001)	0.239 ** (0.023)	0.013 (0.887)	0.987	0.985	505.194	0.000
X_1	0.102 *** (0.004)	0.080 * (0.060)	0.048 (0.211)	0.980	0.977	319.821	0.000
X_3	0.018 (0.891)	0.299 * (0.056)	0.276 * (0.086)	0.676	0.627	13.897	0.000
X_4	0.091 *** (0.006)	0.105 ** (0.014)	0.030 (0.4112)	0.981	0.978	348.701	0.000
X_9	0.072 (0.309)	0.232 ** (0.018)	0.262 *** (0.005)	0.904	0.890	62.830	0.000
X_{10}	0.063 (0.286)	0.144 * (0.055)	0.014 (0.820)	0.932	0.922	91.554	0.000

注：括号内数字为 P 值。"***"、"**"、"*"分别代表 1%、5%、10% 的显著性水平。

三 国际技术溢出与中国低碳经济发展的影响路径

本文分别利用第四章中与低碳经济指标相关的 15 个三级指标变量所选择的 1985—2009 年时间序列数据以及 FDI、OFDI 数据，对国际资本流动对中国低碳经济发展水平的影响路径进行实证分析，结果见表 5 – 11。

表 5 – 11 所示的估计结果表明：FDI 对中国的碳生产率、能源加工转换效率、工业碳排放强度、非化石能源占一次能源消费比例、煤炭占一次能源消费比例的影响系数均达到 10% 以上的显著性水平；FDI 对能源加工转换效率、非化石能源占一次能源消费比例的影响系数均达到了 10% 的显著性水平。这说明，国际资本流动主要是通过影响中国的碳生产率、能源加工转换效率、工业碳排放强度、非化石能源占一次能源消费比例以及煤炭占能源消费比例对中国的低碳经济发展产生影响。下面分别针对这些不同的影响路径进行分析。

第一，国际资本流动对能源加工转换效率的影响。由表 5 – 11 可知，FDI、OFDI 对中国能源加工转换效率的影响显著为正。这说明，国际资本流动能明显促进中国能源加工转换效率的提高，其中，FDI 通过以下途径发挥作用：其一，外资企业所采用的先进的能源加工转换技术直接促进了行业整体的能源加工转换效率的提高；其二，外资企业的技术溢出有利于内资企业改进和创新能源加工转换技术。已有很多学者证实了 FDI 对于能源利用效率的提高具有积极作用[①]。同时，通过能源产业海外并购或低碳能源技术合作，技术寻求型的 OFDI 逆向技术溢出能明显促进内资企业能源加工转换效率的提高。

第二，国际资本流动对能源消费结构的影响。由表 5 – 11 可知，FDI、OFDI 与非化石能源占一次能源消费比例存在显著的正相关关系，FDI 对煤炭占一次能源消费比例存在负面影响。这说明，国际资本流动能明显提高非化石能源的消费比重、降低煤炭消费比重，推动中国能源结构的清洁化发展。国际资本流动有利于能源结构清洁化的原因在于：随着外资规模不断扩大，中国企业对能源的需求逐年增长，非化石能源和化石能源之间的不完全替代性使得不同能源的价格涨幅存在差异，即能源的相对价格发生了变化，这一方面会直接导致能源消费结构发生变化；另一方面可能会产

---

① 李未无：《对外开放与能源利用效率：基于 35 个工业行业的实证研究》，《国际贸易问题》2008 年第 6 期。

生一种创新动力，促使企业更有效地使用相对价格较高的能源——已有研究文献对这种以节约能源为目的的"诱致性创新"进行了证实①。另外，OFDI 对能源消费结构的影响可能通过以下方式实现：其一，通过海外并购或低碳技术合作来弥补国内清洁能源资源天然储量的不足；其二，拓展清洁能源海外市场具有产业规模效应，降低了能源生产成本；其三，清洁能源项目的技术合作提升了内资企业的能源生产效率，进而改变了能源市场供给结构和能源相对价格，而能源相对价格进而对能源消费结构产生影响。

第三，FDI 对中国碳排放强度的影响。估计结果表明，FDI 与中国碳生产率之间具有显著的正相关性，且 FDI 与工业碳排放强度呈显著的负相关性。这说明，FDI 对中国碳生产率的提高具有显著的推动作用，而 FDI 能明显降低工业碳排放强度，即 FDI 对中国碳排放强度尤其是工业碳排放强度具有显著的推动作用。影响的途径可能包括以下两方面：一方面，外资企业拥有的低碳技术、低碳生产工艺以及能源利用技术向东道国的内资企业溢出，有利于整体碳排放强度的降低，反映出 FDI 技术溢出有利于促进工业行业碳减排；另一方面，中国第二产业的碳排放强度一直远高于其他两个产业的碳排放强度②，由于中国第二产业 FDI 份额下降，而第三产业 FDI 份额上升，因此，FDI 产业结构的优化有利于中国碳减排。虞义华等（2011）③ 与姚弈等（2011）④ 的实证研究表明，第二产业产值比重与中国碳排放强度存在显著的正相关关系。

综合各影响路径的国际技术溢出效应来看，国际技术溢出有助于促进能源加工转换技术、能源利用技术以及清洁能源技术等碳减排技术的提升。

---

① 吴一平：《外商直接投资、能源价格波动与区域自主创新能力——基于省级动态面板数据的实证研究》，《国际贸易问题》2008 年第 11 期。

② 张友国：《经济发展方式变化对中国碳排放强度的影响》，《经济研究》2010 年第 4 期。

③ 虞义华、郑新业、张莉：《经济发展水平、产业结构与碳排放强度——中国省级面板数据分析》，《经济理论与经济管理》2011 年第 3 期。

④ 姚奕、倪勤：《中国地区碳强度与 FDI 的空间计量分析——基于空间面板模型的实证研究》，《经济地理》2011 年第 9 期。

四　小结与启示

（一）小结

在1985—2009年间，除了个别年份外，中国经济发展始终处于低碳化进程中，低碳经济发展水平综合指数呈不断上升态势，这说明党中央自改革开放以来实施的一系列积极的环境保护政策是卓有成效的。FDI对中国低碳经济发展具有明显的促进作用，而OFDI对中国低碳经济发展的正面作用不显著。这是由于FDI能明显促进碳生产率、能源加工转换效率、非化石能源占一次能源消费比例提高，降低工业碳排放强度与煤炭占一次能源消费比例，而OFDI仅对能源加工转换效率、非化石能源占一次能源消费比例具有明显的促进作用。

（二）启示

以往考察开放经济对碳排放影响的文献主要以对外贸易、FDI为分析对象，忽略了FDI对碳排放的正面影响和减排潜力。在当前经济发展模式由以环境污染、资源浪费为代价的粗放型发展模式向环境保护和经济发展并重的低碳经济模式转型的过程中，我们应充分认识并利用FDI和OFDI的正面效应和影响途径。据此，本文提出如下政策建议：

第一，优化外资结构，促进中国低碳经济模式转型。

优化外资产业分布结构。服务业的碳排放强度远小于工业碳排放强度，并且服务业内部各产业碳排放强度存在较大差异。目前，FDI仍然集中流向中国工业部门，尽管流向服务业的外资比重在不断上升，但服务业内部的FDI大部分集中在房地产业、交通运输仓储及邮电业等碳排放强度相对较高的行业。因此，中国应加大服务业的对外开放力度，通过优化外资产业分布结构来降低碳排放强度。

改善外资来源结构。来自中国港澳台地区、新兴工业化国家的FDI大多流入加工贸易行业，该行业FDI企业资本和技术密集度较低；而来自欧美等发达国家的FDI往往以东道国市场为导向，FDI企业资本和技术密集度较高。当前来自中国港澳台地区的FDI仍然占据主导地位，新兴工业化国家的FDI比重逐步上升，而来自欧美等发达国家的FDI比重呈下降的趋势。为此，加强知识产权保护力度，营造公正、公平的投资营商环境，保障外资企业真正享受内资企业的国民待遇，以便吸引更多拥有低碳技术和低碳生产工艺、具有较高的能源利用效率的产业进行跨国转移。

第二，积极扩大 FDI 规模，协调 FDI 的产业分布，充分拓展 OFDI 对低碳经济发展的潜在促进作用。

技术寻求型 OFDI 具有逆向技术溢出效应，且技术寻求型 OFDI 的产业主要为高科技产业和制造业。根据《2010 年度中国对外直接投资统计公报》，中国的 OFDI 主要流向商务服务业、金融业、批发和零售业、采矿业以及交通运输业，各行业的累计投资存量占 82.7%，而制造业、信息传输和计算机服务及软件业以及科学研究、技术服务和地质勘查业的累计投资存量仅占 9.5%。因此，中国应积极拓展 OFDI 的规模，提高技术寻求型 OFDI 所占比例，通过清洁能源项目研发合作等方式促进低碳技术的逆向溢出。

第六章　国际技术溢出与中国工业能源消费
碳排放绩效关系的实证研究

本章与第五章的不同之处在于，本章选用工业能源消费碳排放绩效指标测度工业碳减排技术水平。与工业能源消费碳排放强度不同，工业能源消费碳排放绩效指标能反映出碳减排技术本身与技术效率的变化趋势。

第一节　国际技术溢出与中国工业能源碳排放绩效

相关文献大多以省际或工业行业碳排放强度为研究对象，缺乏从技术溢出角度对 FDI、对外贸易对东道国全要素碳排放绩效及其分解指数的影响的研究，因此，本节尝试从以下几个方面进行突破：①在碳排放的指标选择上，多数文献采用碳排放量或碳排放强度，而关于碳排放绩效的动态效应考察较少；②对 FDI、对外贸易的技术溢出对中国碳排放绩效关系的研究极少，国内仅有陈震等（2011）[①] 综合考察了贸易开放程度、FDI 技术溢出与技术转移对全要素碳排放绩效水平的影响，研究显示滞后一期 FDI 对当期碳排放绩效呈显著负效应，而贸易开放程度和 FDI 技术转移影响不明显。而 FDI、对外贸易技术溢出主要通过何种途径对全要素碳排放绩效分解出的技术进步和技术效率变化产生影响？同一传导途径的技术溢出是否存在区域异质性？其技术溢出的程度又会受到那些因素的影响？目前尚无文献涉及。

由此，本文基于 Malmquist – Luenberger 指数测算的全要素碳排放绩效及其分解指数，估算出东部、中部、西部地区的技术进步指数和技术效率变化指数，随后将 FDI、对外贸易技术溢出分别纳入技术进步和效率变化

---

① 陈震、尤建新、马军杰、卢超：《技术进步对中国碳排放绩效影响动态效应研究》，《中国管理科学》2011 年第 10 期。

影响因素的实证模型，并考虑到变量的内生性问题，利用 1995—2010 年间中国 28 个省级动态面板数据，运用 SYS – GMM 方法对 FDI 和对外贸易技术溢出碳排放绩效分解指数的关系进行实证分析。

一　研究模型的设立

沿袭 Grossman 和 Krueger（1991）[①] 的思路，将经济活动对环境的影响分解为规模效应、结构效应、技术效应三个作用机制，表述如下：

$$ML = Y \cdot S \cdot T \tag{6.1}$$

其中，ML 为上述全要素碳排放绩效，Y 为产出水平，S 为行业结构，T 为碳减排技术水平。其中，碳减排技术水平，经由内部与外部渠道产生，内部技术渠道主要来源于行业自主研发和人力资本，外部技术渠道主要考察 FDI、进出口贸易的技术效应。此外，市场竞争程度越高，行业垄断势力越低，能源利用和碳减排技术的创新动力越强。因此，关于 T 的函数如下：

$$T = T(RD, HR, FDIS, IMPS, EXPS, SE) \tag{6.2}$$

将方程（6.2）代入方程（6.1）得到：

$$ML = Y \cdot S \cdot T(RD, HR, FDIS, IMPS, EXPS, SE) \tag{6.3}$$

参照 Hubler 和 Keller（2009）[②] 的处理方法，考虑到技术溢出存在一定的滞后性，本文将碳排放绩效模型构建如下：

$$
\begin{aligned}
\ln ML_{it} &= \beta_0 + \beta_1 \ln Y_{it} + \beta_2 \ln S_{it} + \beta_3 \ln RD_{it} + \beta_4 \ln HR_{it} + \beta_5 \ln FDIS_{it} \\
&\quad + \beta_6 \ln FDIS_{i,t-1} + \beta_7 \ln IMPS_{it} + \beta_8 \ln IMPS_{i,t-1} + \beta_9 \ln EXPS_{it} \\
&\quad + \beta_{10} \ln EXPS_{i,t-1} + \beta_{11} \ln SE_{it} + \varepsilon_{it}
\end{aligned} \tag{6.4}
$$

其中，i 表示地区，t 表示年份，ML 为碳排放绩效，Y 为地区总产值，S 为产业结构，RD 为国内研发，HR 为人力资本，$FDIS$、$IMPS$、$EXPS$ 分别为 FDI、进口的技术效应、出口的技术效应，SE 为企业所有制结构衡量的市场竞争程度。

为避免模型构建过程中碳排放绩效影响因素的遗漏，我们加入被解释变量滞后一期，模型修正如下：

---

① Grossman G. M., A. B. Krueger, Environmental Impact of A North American Free Trade Agreement, *NBER Working Paper*, 1991.

② Hubler M., A. Keller, Energy Saving Via FDI? Empirical Evidence from Developing Countries, *Environment and Development Economics*, 2009, (15), pp. 59 – 80.

$$\ln ML_{it} = \beta_0 + \beta_1 \ln ML_{i,t-1} + \beta_2 \ln Y_{it} + \beta_3 \ln S_{it} + \beta_4 \ln RD_{it} + \beta_5 \ln HR_{it}$$
$$+ \beta_6 \ln FDIS_{it} + \beta_7 \ln FDIS_{i,t-1} + \beta_8 \ln IMPS_{it} + \beta_9 \ln IMPS_{i,t-1}$$
$$+ \beta_{10} \ln EXPS_{it} + \beta_{11} \ln EXPS_{i,t-1} + \beta_{12} \ln SE_{it} + \varepsilon_{it} \qquad (6.5)$$

根据全要素碳排放绩效测度指标 ML 指数的分解，估算各省区的技术进步指数 MLTE 和技术效率变化指数 MLEFF ，用分解出的指标替代模型（6.5）中的 ML 指数，将模型（6.5）转换成以下两个模型：

$$\ln MLTE_{it} = \beta_0 + \beta_1 \ln MLTE_{i,t-1} + \beta_2 \ln Y_{it} + \beta_3 \ln S_{it} + \beta_4 \ln RD_{it} + \beta_5 \ln HR_{it}$$
$$+ \beta_6 \ln FDIS_{it} + \beta_7 \ln FDIS_{i,t-1} + \beta_8 \ln IMPS_{it} + \beta_9 \ln IMPS_{i,t-1}$$
$$+ \beta_{10} \ln EXPS_{it} + \beta_{11} \ln EXPS_{i,t-1} + \beta_{12} \ln SE_{it} + \varepsilon_{it} \qquad (6.6)$$

$$\ln MLEFF_{it} = \beta_0 + \beta_1 \ln MLEFF_{i,t-1} + \beta_2 \ln Y_{it} + \beta_3 \ln S_{it} + \beta_4 \ln RD_{it}$$
$$+ \beta_5 \ln HR_{it}? + \beta_6 \ln FDIS_{it} + \beta_7 \ln FDIS_{i,t-1} + \beta_8 \ln IMPS_{it}$$
$$+ \beta_9 \ln IMPS_{i,t-1} + \beta_{10} \ln EXPS_{it} + \beta_{11} \ln EXPS_{i,t-1}$$
$$+ \beta_{12} \ln SE_{it} + \varepsilon_{it} \qquad (6.7)$$

二　研究方法、变量与数据说明

（一）研究方法

考虑到与外部技术溢出渠道相关的解释变量存在的内生性问题，具体表现为：其一，在动态面板数据模型中，被解释变量滞后一期与残差项均包含个体效应，可能存在相关关系；其二，环境规制与 FDI、对外贸易规模之间的内生性问题，如第五章所述。由于存在内生性问题，运用 OLS 或固定效应法得到的估计量往往是有偏和非一致的，因此，我们采用 SYS – GMM 估计法来克服个体效应和内生性问题，其基本思想是选取适当的工具变量，引入矩约束条件，以实现模型的有效估计。

（二）变量

省际工业碳排放绩效 ML 及其分解出的技术进步 MLTE 与技术效率 MLEFF 指数的测算见第四章，此外，基于技术效应视角的碳排放绩效实证分析还包含 FDI、进出口贸易、研发投入以及产业结构等因素，还包括人力资本和制度变量等反映吸收能力的因素。

HR 为人力资本，运用各省市年末就业人员受教育存量来衡量，采用平均受教育年限法，各教育程度年限确定为未上过小学 0 年，小学 6 年，初中 9 年，高中 12 年，大专、大学及研究生折中为 16 年，平均受教育年限为 $6a + 9b + 12c + 16d$，a、b、c、d 分别为各教育程度就业构成；

Y 为各省市工业总产值，将各省市名义 GDP 按 GDP 平减指数法以 1995 年不变价格进行换算；

S 为各省市产业结构，运用各省市第二产业占 GDP 的比重来衡量；

SE 为各省市制度变量，采用各地国有企业工业总产值占全部规模以上企业工业总产值比重来表示；

RD 为研发投入，运用研发支出占 GDP 比重表示，其中研发支出采用各省市研究与发展经费内部支出数据，由于 1998 年后各地才公布研发数据，1995—1997 年数据的缺失根据全国研发数据总量以各地科技活动经费内部支出比例进行估算；

$FDIS$ 为 FDI 技术溢出变量，运用各省市引进的 FDI 占各省市 GDP 的比重来表示；

$EXPS$ 、$IMPS$ 分别为出口贸易技术溢出、进口贸易技术溢出变量，分别运用出口贸易额、进口贸易额占 GDP 的比重来衡量。

上述各变量用外币表示的数据均按人民币汇率（年平均价）折算成本币。

（三）数据说明

基于数据的可得性与统计口径的一致性，本文选择的样本包括 28 个省、市、自治区（海南和西藏数据缺失，重庆并入四川），样本区间为 1995—2010 年。测算数据来自《中国统计年鉴》、各省市统计年鉴、《中国劳动统计年鉴》各期以及《新中国六十年统计资料汇编》和《中国国内生产总值核算历史资料（1952—1995）》，以 1995 年为基期。

三　国际技术溢出对省际工业碳排放绩效的影响

表 6-1 是因变量分别为全要素碳排放绩效分解出的技术效率变化指数和技术进步指数的回归结果。我们运用系统 GMM 方法估计了动态面板回归方程（6.6）和方程（6.7），两个识别检验是必要的：一是检验过度识别约束的 Sargan 统计量，用于检验工具变量的有效性；二是误差项序列相关的 Arellano - Bond 统计量，用于检验水平方程中的误差项不存在序列相关性，两个统计量均要求接受原假设，运用 Stata 11.0 软件测算如表 6-1 所示。

表 6 - 1　　　FDI、国际贸易技术溢出对碳排放绩效分解指数的影响

	lnEFF				lnTE			
	全国	东部	中部	西部	全国	东部	中部	西部
FDI、国际贸易技术效应								
lnFDIS	0.0007	− 0.0030	0.0073 ***	0.0060	0.0069	− 0.0263	0.0569 ***	0.0031
	(0.0020)	(0.0042)	(0.0023)	(0.0047)	(0.0049)	(0.0152)	(0.0199)	(0.0101)
L. lnFDIS	0.0046	− 0.0080 **	− 0.0002	0.0055	0.0033	0.0363 **	− 0.0256	− 0.0134
	(0.0028)	(0.0037)	(0.0030)	(0.0044)	(0.0032)	(0.0143)	(0.0215)	(0.0150)
lnIMPS	− 0.0054 **	0.0031	− 0.0011	0.0067	− 0.0029	− 0.0713 *	0.0107	0.0233
	(0.0027)	(0.0074)	(0.0035)	(0.0079)	(0.0084)	(0.0384)	(0.0249)	(0.0435)
L. lnIMPS	0.0059	− 0.0021	− 0.0018	0.0063	− 0.0074 **	0.0069	− 0.0707 ***	− 0.0368 *
	(0.0039)	(0.0027)	(0.0023)	(0.0049)	(0.0030)	(0.0154)	(0.0142)	(0.0200)
lnEXPS	0.0032	0.0004	0.0013	− 0.0042	0.0210 **	0.1328 ***	− 0.0054	0.0110
	(0.0034)	(0.0064)	(0.0030)	(0.0061)	(0.0088)	(0.0486)	(0.0217)	(0.0184)
L. lnEXPS	− 0.0146 **	0.0107 *	− 0.0014	0.0029	− 0.0043	0.0848 ***	0.1078 ***	0.0033
	(0.0057)	(0.0056)	(0.0032)	(0.0099)	(0.0041)	(0.0298)	(0.0336)	(0.0309)
控制变量								
lnY	− 0.0042 *	− 0.0046 **	− 0.0024	− 0.0051 *	− 0.0071 ***	− 0.0766 ***	0.0246	0.0042
	(0.0022)	(0.0023)	(0.0047)	(0.0029)	(0.0025)	(0.0260)	(0.0368)	(0.0323)
L. lnS	− 0.0101	0.0061	− 0.0250 **	− 0.0246	− 0.0839 ***	− 0.1087	− 0.1771 **	0.0589
	(0.0132)	(0.0178)	(0.0098)	(0.0404)	(0.0271)	(0.1156)	(0.0869)	(0.1419)
lnRD	0.0049	0.0132 **	− 0.0039	0.0018	− 0.0076 *	0.0005	− 0.0331	0.0019
	(0.0031)	(0.0058)	(0.0074)	(0.0052)	(0.0046)	(0.0255)	(0.0311)	(0.0289)
lnSE	− 0.0051	− 0.0009	0.0008	− 0.0007	− 0.0137 *	− 0.0413	− 0.0209	− 0.0114
	(0.0035)	(0.0049)	(0.0026)	(0.0061)	(0.0074)	(0.0283)	(0.0161)	(0.0336)
lnHR	− 0.0062	− 0.0743 ***	0.1135 ***	− 0.0064	− 0.0103	− 0.0120	− 0.1101	− 0.0601
	(0.0163)	(0.0289)	(0.0378)	(0.0614)	(0.0339)	(0.1429)	(0.1349)	(0.1129)
L. lnEFF	− 0.0383	− 0.0670 *	0.1226 ***	− 0.1278 ***	− 0.0243	− 0.0609 *	0.2951 **	0.0254 *
orL. lnTE	(0.0334)	(0.0390)	(0.0377)	(0.0494)	(0.0502)	(0.0331)	(0.1443)	(0.0150)

	lnEFF				lnTE			
	全国	东部	中部	西部	全国	东部	中部	西部
常数项	0.0509	0.2506 ***	− 0.2437 **	0.1404	− 0.0007	0.5087	− 0.0674	0.0783
	(0.0524)	(0.0880)	(0.1159)	(0.0961)	(0.0698)	(0.4187)	(0.4524)	(0.4493)
AR (1)	− 3.18	− 2.53	− 3.13	− 2.55	− 2.91	− 2.78	− 2.56	− 1.80
	(0.001)	(0.011)	(0.002)	(0.011)	(0.004)	(0.005)	(0.011)	(0.072)
AR (2)	− 0.34	0.42	− 1.00	− 0.34	− 0.95	1.49	− 1.48	− 0.91
	(0.730)	(0.667)	(0.315)	(0.734)	(0.340)	(0.136)	(0.139)	(0.364)
Sargan	411.66	127.58	101.99	113.71	388.69	124.02	105.66	104.15
test	(0.168)	(0.182)	(0.426)	(0.105)	(0.452)	(0.288)	(0.322)	(0.395)
样本	405	135	120	120	405	135	120	120

注：上标"*"、"**"、"***"分别表示10%、5%和1%的显著性水平；回归系数括号里的数为稳健标准误，AR 和 Sargan test 括号里的数分别为 prob > z 和 prob > chi2 的值；在系统 GMM 估计中，回归中的前定变量为 $lnEFF_{i,t-i}$ 或 lnTE，内生变量为 FDIS、IMPS、EXPS。

　　从表 6 - 1 的回归结果来看，SYS - GMM 估计法不能拒绝模型没有二阶序列相关的原假设，说明 SYS - GMM 的估计量是一致的，同时，Sargan 检验接受过度识别限制是有效的零假设，即工具变量有效。回归结果显示：

　　第一，从 FDI 技术效应来看，全国范围的 FDI 对碳排放绩效分解出的技术进步和技术效率变化的影响不明显，而在区域比较上，东部地区的 FDI 促进了技术进步，抑制了技术效率的改进，中部地区的 FDI 促进了技术进步和技术效率的改进，而西部地区的 FDI 技术效应不显著。原因可能是 FDI 技术效应存在"门槛条件"，包括 FDI 流入规模、技术势能等条件，具体来看，截至 2010 年，FDI 流入东部地区的规模约占全国总量的72.1%，中部地区比重为 18.4%，而西部地区仅占 9.5%，因此，中东部地区能较为便利地获得 FDI 技术溢出；同时，中东部地区的科研基础实力、人力资本存量相对较高，能够跨越 FDI 技术溢出的规模门槛和技术门槛条件，从而促进了中东部地区技术进步，而对西部地区技术进步影响不显著。此外，大规模流入东部地区的 FDI 通过竞争效应降低了劳动密集型行业的利润水平，在东部地区劳动力成本优势不断弱化的背景下，该行业逐步以牺牲环境为代价维持低成本优势，不利于技术效率的改进，相比而言，中西部地区在土地、能源、劳动力成本方面仍然具备明显的优势，而投融资环境相对处于劣势，FDI 的引入有利于技术效率的改进。

第二，从进口贸易技术效应来看，全国范围的进口贸易对碳排放绩效分解出的技术进步和技术效率的改进存在明显的负面影响，而在区域层面，三大区域的进口贸易均抑制了技术进步，对技术效率改善的影响不显著。原因可能有如下几点：一是进口贸易主要通过"逆向工程"与模仿作用于东道国本土中间产品供应商碳排放绩效，数据显示，自 20 世纪 90 年代中期以来，中国平均每年花费 100 多亿美元用于技术和设备引进，其中能源、石化、冶金、采掘、电力等引进了非常多的技术和外资（王海鹏，2010)①，这些行业能更多地接触到物化于进口产品中的国外领先技术，而物化于进口中间品与资本品中的节能减排技术与三大区域东道国本土供应商同类技术存在巨大差距，技术势能过大导致东道国本土供应商难以吸收消化并在节能减排技术上有所突破；二是除物化技术以外，中间产品和资本品的进口贸易强化了东道国本土同行业产品之间的竞争，竞争压力的加剧减少了东道国本土供应商的利润，限制了东道国本土供应商对减排技术投资的能力和意愿，转向追求成本最小化战略，进而对技术进步带来负面影响；三是在环境规制力度不够强的前提下，所追求的成本最小化战略是以牺牲环境为代价的成本最小化，同时，期间中国重型工业化加速的局面形成对重型工业设备的进口需求，单位 GDP 能耗保持上升的总体趋势，抵消了物化于进口中间品与资本品中节能减排技术的贡献，进而对技术效率改善的影响不明显或存在负面效应。

第三，从出口贸易技术效应来看，全国范围的出口贸易促进了技术进步，抑制了技术效率的改进，而从区域来看，东部地区的出口贸易同时促进了技术进步和技术效率的改善，对技术进步的正面效应大于对技术效率改善的效应，中部地区的出口贸易对技术进步有明显的促进作用，而西部地区的出口贸易对技术进步和技术效率改善均无明显作用。首先，从全国范围来看，跨国公司对东道国本土供应商出口的产品质量提出较高的要求，从而促使东道国本土供应商在跨国公司技术援助的激励下加大人力资

---

① 王海鹏：《对外贸易与中国碳排放关系的研究》，《国际贸易问题》2010 年第 7 期。

本投资，引导研发资本投入的方向和力度，不断提升技术水平，然而，为应对激烈的国际市场竞争并保持出口贸易竞争力，东道国本土供应商会以牺牲环境为代价不断压低成本，不利于技术效率的改善；其次，不同区域影响的差异与各区域出口贸易技术结构紧密相关，在中东部地区出口产品中，高新技术产品所占比重较高，2010 年，中东部地区高新技术产品出口所占比重达 35.3%，较高的利润效应使中东部地区加强高新技术研发投入，促进了技术进步和技术效率的改进，而西部地区高新技术产品出口所占比重仅为 16.4%，出口产品以劳动密集型或资源密集型产品为主，进而对技术进步和技术效率改善作用不明显。

第四，从控制变量系数来看，全国范围和东部地区的经济发展规模抑制了技术进步和技术效率的改善，表明现阶段中国经济增长还未跨越倒"U"型环境库兹涅茨曲线的拐点（林伯强和蒋竺均，2009）[①]，这意味着中国尤其东部地区仍然是以高能耗、高排放为代价的粗放型经济增长模式，而造成这一现象的深层次原因与政府主导型的经济体制密切相关，表现在地方政府难以抑制 GDP 冲动，缺乏强化环境规制的动力。因此，环境成本无法真正纳入企业生产成本，环境技术水平也无法直接体现企业竞争力水平，从而使粗放型的经济增长方式难以得到根本扭转。全国范围和中部地区的产业结构变动阻碍了技术进步和技术效率的改善，样本期间结构变动对碳排放绩效呈现负面效应的原因可能有以下两点：一是中部地区正处于工业化进程的关键阶段，工业比重的不断提高必然伴随着大量的能源消耗以及碳排放；二是中部地区工业结构重型化的趋势不断加强，而重型工业企业对能源的依赖性更强。"十一五"期间，东部地区高能耗、高排放的"两高"产业向中西部地区的转移呈加速之势，重型工业企业产值比重的平均增速高于全国同期水平，截至 2010 年，中部地区工业内部结构重工业比重达 74%，较同期全国平均水平高出 3 个百分点；东部地区的研发活动促进了技术效率的提升，其余地区影响不明显。原因可能在于东部地区正在接近环境库兹涅茨曲线的拐点（马相东和王跃生，2012）[②]，对生态环境的保护和环境污染治理的投入力度相对较大，研发活动在改进资源

[①]　林伯强、蒋竺均：《中国二氧化碳的环境库兹涅茨曲线预测及影响因素分析》，《管理世界》2009 年 4 期。

[②]　马相东、王跃生：《"环境库兹涅茨曲线"拐点到来了吗》，《人民日报》2012 年 10 月 18 日，第 23 版。

利用效率的同时也特别关注改善生态环境，而中西部地区所处的经济发展阶段还不具备控制污染排放和生态保护的内在动力和能力，多年来国家投资倾斜政策的累积导致了工业结构重型化的过度发展。东部地区的人力资本投资抑制了技术效率的改善，与此相反，中部地区的人力资本投资促进了技术效率的改进。原因在于东部地区的人力资本存量相对较高，而且吸引了来自中西部地区受过高等教育的人力资本，同时现阶段东部地区制造业高端化转型面临内部成本与出口市场环境的困境，进而导致较低的人力资本回报率甚至失业，而中部地区人力资本存量较低，人力资本的增长反而有利于技术效率的改进。

四　小结与启示

（一）小结

研究结果显示：从分区域来看，东部地区的 FDI 促进了技术进步，抑制了技术效率的改进，中部地区的 FDI 促进了技术进步和技术效率的改进，而西部地区的 FDI 技术溢出不显著；三大区域的进口贸易均抑制了技术进步，对技术效率改善的影响不显著；东部地区的出口贸易促进了技术进步和技术效率的改善，中部地区的出口贸易对技术进步有明显的促进作用，而西部地区的出口贸易对技术进步和技术效率改善均无明显作用。

（二）启示

基于上述结论与实证结果，本文认为以下几点建议值得参考：

1. 东部地区应加强对高端制造业和现代服务业 FDI 的吸引力，吸引的方式从依靠优惠政策倾斜的短期策略向营造与高端制造业相适应的产业配套环境的战略规划转变，尤其是完善与高端制造业相匹配的人才长期培养机制，同时，促进中低端制造业 FDI 从东部地区向中西部地区转移，中西部地区在承接过程中也应优先考虑能耗和污染水平较低的 FDI，并不断加大环境规制的力度。

2. 三大区域选择引进的中间品和资本品应与当地的人力资本存量、科研基础实力所反映的吸收能力相适应，同时又能促进当地吸收能力的提升，而并非一味地引进处于技术前沿的高端设备。

3. 中东部地区应不断强化出口贸易对技术进步和技术效率改善的促进作用，在当前出口贸易规模增速趋缓的背景下，政府应积极为出口贸易企业创造条件并开拓出口贸易新兴市场，将出口贸易的重心从欧美市场转向东亚市场,旨在促进出口规模增长的同时优化出口贸易的技术结构。

4. 短期内应加强东部地区环境规制的力度,从长远来看则应以经济体制转型的深化为切入点,运用市场主导的方式发展以低碳能源消耗为主的低碳产业,并改进产业链利益相关方的清洁技术,逐步走出高碳"锁定效应"的困境。此外,调整中部地区工业内部结构,以轻工业的发展促进产业整体的协调发展。

5. 强化东部地区的研发投入,首先,应加大与物化于进口中间品和资本品中节能减排技术相适应的研发投入方向和力度。其次,鼓励出口贸易企业的自主研发创新,切实提高有研发成果转化的研发人员工资水平和福利待遇。最后,中部地区人力资本投资的重点应从培养人才转变到留住人才、吸引人才回流,为高端技术人才提供良好的科研环境与生活条件,实现技术人才与地方高端产业的有效对接。

第二节 FDI 技术效应与中国工业能源消费碳排放绩效

国内研究侧重于 FDI 与碳排放量、碳排放强度两者关系的初步考察,而关于不同技术溢出途径所发挥的 FDI 技术效应对东道国工业行业碳排放绩效及其分解指数影响的实证研究,目前尚无文献涉及。基于此,本节试图从以下几个方面进行突破:①在碳排放的指标选择上,多数文献采用碳排放量或碳排放强度,而从工业行业层面对碳排放绩效的动态效应考察仅有李子豪等(2012)[①],但将非期望产出碳排放作为投入要素处理违背了实际生产过程,可能会导致测算结果的偏差;②从工业行业层面考察 FDI 技术效应对技术进步和技术效率变化的影响,现有研究主要集中在国家、地区层面,而 FDI 技术效应主要通过产业活动对东道国碳排放产生影响,工业行业层面的研究可能能更好地考察两者的关系;③研究 FDI 技术效应分别通过何种途径影响工业行业碳排放绩效分解指数? FDI 技术溢出途径是否存在行业异质性,同一途径的传导机制是否也存在行业异质性?

因此,本节基于 Malmquist – Luenberger 指数测算的工业行业全要素碳排放绩效及其分解指数,通过投入产出表构造代表不同 FDI 技术效应的指标,以考察不同类型 FDI 技术效应对碳排放绩效及其分解指数的影响。

---

① 李子豪、刘辉煌:《中国工业行业碳排放绩效及影响因素——基于 FDI 技术溢出效应的分析》,《山西财经大学学报》2012 年第 9 期。

一　研究模型的设立

类似地，沿袭 Grossman 和 Krueger（1991）[①] 的思路，将经济活动对环境的影响分解为规模效应、结构效应、技术效应三个作用机制，表述如下：

$$ML = Y \cdot S \cdot T \tag{6.8}$$

式中，C 为碳排放量，Y 为产出水平，S 为行业结构，T 为低碳技术水平。其中，低碳技术水平，经由内部技术与外部技术渠道产生，内部技术主要来自行业自主研发，外部技术渠道包括 FDI 与对外贸易技术溢出，其中 FDI 技术溢出包括 FDI 技术水平溢出、FDI 技术前向溢出以及 FDI 技术后向溢出三种技术效应。此外，市场竞争程度越高，行业垄断势力越弱，能源利用和低碳技术的创新动力越强。因此，关于 T 的函数如下：

$$T = T(RD,HS,BS,FS,SE,OPEN) \tag{6.9}$$

将方程（6.9）代入方程（6.8），得到：

$$ML = Y \cdot S \cdot T(RD,HS,BS,FS,SE,OPEN) \tag{6.10}$$

参考 Hubler 和 Keller（2009）[②] 的处理方法，本文将工业行业碳排放绩效设定如下：

$$\ln ML_{it} = \alpha_0 + \alpha_1 \ln Y + \alpha_2 \ln S_{it} + \alpha_3 \ln RD_{it} + \alpha_4 \ln HS_{it} + \alpha_5 \ln BS_{it}$$
$$+ \alpha_6 \ln FS_{it} + \alpha_7 \ln SE_{it} + \alpha_8 \ln OPEN + \eta_i + \varepsilon_{it} \tag{6.11}$$

其中，i 表示工业行业横截面单元，$i = 1, 2, \cdots, 34$；t 表示时间；η_i 为行业差异的非观测效应；ε_{it} 为与时间和地点无关的随机扰动项；ML 为行业碳排放绩效；Y 为工业总产值，；S 为行业结构；RD 为行业研发投入强度；HS、BS、FS 分别为 FDI 水平技术关联、后向技术关联以及前向技术关联度量指标，其测算方法见第四章；SE 为企业所有制结构衡量的市场竞争程度；$OPEN$ 为对外贸易技术效应。

根据全要素碳排放绩效测度指标 ML 指数的分解，估算各工业行业的技术进步指数 $MLTE$ 和技术效率变化指数 $MLEFF$，用分解出的指标替代方程（6.11）中的 ML 指数，将方程（6.11）转换成方程（6.12）

① Grossman G. M., A. B. Krueger, Environmental Impact of A North American Free Trade Agreement, *NBER Working Paper*, 1991.

② Hubler M., A. Keller, Energy Saving Via FDI? Empirical Evidence from Developing Countries, *Environment and Development Economics*, 2009, (15), pp. 59 – 80.

与方程（6.13）：

$$\ln MLTE_{it} = \alpha_0 + \alpha_1 \ln Y + \alpha_2 \ln S_{it} + \alpha_3 \ln RD_{it} + \alpha_4 \ln HS_{it} + \alpha_5 \ln BS_{i,t}$$
$$+ \alpha_6 \ln FS_{it} + \alpha_7 \ln SE_{it} + \alpha_8 \ln OPEN_{it} + \eta_i + \varepsilon_{it} \qquad (6.12)$$

$$\ln MLEFF_{it} = \alpha_0 + \alpha_1 \ln Y + \alpha_2 \ln S_{it} + \alpha_3 \ln RD_{it} + \alpha_4 \ln HS_{it} + \alpha_5 \ln BS_{it}$$
$$+ \alpha_6 \ln FS_{it} + \alpha_7 \ln SE_{it} + \alpha_8 \ln OPEN_{it} + \eta_i + \varepsilon_{it} \qquad (6.13)$$

二　研究方法、变量与数据说明

（一）研究方法

为消除内生性影响，本文用滞后一期的 FDI 技术效应变量代替方程（6.12）（模型 A1）和方程（6.13）（模型 B1）中的 FDI 技术溢出变量，得到模型 A2 和模型 B2。为进一步考察较长时间 FDI 技术效应的滞后性影响，运用当期和前两年 FDI 技术效应的移动平均值代替方程（6.12）和方程（6.13）中的相应变量，得到模型 A3 和模型 B3。工业行业碳排放绩效的测算见第四章，其余相关变量的测算与数据来源与第五章第一节相同。

（二）变量与数据说明

工业行业碳排放绩效 *ML* 及其分解出的技术进步 *MLTE* 与技术效率 *MLEFF* 指数的测算方法与数据来源见第四章，其余各解释变量的测算方法与数据说明参见第五章第一节。

三　FDI 技术溢出对工业行业碳排放绩效的影响

表 6-2 给出了 FDI 技术溢出对工业行业碳排放绩效分解指数影响的分析结果。由表可知，模型 A2、模型 A3 的所有 FDI 技术效应均在 15% 的水平上显著为负，表明 FDI 技术溢出会在一定程度上抑制技术进步，与邱斌等（2008）[①]、王滨（2010）[②]的研究结论相反，后者均认为 FDI 总体上对中国制造业企业的技术进步产生了正向促进作用，结论相反的原因在于前者是在考虑资源投入与环境效应条件下测算出的技术进步指数，这一现象说明为规避东道国严格的环境规制，一些高能耗、高排放的产业向中国

---

① 邱斌、杨帅、辛培江：《FDI 技术溢出渠道与中国制造业生产率增长研究：基于面板数据的分析》，《世界经济》2008 年第 8 期。

② 王滨：《FDI 技术溢出、技术进步与技术效率——基于中国制造业 1999—2007 年面板数据的经验研究》，《数量经济技术经济研究》2010 年第 2 期。

及其他发展中国家转移，跨国企业对内资企业的技术效应可能体现在这些高能耗、高排放的工业行业，导致内资企业的技术进步建立在环境污染和自然资源过度消耗的代价之上。模型 B1、模型 B2 和模型 B3 的 FDI 前后向技术关联影响系数均在 5% 的水平上显著为正，与模型 B1 相比，模型 B2、模型 B3 中的影响系数和显著性均明显增大，进一步从产业间关联效应的比较可知，前向技术关联的影响系数和显著性均强于后向技术关联，这表明 FDI 前后向技术关联效应促进了技术效率的改进，且 FDI 前向技术关联效应的影响力度大于后向技术关联效应，两者的影响均存在滞后性，这可能是因为，外资企业向下游内资企业出售高质量的中间产品和服务，如汽车行业外资企业向国内自主品牌汽车生产企业出售高技术含量的零部件等；同时，为避免上游内资企业可能存在的中间投入品质量以及供货问题，外资企业会定期派遣高级技术人员对其上游内资企业提供技术指导，协助引进设备生产线，进而促进中国内资企业生产效率的提升。

表 6 - 2　　　　　　　　FDI 技术溢出对行业碳排放绩效分解指数的影响

模型	技术进步			技术效率		
	A1	A2	A3	B1	B2	B3
	FE	FE (LAG)	FE (MA)	FE	FE (LAG)	FE (MA)
FDI 技术溢出						
lnHS	- 0. 0309	- 0. 0651°	- 0. 1083°	- 0. 0095	0. 0247	0. 0168
	(0. 0394)	(0. 0436)	(0. 0689)	(0. 0169)	(0. 0186)	(0. 0301)
lnBS	- 0. 0364	- 0. 0305°	- 0. 0716°	0. 0344 **	0. 0308 **	0. 0485 **
	(0. 0324)	(0. 0362)	(0. 0485)	(0. 0139)	(0. 0155)	(0. 0212)
lnFS	- 0. 0550	- 0. 1454°	- 0. 1898°	0. 0895 **	0. 1201 ***	0. 1567 ***
	(0. 0872)	(0. 0986)	(0. 1335)	(0. 0375)	(0. 0422)	(0. 0583)
控制变量						
ln$OPEN$	0. 0210	0. 0618	0. 1186°	- 0. 0415 **	- 0. 0726 ***	- 0. 0863 ***
	(0. 0401)	(0. 0597)	(0. 0749)	(0. 0172)	(0. 0255)	(0. 0327)
ln$S$	- 0. 0327	0. 0154	- 0. 0180	- 0. 0232	- 0. 0642 *	- 0. 0573
	(0. 0399)	(0. 0783)	(0. 1050)	(0. 0171)	(0. 0335)	(0. 0458)
lnRD	0. 0047	0. 0001	0. 0010	0. 0031	0. 0091	0. 0092
	(0. 0336)	(0. 0390)	(0. 0558)	(0. 0144)	(0. 0167)	(0. 0243)

续表

模型	技术进步			技术效率		
	A1	A2	A3	B1	B2	B3
	FE	FE（LAG）	FE（MA）	FE	FE（LAG）	FE（MA）
lnSE	−0.0260	−0.0498	−0.0249	0.0148	0.0052	0.0190
	(0.0577)	(0.0648)	(0.0769)	(0.0248)	(0.0277)	(0.0336)
ln$Y$	0.0138	0.0326	0.1141*	−0.0403***	−0.0545***	−0.0875***
	(0.0284)	(0.0452)	(0.0665)	(0.0122)	(0.0193)	(0.0290)
常数项	−0.2981	−0.7906°	−1.6372**	0.6569***	0.9376***	1.3319***
	(0.3723)	(0.5018)	(0.7158)	(0.1601)	(0.2146)	(0.3124)
R^2	0.5079	0.5160	0.5061	0.5431	0.5536	0.5181
Adjusted−R^2	0.4957	0.4977	0.4883	0.5307	0.5478	0.5010
F	23.24	21.46	17.83	21.02	26.81	25.75
prob	0	0	0	0	0	0
样本	306	272	238	306	272	238

注：FE 表示固定效应估计，所有模型均采用行业和时间固定效应；上标"o"、"*"、"**"、"***"分别表示 15%、10%、5% 和 1% 的显著性水平；A1 和 B1 表示模型采用当期的对外贸易、FDI 溢出变量，A2 和 B2 表示模型采用滞后一期的对外贸易、FDI 溢出变量，A3 和 B3 表示模型采用当期和前两年的对外贸易、FDI 溢出变量的移动平均值；回归系数括号里的数为标准误。

　　关于控制变量系数，B1、B2 和 B3 模型的外贸依存度系数均在 5% 的水平上显著为负，表明外贸依存度的扩大抑制了技术效率的改进，其原因在于，对外贸易规模的整体增长导致市场竞争加剧，可能会限制内资企业对现代化厂房、设备等进行投资的能力，或降低投资的意愿而转向追求成本最小化战略，在环境规制力度不够强的情况下，所追求的成本最小化是以牺牲环境为代价的成本最小化，能源利用效率降低，进而对技术效率产生负面影响。B1、B2 和 B3 模型的工业产出系数在 1% 的水平上显著为负，说明经济发展规模抑制了技术效率的改善，这是因为现阶段中国经济增长还未跨越倒"U"型环境库兹涅茨曲线的拐点（林伯强和蒋竺均，2009）[①]，意味着中国仍然是以高能耗、高排放为代价的粗放型经济增长模

────────────

　　① 林伯强、蒋竺均：《中国二氧化碳的环境库兹涅茨曲线预测及影响因素分析》，《管理世界》2009 年 4 期。

式，而造成这一现象的深层次原因与政府主导型的经济体制密切相关，表现在地方政府难以抑制 GDP 冲动，缺乏强化环境规制的动力，从而使粗放型的经济增长方式难以得到根本转变。

四 行业特征影响 FDI 技术效应的检验

表 6 - 3 反映了 FDI 技术效应分别对两类工业行业的全要素碳排放绩效、技术进步和技术效率的影响，其中，前三列为重工业行业的估计结果，后三列为轻工业行业的估计结果。由表 6 - 3 可知，从分行业碳排放绩效分解指数的影响系数来看，FDI 技术效应对重工业行业碳排放绩效无明显影响，而对轻工业行业碳排放绩效影响显著，说明 FDI 技术效应主要集中于轻工业行业，其具体技术效应与工业行业整体的分析结论相似：FDI 技术垂直溢出抑制了轻工业技术进步，而促进了技术效率的改进，且 FDI 技术前向溢出效应大于后向溢出效应，与行业整体分析结论不同之处其原因在于，轻工业 FDI 技术水平溢出对技术进步与技术效率的影响均不明显。原因可能与轻工业行业与重工业行业 FDI 的相对规模有关，以 FDI 产值占该行业产值比重来衡量这一相对规模，分行业来看，轻工业行业 FDI 相对规模均值为 0.3195，而重工业行业相对规模均值为 0.2127，轻工业行业明显大于重工业行业，说明 FDI 技术溢出存在"规模门槛"条件，即行业内的外商投资规模达到一定规模后，内资企业才能凭借行业内的地位对产业链上下游本土产业产生影响。

表 6 - 3 　FDI 技术溢出对行业碳排放绩效分解指数影响的分行业估计结果

模型	重工业			轻工业		
	全要素碳排放绩效指数	技术进步 A2	技术效率 B2	全要素碳排放绩效指数	技术进步 A2	技术效率 B2
	FE（LAG）	FE（LAG）	FE（LAG）	FE（LAG）	FE（LAG）	FE（LAG）
FDI 技术溢出						
lnHS	-0.0387	-0.0499	0.0058	0.0612	-0.0234	0.0831
	(0.0638)	(0.0615)	(0.0218)	(0.0678)	(0.0816)	(0.0645)
lnBS	-0.0835	-0.0951	0.0246	0.0001	-0.0414*	0.0423**
	(0.1055)	(0.1017)	(0.0361)	(0.0204)	(0.0245)	(0.0194)

续表

模型	重工业			轻工业		
	全要素碳排放绩效指数	技术进步 A2	技术效率 B2	全要素碳排放绩效指数	技术进步 A2	技术效率 B2
	FE（LAG）	FE（LAG）	FE（LAG）	FE（LAG）	FE（LAG）	FE（LAG）
$\ln FS$	0.1616	-0.0524	0.1257°	-0.0722	-0.1915 ***	0.1215 **
	(0.2359)	(0.2274)	(0.0807)	(0.0553)	(0.0665)	(0.0526)
控制变量						
$\ln OPEN$	-0.0341	0.0926	-0.0859 ***	-0.0369	-0.0305	-0.0053
	(0.0901)	(0.0869)	(0.0308)	(0.0552)	(0.0664)	(0.0525)
$\ln S$	-0.0350	-0.0002	-0.0573°	0.0603	0.1824 *	-0.1265 *
	(0.1163)	(0.1121)	(0.0398)	(0.0796)	(0.0958)	(0.0758)
$\ln RD$	0.0213	0.0287	-0.0078	-0.0096	-0.0425	0.0350°
	(0.0687)	(0.0662)	(0.0235)	(0.0259)	(0.0312)	(0.0247)
$\ln SE$	-0.0505	-0.0610	0.0087	-0.0532	0.1613	-0.2174
	(0.0875)	(0.0844)	(0.0300)	(0.1833)	(0.2206)	(0.1744)
$\ln Y$	-0.0630	0.0201	-0.0406 *	-0.0334	-0.0134	-0.0188
	(0.0735)	(0.0708)	(0.0251)	(0.0396)	(0.0477)	(0.0377)
常数项	1.7318 *	-0.5715	0.8131 **	1.0305 ***	-0.7932 *	0.8235 **
	(0.9435)	(0.9094)	(0.3228)	(0.3609)	(0.4343)	(0.3434)
R^2	0.5711	0.5241	0.5769	0.5245	0.5322	0.5225
$Adjusted - R^2$	0.5647	0.5196	0.5656	0.5174	0.5231	0.5150
F	22.26	24.90	21.03	24.35	23.34	22.82
$prob$	0	0	0	0	0	0
样本	152	152	152	120	120	120

注：同表6-2。

五　小结与启示

（一）小结

本节选用中国 35 个工业行业 2001—2010 年面板数据，基于本书第四章对工业行业 Malmquist – Luenberger 碳排放绩效及其分解指数的测算结果，考察了 FDI 技术水平溢出、FDI 后向技术溢出以及 FDI 技术前向溢出对工业碳排放绩效及其分解指数的影响。结果发现，全行业的研究表明，FDI 技术效应抑制了技术进步，而 FDI 技术垂直溢出促进了技术效率的改进，且 FDI 技术前向溢出效应大于后向溢出效应。分行业的研究表明，轻工业行业 FDI 的技术效应对技术效率的影响显著，而重工业行业的相关影响系数不明显。

（二）启示

基于上述研究结论，本节得出以下几点启示：

1. 加强与内资产业关联度较大的低碳产业或清洁产业引进力度，引资的方式应从依靠优惠政策倾斜的短期策略向营造与高新技术或低碳技术相适应的产业配套环境的战略规划转变，鼓励外资企业优先选择本土清洁供应商，充分发挥外资企业对产业链上下游本土配套产业的人员素质、管理制度等与技术效率相关因素的积极效应。

2. 研发方面，除第五章小结部分给予的建议以外，还应加大与 FDI 技术垂直溢出相匹配的研发投入方向、力度，或以低碳技术研发合作的方式改进产业链利益相关方的清洁技术。

3. 转变粗放式的经济增长模式，短期将环境指标作为绩效指标纳入考核范畴，有利于地方政府的执政理念与思维惯性逐步修正，从长远来看，增长模式的根本转变在于以政府行政干预为主导的经济模式的转变，适度控制经济规模的增长。

第三节　对外贸易技术效应与中国工业能源消费碳排放绩效

国内研究侧重于对外贸易与碳排放量、碳排放强度两者关系的初步考察，而关于对外贸易不同技术溢出途径所发挥的技术效应对东道国工业行业碳排放绩效及其分解指数影响的实证研究，目前尚无文献涉及。与第二节类似，本节试图从以下几个方面进行突破：①在碳排放的指标选择上，以碳排放绩效及其分解指数为研究对象；②从工业行业层面考察对外贸易技术溢出对技术进步和技术效率变化的影响；③研究对外贸易的技术溢出主要通过何种途径影响工业行业碳排放绩效？对外贸易技术溢出途径是否存在行业异质性，同一途径的传导机制是否也存在行业异质性？

因此，本节基于 Malmquist – Luenberger 指数测算的工业行业全要素碳排放绩效及其分解指数，分别对重工业和轻工业的技术进步指数和技术效率变化指数进行估算，随后通过投入产出表所构造的代表不同类型的对外贸易技术溢出指标，以考察不同类型的对外贸易技术溢出对技术进步和技术效率变化的影响。

一　研究模型的设立

同样借鉴 Grossman 和 Krueger（1991）[①] 的分析思路，将经济活动对环境的影响分解为规模效应、结构效应、技术效应三个作用机制，表述如下：

$$ML = Y \cdot S \cdot T \qquad (6.14)$$

式（6.14）中，ML 为碳排放量，Y 为产出水平，S 为行业结构，T 为低碳技术水平。其中，低碳技术水平，经由内部技术与外部技术渠道产生，内部技术主要来自行业自主研发，外部技术渠道包括 FDI 与对外贸易渠道，其中对外贸易的技术效应分为进口贸易技术水平溢出 MHS、出口贸易技术水平溢出 EHS、进口贸易技术前向溢出 MFS、出口贸易技术后向溢出 EBS 四种技术溢出渠道。此外，市场竞争程度越高，行业垄断势力越弱，节能减排技术和新能源技术的创新动力越强。由此，关于 T 的函数如方程（6.15）所示：

$$T = T(RD, EHS, EBS, MHS, MFS, SE, FDI) \qquad (6.15)$$

将方程（6.15）代入方程（6.14），得到：

$$ML = Y \cdot S \cdot T(RD, EHS, EBS, MHS, MFS, SE, FDI) \qquad (6.16)$$

参考 Hubler 和 Keller（2009）[②] 的处理方法，本文将工业行业碳排放绩效的影响因素设定如方程（6.17）：

$$\ln ML_{it} = \alpha_0 + \alpha_1 \ln Y + \alpha_2 \ln S_{it} + \alpha_3 \ln RD_{it} + \alpha_4 \ln EHS_{it} + \alpha_5 \ln MHS_{i,t}$$
$$+ \alpha_6 \ln EBS_{it} + \alpha_7 \ln MFS_{it} + \alpha_8 \ln SE_{it} + \alpha_9 \ln FDI_{it} + \eta_i + \varepsilon_{it} \qquad (6.17)$$

其中，i 表示工业行业横截面单元，$i = 1, 2, \cdots, 34$；t 表示时间；η_i 为行业差异的非观测效应；ε_{it} 为与时间和地点无关的随机扰动项；ML 为行

[①]　Grossman G. M., A. B. Krueger, Environmental Impact of A North American Free Trade Agreement, *NBER Working Paper*, 1991.

[②]　Hubler M., A. Keller, Energy Saving Via FDI? Empirical Evidence from Developing Countries, *Environment and Development Economics*, 2009, (15), pp. 59 – 80.

业碳排放强度；Y 为工业总产值；S 为行业结构，用行业资本密集度来表示，即行业的固定资产净值年平均余额与该行业从业人员年平均人数的比值；RD 为行业研发投入强度；SE 为企业所有制结构衡量的市场竞争程度，用行业的非国有企业总产值占行业总产值的比重来表示；FDI 为外商直接投资企业的技术效应，用外商投资工业企业销售总值和规模以上工业企业销售总值的比重来表示。

根据全要素碳排放绩效测度指标 ML 指数的分解，估算各工业行业的技术进步指数 $MLTE$ 和技术效率变化指数 $MLEFF$，用分解出的指标替代方程（6.17）中的 ML 指数，将方程（6.17）转换成方程（6.18）与方程（6.19）：

$$\ln MLTE_{it} = \alpha_0 + \alpha_1 \ln Y + \alpha_2 \ln S_{it} + \alpha_3 \ln RD_{it} + \alpha_4 \ln EHS_{it} + \alpha_5 \ln MHS_{it}$$
$$+ \alpha_6 \ln EBS_{it} + \alpha_7 \ln MFS_{it} + \alpha_8 \ln SE_{it} + \alpha_9 \ln FDI_{it} + \eta_i + \varepsilon_{it} \quad (6.18)$$

$$\ln MLEFF_{it} = \alpha_0 + \alpha_1 \ln Y + \alpha_2 \ln S_{it} + \alpha_3 \ln RD_{it} + \alpha_4 \ln EHS_{it} + \alpha_5 \ln MHS_{i,t}$$
$$+ \alpha_6 \ln EBS_{it} + \alpha_7 \ln MFS_{it} + \alpha_8 \ln SE_{it} + \alpha_9 \ln FDI_{it} + \eta_i + \varepsilon_{it} \quad (6.19)$$

二　研究方法、变量与数据说明

（一）研究方法

考虑到环境规制与对外贸易之间的内生性问题，本文用滞后一期的对外贸易技术效应变量代替方程（6.18）（模型 A1）和方程（6.19）（模型 B1）中的对外贸易技术效应变量，得到模型 A2 和模型 B2。为进一步考察较长时间对外贸易技术效应的滞后性影响，运用当期和前两年对外贸易技术效应的移动平均值代替方程（6.18）和方程（6.19）中的相应变量，得到模型 A3 和模型 B3。

（二）变量与数据说明

工业行业碳排放绩效 ML 及其分解出的技术进步 $MLTE$ 与技术效率 $MLEFF$ 指数的测算方法与数据来源见第四章，其余解释变量的测算方法与数据来源与第五章第二节相同。

三　对外贸易技术溢出对工业行业碳排放绩效的影响

表 6 - 4 给出了对外贸易技术溢出对工业碳排放绩效分解指数影响的估计结果。由表 6 - 4 可知，模型 A1、A2 和 A3 的 EHS 系数均为负值，模型 B1、B2 和 B3 的 EHS、EBS 影响系数均为正值，这表明出口贸易水平技

术溢出抑制了技术进步，而出口贸易水平技术溢出和出口贸易后向技术溢出促进了技术效率的改进。这可能是因为，中国出口贸易结构一直以低技术含量的资源型和劳动密集型产品为主，《中国产业竞争力报告》[①] 指出，2010 年，中国资源型和劳动密集型产品出口占全球同类产品出口比重达34%，远高于中国出口占全球出口的比重，相对竞争优势明显，因此，出口企业所面临的国际市场竞争压力迫使出口企业及其上游供应商与非出口企业均以压低成本为目的不断提高技术效率，包括能源利用效率，进而降低碳排放，却缺乏加强研发投入、促进能源和低碳技术进步的内在动力。与模型 A1 和 B1 相比，模型 A2、A3 和模型 B2、B3 中 *EHS*、*EBS* 变量的影响系数明显增大，显著性均达到 5% 的水平，且滞后一期的显著性水平最高，说明出口贸易的关联效应存在滞后性。

表 6 - 4　　　　　　　　**对外贸易技术溢出的碳排放效应的估计**

模型	技术进步			技术效率		
	A1	A2	A3	B1	B2	B3
	FE	FE (LAG)	FE (MA)	FE	FE (LAG)	FE (MA)
对外贸易技术溢出效应						
ln*EHS*	-0.0375*	-0.1257***	-0.1343***	0.0215**	0.0506***	0.0709***
	(0.0213)	(0.0275)	(0.0393)	(0.0091)	(0.0119)	(0.0170)
ln*EBS*	-0.0105	-0.0223	-0.0304	0.0273**	0.0284**	0.0304°
	(0.0283)	(0.0310)	(0.0452)	(0.0121)	(0.0135)	(0.0195)
ln*MHS*	0.0373	-0.0169	0.0079	-0.0207*	0.0044	-0.0054
	(0.0249)	(0.0264)	(0.0494)	(0.0106)	(0.0115)	(0.0213)
ln*MFS*	0.0204	-0.0411	-0.0105	0.0083	0.0313*	0.0232
	(0.0342)	(0.0390)	(0.0556)	(0.0146)	(0.0169)	(0.0240)
控制变量						
ln*FDI*	-0.0490	-0.0929**	-0.1564*	0.0009	0.0139	0.0255
	(0.0432)	(0.0447)	(0.0814)	(0.0185)	(0.0194)	(0.0352)

① 张其仔：《产业蓝皮书：中国产业竞争力报告（2012）》，社会科学文献出版社 2011 年版。

模型	技术进步			技术效率		
	A1	A2	A3	B1	B2	B3
	FE	FE (LAG)	FE (MA)	FE	FE (LAG)	FE (MA)
lnS	− 0.0362	− 0.1133°	− 0.1566°	− 0.0093	0.0107	0.0333
	(0.0403)	(0.0787)	(0.1092)	(0.0173)	(0.0341)	(0.0472)
lnRD	0.0030	0.0238	0.0057	0.0079	0.0015	0.0119
	(0.0332)	(0.0375)	(0.0569)	(0.0142)	(0.0162)	(0.0246)
lnSE	− 0.0026	− 0.0077	0.0282	− 0.0172	− 0.0192	− 0.0179
	(0.0563)	(0.0622)	(0.0755)	(0.0241)	(0.0270)	(0.0326)
lnY	0.0011	− 0.0597°	− 0.0093	− 0.0081	0.0126	− 0.0059
	(0.0303)	(0.0377)	(0.0651)	(0.0129)	(0.0163)	(0.0281)
常数项	0.0445	0.0824	− 0.1991	0.1810**	0.1841*	0.2953*
	(0.2090)	(0.2515)	(0.4255)	(0.0894)	(0.1090)	(0.1838)
R^2	0.6751	0.6884	0.6119	0.6154	0.6223	0.6241
$Adjusted - R^2$	0.6494	0.6695	0.6070	0.6019	0.6081	0.6077
F	11.58	12.66	11.63	14.43	15.67	14.77
prob	0	0	0	0	0	0
样本	306	272	238	306	272	238

注：FE 表示固定效应估计，所有模型均采用行业和时间固定效应；上标"o"、"*"、"**"、"***"分别表示 15%、10%、5% 和 1% 的显著性水平；A1 和 B1 表示模型采用当期的对外贸易技术效应变量，A2 和 B2 表示模型采用滞后一期的对外贸易技术效应变量，A3 和 B3 表示模型采用当期和前两年的对外贸易技术效应变量的移动平均值；回归系数括号里的数为标准误。

模型 B1 的 MHS 影响系数为负，说明通过逆向工程与竞争效应，中间品与资本品的进口抑制了内资同行业产品供应商技术效率的改进。原因存在两种可能性：其一是物化于进口高新技术产品中的技术与内资供应商技术存在较大差距，技术势能的不断扩大限制了内资供应商的吸收消化能力，难以在核心技术上有所突破，随着进口贸易规模的不断增长，内资供应商的市场份额与赢利空间逐年缩小，从而不利于技术效率的改善；其二是进口的工业原材料为国内短缺资源，进口原材料相对内资原材料供应商存在明显的成本优势，进口规模的扩大会导致内资原材料供应商赢利空间缩小，进而抑制了技术效率的改善。那么，其原因究竟是哪一种可能性？为此，我们将工业行业区分为重工业行业和轻工业行业，进一步结合进口贸易结构深入分析，分别从两类行业的进口产品技术含量和进口产品类型的角度进行探讨；模型 B2 的 *MFS* 影响系数显著为正，表明高技术含量的中间品和资本品要素投入提高了资源利用效率，有利于技术效率的改进。

四　行业特征影响对外贸易技术效应的检验

表 6 - 5 反映了对外贸易技术溢出分别对两类工业行业碳排放绩效及其分解指数影响的估计结果，其中，前三列为重工业行业的估计结果，后三列为轻工业行业的估计结果。由表 6 - 5 可知，就对外贸易技术溢出对碳排放绩效的影响而言，两类行业仅有 *EHS* 影响系数在 15% 的水平上显著为负，说明出口贸易水平技术溢出抑制了行业碳排放绩效水平的提高，通过比较行业碳排放绩效分解指数的影响系数发现，出口贸易技术效应对两类行业的技术进步和技术效率指数的影响与行业整体估计结果基本一致，而进口贸易技术效应的影响迥异：在轻工业行业，A2 模型的 *MHS* 影响系数显著为正，而 B2 模型的 *MHS* 影响系数显著为负；而在重工业行业，所有模型 *MHS* 影响系数均不显著，这说明进口贸易技术效应主要集中在轻工业行业。原因可能有如下两点。一是与轻工业进口贸易行业结构有关。据笔者计算，在 2001—2010 年轻工业行业中，仪器仪表及文化办公用机械制造业、纺织业、造纸及纸制品业三大行业进口贸易额占轻工业进口贸易总额的比重约为 77.6%，其中，仪器仪表及文化办公用机械制造业作为高新技术产业，精密仪器仪表等核心零部件在很大程度上仍然依赖进口，其进口贸易额比重约为 46.2%，同行业内资企业接触到的物化于进口中间品和资本品中技术知识的机会越多，有利于促进技术进步；同时，为应对国内资源短缺的困境，纺织业、造纸及纸制品业进口以原材料为主，对外依存度较高，导致上游内资供应商同时面临资源短缺和市场份额缩小两方面的压力，从而使内资供应商规模效益低下，不利于技术效率的改善。二是与重工业进口贸易行业结构有关。据笔者计算，在 2001—2010 年

重工业行业中，电气机械及器材制造业、化学原料及化学制品制造业、石油和天然气开采业三大行业进口贸易额占重工业进口贸易总额的比重约为 49.5% 的水平，涉及高新技术产品的进口仅占 10% 左右，使得重工业行业的进口贸易技术效应不如轻工业行业显著。

表 6 - 5　　　　　　对外贸易技术溢出的碳排放效应的分行业估计

模型	重工业			轻工业		
	碳排放绩效	技术进步 A2	技术效率 B2	碳排放绩效	技术进步 A2	技术效率 B2
	FE（LAG）	FE（LAG）	FE（LAG）	FE（LAG）	FE（LAG）	FE（LAG）
对外贸易技术溢出						
$\ln EHS$	− 0.0642°	− 0.0994 **	0.0352 **	− 0.0836°	− 0.2877 ***	0.2041 ***
	(0.0410)	(0.0409)	(0.0147)	(0.0566)	(0.0657)	(0.0509)
$\ln EBS$	− 0.1084	− 0.2070 *	0.0986 **	0.0044	− 0.0472 **	0.0517 ***
	(0.1146)	(0.1141)	(0.0411)	(0.0162)	(0.0188)	(0.0146)
$\ln MHS$	− 0.0329	− 0.0392	0.0062	0.0012	0.0630 **	-0.0618 **
	(0.0417)	(0.0415)	(0.0150)	(0.0273)	(0.0317)	(0.0245)
$\ln MFS$	− 0.0079	− 0.0067	− 0.0012	0.0490	− 0.0196	0.0686
	(0.0635)	(0.0632)	(0.0228)	(0.0523)	(0.0607)	(0.0470)
控制变量						
$\ln FDI$	− 0.0802	− 0.0855°	0.0053	− 0.0392	− 0.0676	0.0284
	(0.0605)	(0.0602)	(0.0217)	(0.0836)	(0.0970)	(0.0751)
$\ln S$	− 0.1758°	− 0.1992 *	0.0234	0.0290	− 0.0357	0.0646
	(0.1191)	(0.1186)	(0.0427)	(0.0794)	(0.0922)	(0.0714)
$\ln RD$	0.0325	0.0385	− 0.0061	− 0.0007	− 0.0145	0.0138
	(0.0614)	(0.0611)	(0.0220)	(0.0249)	(0.0289)	(0.0223)
$\ln SE$	− 0.0214	− 0.0103	− 0.0110	0.0702	0.5494 ***	− 0.4792 ***
	(0.0801)	(0.0798)	(0.0287)	(0.1798)	(0.2087)	(0.1616)

续表

模型	重工业			轻工业		
	碳排放绩效	技术进步	技术效率	碳排放绩效	技术进步	技术效率
		A2	B2		A2	B2
	FE（LAG）	FE（LAG）	FE（LAG）	FE（LAG）	FE（LAG）	FE（LAG）
lnY	−0.0491	−0.0681	0.0191	−0.0379	−0.0713 *	0.0334
	(0.0575)	(0.0573)	(0.0206)	(0.0332)	(0.0386)	(0.0299)
常数项	0.0669	−0.1380	0.2049	0.2796°	0.1661	0.1135
	(0.4665)	(0.4646)	(0.1674)	(0.1890)	(0.2194)	(0.1699)
R^2	0.6483	0.6306	0.6561	0.6268	0.7376	0.8397
$Adjusted - R^2$	0.6370	0.6204	0.6409	0.6145	0.7278	0.8253
F	12.02	11.76	12.81	12.44	15.26	27.49
$prob$	0	0	0	0	0	0
样本	152	152	152	120	120	120

注：同表6−4。

五　小结与启示

（一）小结

本节运用中国 34 个工业行业 2001—2010 年的面板数据，基于 DEA 非参数方法测算的工业行业 Malmquist – Luenberger 碳排放绩效及其分解指数，同时，考察进口和出口贸易水平技术溢出、出口贸易后向技术溢出以及进口贸易前向技术溢出对工业碳排放绩效及其分解指数的影响。结果发现，全行业的研究表明，出口贸易水平技术溢出抑制了技术进步，而出口贸易水平技术溢出和出口贸易后向技术溢出促进了技术效率的改进；进口贸易水平技术溢出抑制了技术效率的改善，而进口贸易前向技术溢出促进了技术效率的提升。分行业的研究表明，出口贸易技术效应对重工业、轻工业两类行业技术进步和技术效率的影响与全行业估计结果基本一致，而进口贸易技术效应的影响迥异，其中，轻工业行业对外贸易的技术效应对工业碳排放影响显著，而重工业行业影响系数不明显。

（二）启示

基于上述结论，本节认为以下三点启示值得参考：

1. 在当前出口贸易规模增速趋缓的背景下，政府应积极为出口贸易企业创造条件并开拓出口贸易新兴市场，将出口贸易的重心从欧美市场转向东亚市场，旨在促进出口规模增长的同时优化出口贸易的技术结构，将技术含量低的资源与劳动密集型产业比较优势逐步转化为技术含量、附加值较高的产业比较优势。

2. 给予一定的贸易政策倾斜，鼓励与促进出口贸易企业的本土化采购，强化东道国本土供应商与出口贸易企业之间的关联程度，以充分发挥出口贸易后向技术溢出对技术效率的积极作用。

3. 扩大高新技术产品的进口贸易份额，加大与物化于进口高新技术产品中能源环境技术相适应的研发投入方向和力度，使工业各行业技术研发存量、研发方向能更好地与进口贸易技术效应相匹配，具体而言，应着重加强轻工业行业的进口贸易规模与高新技术产品进口贸易份额，而对于轻工业行业的上游内资供应商如原材料供应商，应在资源禀赋有限的基础上，发挥规模经济效应，与进口原材料之间形成良性竞争的局面。

第四节　计量结果的比较与影响路径分析

一　计量结果的比较分析

（一）碳排放量、碳排放强度以及碳排放绩效等相关指标之间的关系

不仅要关注碳排放量与碳排放强度指标，还应综合权衡国际技术溢出对碳排放绩效的影响，进一步分析国际技术溢出对碳排放量与碳排放强度的作用究竟是由技术水平的提升，还是由技术效率改进所带来的单位产出的要素投入包括能源投入数量的减少，大致包括以下几种可能性。

1. 国际技术溢出有利于碳排放量与碳排放强度的降低，且对碳排放绩效分解出的技术进步与技术效率存在积极效应。说明前者的正面效应来自于单位产出的要素投入的总体下降。

2. 国际技术溢出有利于碳排放量与碳排放强度的降低，但有助于技术进步，不利于技术效率的改进。可能性来自技术进步对单位产出的能源投入减少的正面促进作用大于技术效率弱化的负面作用，或者是对技术效率的弱化作用表现为单位产出的除能源以外的其余要素投入的增长。

3. 国际技术溢出有利于碳排放量与碳排放强度的降低，但有助于技术效率的改善，而不利于技术进步。说明技术效率的改进表现为单位产出的

能源要素投入减少，且其对节能减排的积极效应大于技术进步的负面影响。

4. 国际技术溢出有利于碳排放量与碳排放强度的降低，但对技术进步与技术效率均存在负面影响。这说明国际技术溢出对技术效率的弱化作用体现在能源投入的减少是以其他要素投入的相对增长为代价的。

相应地，当经验实证结果表明国际技术溢出不利于碳排放量与碳排放强度的降低时，又对应着 4 种可能性，恰好与上述 4 种可能性相反。因此，基于国际技术溢出对以上三个指标影响的可能性，大致存在 8 种可能的情况。

从碳排放量、碳排放强度与碳排放绩效指标之间的关联来看，要实现碳排放水平的下降，不仅要重视低碳或高新技术的开发创新，以提升东道国本土的吸收消化以及再创新的能力，同样，人员素质、管理制度等与技术效率密切相关的因素，也会导致能源投入数量及其相应的碳排放水平的变化。

从对外贸易隐含碳排放与低碳经济水平指标来看，投资的贸易隐含碳强度一直在下降，且降幅不断增大，且 FDI 技术溢出能显著促进低碳经济水平的提升，充分说明 FDI 技术效应能明显减缓国际碳减排转移的压力，并促进国内低碳经济综合实力的提升。

（二）各指标计量结果的比较

结合第五章与第六章的实证分析结果，从各指标计量结果的关联来看，分析如下：

1. 从 FDI 技术效应来看，FDI 技术后向溢出有利于工业碳排放强度的减少，而 FDI 技术前向溢出短期内能促进工业碳排放强度降低，长期可能会对工业碳排放强度下降存在抑制作用；相应地，结合 FDI 技术溢出对工业碳排放绩效分解指数的影响结果，FDI 技术垂直溢出均有利于技术效率的改进，而不利于技术进步。由此可知，FDI 技术垂直溢出主要通过各投入要素之间生产效率的改进以实现单位产出的要素投入包括能源要素投入的减少，进而导致工业碳排放强度的降低，且技术效率对节能减排的正面效应大于技术进步的负面影响。

2. 从对外贸易技术效应来看，出口贸易技术后向溢出对工业碳排放强度下降存在积极效应，而进口贸易技术水平溢出不利于工业碳排放强度的降低；相应地，结合对外贸易技术溢出对工业碳排放绩效分解指数的影响结果，出口贸易技术后向技术溢出促进了技术效率的改进，对技术进步无显著影响，而进口贸易技术水平溢出对技术效率的改进存在负面影响，对技术进步影响不明显。由此可知，出口贸易技术后向溢出主要通过投入要素的生产效率改进来促进单位产出的要素投入包括能源要素投入的减少，从而导致工业碳排放强度的下降，同时，进口贸易技术水平溢出则通过技术效率的弱化促使单位产出的要素投入包括能源要素投入的增长，进而导致工业碳排放强度的上升。

上述是基于工业行业层面的国际技术溢出效应分析，分别考察产业内、产业链前后向关联渠道对工业碳排放的影响路径。除此以外，基于FDI、对外贸易对碳排放影响的文献成果较多，归纳见第二章文献综述部分，本章第一节在此基础上，针对不同区域的国际技术溢出的碳减排绩效进行了经验分析，深入分析了不同区域国际技术溢出对碳排放的影响路径，此处不再赘述。

二   国际技术溢出的影响路径分析

对上述国际技术溢出的影响路径进行深入分析，具体如下：

（一）FDI 技术效应的路径分析

由于上游内资企业在技术水平、制造方式等方面与国际供应商之间存在巨大差距，外资企业为避免上游内资企业可能存在的中间品与资本品质量以及供货问题，会定期派遣高级技术人员对其上游内资企业提供技术指导、人员培训，协助引进设备生产线，有利于上游内资企业技术效率的改善，有利于能源投入要素及其碳排放水平的降低。同时，外资企业向下游内资企业出售高技术含量的中间产品，在短期内能有效改善内资企业的生产效率，然而，外资企业凭借其技术或市场垄断地位而拥有对中间产品的定价权，下游内资企业高昂的要素支付减少了研发资本的积累，反而会抑制长期内资企业的研发能力或技术进步，从而不利于碳排放强度的持续下降。

（二）对外贸易技术效应的路径分析

出口贸易面临国际市场激烈的竞争压力，迫使出口贸易企业及其上游供应商与非出口企业均以压低成本为目的不断提高技术效率，包括能源利用效率，进而降低碳排放，却缺乏加强研发投入、促进能效提升的内在动力。

　　进口贸易通过逆向工程与行业竞争路径影响工业碳排放。物化于进口中间品与资本品中的技术与内资供应商技术存在较大差距，尽管中国本土供应商对进口中间品与资本品的逆向工程的模仿活动节约了研发成本，但在研发基础较为薄弱的情况下，难以在核心技术上有所突破，分析还发现，进口工业原材料为国内短缺资源，而进口原材料相对内资原材料供应商存在明显的成本优势，进口规模的扩大会导致内资原材料供应商赢利空间缩小，同时，随着进口贸易规模的不断增长，上游内资供应商还面临市场份额不断缩小的竞争压力，从而使内资供应商规模效益低下，不利于技术效率的改善，进而对工业碳排放强度带来负面影响。

第七章　主要研究结论与政策建议

　　"十二五"规划明确将节能减排上升到国家战略层面的高度，将"非化石能源比重提升至 11.4%、单位 GDP 能源强度下降 16%、单位 GDP 二氧化碳强度下降 17%"作为约束性目标纳入国民经济与发展规划，而工业作为主要碳排放源，"十二五"时期仍处于工业化加速发展的关键阶段，目前还无法做到工业产值规模、能源消费及碳排放的绝对量下降，且工业产值规模占 GDP 的比重近在 20 年来始终保持在 40% 左右，因此，该约束性目标的如期实现，很大程度上取决于中国低碳技术创新能力的有效提升。此处低碳技术创新能力的有效提升不仅包括生产过程的节能技术与生产源头的清洁能源技术创新，还包括低碳技术创新所引致的环保产业以及高科技产业等战略性新兴产业的发展。然而，在低碳技术创新方面，中国低碳技术创新基础薄弱，约 70% 的低碳核心技术依赖进口（邹骥，2010）[1]，在太阳能、交通运输、建筑与工业节能三个领域的低碳专利申请内容与申请比例方面，国内有效专利以实用新型与外观设计专利为主，占专利申请总量的 80% 以上（梅永红，2010）[2]，低碳核心技术自主创新成果匮乏，事实表明，尽管中国已经在太阳能光伏、太阳热能利用以及风能技术等低碳技术领域获得了较大进展，但大多数低碳技术领域尤其是低碳核心技术领域，中国尚未具备自主研发创新能力，仍然依赖于"引进（包括物化技术）—消化—吸收—再创新"或"引资—溢出—消化—吸收—再创新"的低碳技术创新模式。那么，FDI、对外贸易技术溢出对中国工业碳排放的影响机制与路径如何？其影响效应又会受到哪些因素的作用，是否存在行业异质性？本章将在总结前文研究结论的基础上，根据研究结论提出相应的、具体详尽的政策建议。

---

　　[1]　邹骥：《2009/10 中国人类发展报告—迈向低碳经济和社会的可持续未来》，联合国开发计划署，2010 年。

　　[2]　梅永红：《中国创新型企业发展报告（2010）》，经济管理出版社 2011 年版。

第一节　主要研究结论

关于 FDI、对外贸易对中国工业能源消费碳排放影响的结构效应或总效应的国内研究近三年以来层出不穷，而基于技术效应角度的 FDI、对外贸易技术溢出对中国工业能源消费碳排放影响的研究极少，对此国外学者的近期文献大多立足于跨国面板或截面数据，研究结论存在较多的分歧，无法为单个国家提供可靠的参考与借鉴。由此，本文对此研究主题进行了系统、全面、深入的探讨。

本文的研究思路表现为，首先对与低碳经济相关的理论研究基础以及与研究主题相关的文献进行了梳理与综述，结果发现国内文献仍然处于 FDI、对外贸易与中国能源消费碳排放之间关系的研究阶段，对于 FDI、对外贸易技术溢出对中国能源消费碳排放影响的国内研究仅有一两篇文献有所涉及，可能存在的困难体现在：其一，FDI、对外贸易技术的产业内与产业间溢出指标的构建所需的投入产出表，其数据公布时间存在滞后的问题；其二，碳减排技术的度量指标的选择，国外文献通常用环境管理系统（EMS）来表征，而中国缺乏类似的环境指标；其三，FDI、对外贸易技术溢出对东道国能源消费碳排放的影响效应、程度是不确定的，与东道国自身的经济、政策环境有关。基于上述研究可能存在的难点，本文以中国的工业行业、省际工业数据为样本以期对现有研究进行延伸与补充。

具体来看，本文的核心部分包括四部分：

第一部分将技术因素引入 Copeland 和 Taylor（1995）[①] 提出的经济活动对生态环境影响的一般均衡理论分析框架，结论发现碳排放量由经济规模、产业结构以及碳排放强度三个方面共同决定，在此基础上，将生产函数具体设定为柯布—道格拉斯生产函数形式，根据成本最优化决策的条件推导出产业结构的值取决于资本利率、劳动工资与人均资本存量等因素，同时，碳排放强度的值取决于自主研发创新、FDI、对外贸易以及碳排放税费等因素，然后将产业结构与碳排放强度的决定因素纳入碳排放量的决定因素方程并将其转换为线性对数函数的形式，直观反映出碳排放与经济规模、人均资本存量之间呈正相关关系，而与自主研发创新、FDI、对外

---

① Copeland B. R., Taylor M. S., Trade and Transboundary Pollution, *American Economics Review*, 1995, 85, pp. 716 – 737.

贸易以及碳排放税费之间呈负相关关系。

为进一步有效区分 FDI、对外贸易技术溢出的碳减排效应，在线性对数函数的两边分别对 FDI、对外贸易进行求导，分别将碳排放变动相对 FDI、对外贸易变动的反应弹性分解为规模效应、结构效应以及技术效应三个部分。最后，从理论上阐述了 FDI 技术水平溢出、前向溢出以及后向溢出对工业能源消费碳排放的影响路径，并由此提出了假说1—3，得出的假说均表明 FDI 技术溢出对工业能源消费碳排放的影响是不确定的，与产业链上的外资合作商的垄断地位、东道国自身的吸收能力有关。此外，还从理论上阐述了进出口贸易技术水平溢出、进口贸易技术前向溢出以及出口贸易技术后向溢出对工业能源消费碳排放的影响路径，并由此提出了假说4—7，其中，假说4与假说7表明出口贸易技术水平溢出与进口贸易技术前向溢出有利于减少工业能源消费碳排放，而假说5.与假说6表明进口贸易技术水平溢出与出口贸易技术后向溢出对工业能源消费碳排放的影响不确定，与东道国自身的吸收消化能力有关。

第二部分运用投入产出表构建了 FDI、对外贸易技术各溢出路径所对应的度量指标，并从多重角度测度了中国工业能源消费碳排放的变化规律及其相应的驱动因素。具体从不同角度对中国工业能源消费碳排放的测度来分析。

其一，从中国工业行业能源消费碳排放量的变化规律来看，工业能源消费碳排放量占中国碳排放总量的比重持续升至90%以上，且呈现出明显的阶段性特征，以2005年为分水岭，2005年以前，工业各行业能源碳排放保持稳定，2005年以后，除少数几个行业以外，大部分工业行业能源消费碳排放呈现出显著的上升趋势。说明有利于工业碳减排的积极因素的影响力在2005年后明显增强。具体来看，36个工业总产值增长率除2005年略低以外其余年份均明显高于工业碳排放增长率，大多数年份保持在15%以上的增长率，尤其在2004年增长较快，增长率接近50%，而工业碳排放增长率大体上呈现先上升后下降的变化趋势，2001—2004年大幅上升至增长率达20%以上，2004年后增速持续下降，尤其在2009—2010年工业总产值增速加快的情况下，同期工业碳排放总量反而呈现明显下降的趋势。

其二，从中国工业行业能源消费碳排放强度的变化规律来看，工业能源消费碳排放强度总体上呈现出波动式下降的变化趋势，仅在2004年大部分行业出现小幅反弹的特征。这一波动式下降的变化趋势说明中国工业化进程伴随着碳生产力的有效提升，而自 2004 年以来恢复并保持了持续下降的趋势，这一现象与 2004 年工业结构的再次重型化密切相关。

其三，从省际工业能源消费碳排放绩效的变化规律来看，中西部地区工业能源消费碳排放绩效明显高于东部地区，其中，中西部地区工业能源消费碳排放绩效的提升主要依靠技术进步，而东部地区主要依赖技术效率的改进，具体分省区考察可知，具体来看，工业碳排放绩效水平高于 1.05 的仅有东部地区的北京、上海，自 2000 年以来始终处于最佳生产实践边界，较好地实现了碳减排约束下的经济发展；中部地区的山西工业碳排放绩效水平最低，作为中国的煤炭大省，年均工业碳排放绩效仅为 0.909，自 2002 年以来绩效水平降幅较大，以处于最佳生产实践边界的省份为参照，同样的要素投入，山西碳排放能在现有基础上减少 9.1%，同时工业产出增长 9.1%，这反映出山西工业在发展过程中存在明显的能源利用低效与生态环境破坏的现象。西部地区的甘肃与广西工业碳排放绩效水平在 0.95 左右，稍高于山西，工业经济增长仍为粗放式的增长模式。

其四，从工业行业能源消费碳排放绩效的变化规律来看，各行业碳排放绩效存在较大的差异，其中，重工业行业平均能源消费碳排放绩效水平为 1.051，而轻工业行业平均能源消费碳排放绩效水平为 1.022，两类工业行业能源消费绩效水平的增长均归因于技术进步，技术效率的变化存在负面效应。具体来看，工业各行业全要素碳排放绩效指数存在较大的差异，高于行业平均全要素碳排放绩效的有 8 个行业，其中最高的前 3 个行业分别为：通信设备、计算机及其他电子设备制造业（1.243）、黑色金属冶炼及压延加工业（1.179）和石油加工、炼焦及核燃料加工业（1.121）；低于行业平均全要素碳排放绩效的有 26 个行业，其中最低的前 3 个行业分别为：煤炭开采和洗选业（0.996）、有色金属矿采选业（1.001）与石油和天然气开采业（1.003）。

其五，从以工业行业为主导的中国对外贸易隐含碳排放量的变化规律来看，中国对外贸易隐含碳排放不平衡程度的变化大致历经两个阶段，2002 年之前进口与出口贸易隐含碳排放差距逐渐缩小，而 2002 年后隐含碳排放的不平衡程度加剧。其中，进一步分行业来看，对外贸易隐含碳排放净值的增加主要集中在制造业，其次以交通运输业、仓储和邮政业等为代表的服务业碳排放净值也呈现出明显的上升趋势，这一变化趋势充分说明中国作为一个对外贸易大国，所承担的来自其他进口贸易国碳排放转移的压力越来越明显，而减少温室气体排放是所有国家和地区都必须共同面对与承担的责任，因此，按生产者原则核算的一国或地区碳排放不能较好地衡量该国或地区在生产过程碳减排的努力程度，也不利于形成公正、有效的碳减排约束机制。

其六，从纳入工业能源消费碳排放的中国低碳经济水平来看，中国低碳经济发展水平整体上呈稳步上升态势，说明此期间中国经济发展处于低碳化进程中。从增速的角度进一步观察可发现，1989 年以前增幅平缓；1989—2001 年增速明显提升，年均增幅高达 0.441；2001—2006 年间，除 2003 年有明显下降外，其余年份基本保持平稳；2006 年后重新呈上升趋势，年均升幅达 0.198。此外，1997—1998 年为中国低碳经济变化的转折点——低碳经济发展水平综合指数在此期间由负值转变为正值。这一变化趋势是 1989 年以来一系列积极的环境保护政策实施的结果。

进一步从工业行业能源消费碳排放的驱动因素来看，本文对环境效应分解模型进行了拓展，将碳排放变动的环境效应分解为规模效应、结构效应、环保技术效应、生产技术效应、混合技术效应、结构生产技术效应、结构环保技术效应以及整体效应等因素，运用 1998—2010 年间中国工业行业能源消费碳排放的驱动因素进行测度，结果发现：总体上，生产技术效应与结构效应因素能明显降低碳排放，而规模效应与结构生产技术效应对碳减排存在负面影响，其余因素的作用不显著；按碳排放水平分组测度，规模效应、结构生产技术效应、结构效应以及生产技术效应对中碳排放组别的工业行业影响程度最大，低碳排放组别次之，而高碳排放组别最小，此外，结构效应与结构生产技术效应因素对中低碳排放组别与高碳排放组别工业行业碳排放变动的影响存在较大差异，表现在中低碳排放组别的结构效应有利于碳排放的减少，结构生产技术效应促进了碳排放的增长，而高碳排放组别的影响方向与此相反。

第三部分在第二部分构建 FDI、对外贸易技术溢出指数与测算工业行业能源消费碳排放量、强度的基础上，对第一部分提出的假说 1—7 进行了实证检验。

对假说 1—3 的实证分析运用中国 2001—2010 年间 35 个工业行业的面板数据，设立了静态与动态模型，考察 FDI 技术溢出的碳减排效应及研发投入强度、所有制结构、行业结构等吸收能力的行业异质性对该效应的影响，检验结果表明，其一，FDI 技术水平溢出对工业行业能源消费碳排放强度的影响不明显，而 FDI 技术前向溢出与后向溢出的影响不一致，具体来看，前向溢出短期有利于降低工业行业能源消费碳排放强度，长期可能存在抑制作用，而后向溢出能明显降低工业行业能源消费碳排放强度；其二，吸收能力的行业异质性中的研发投入、行业结构对 FDI 技术垂直溢出有明显的促进作用，而企业所有制结构存在负面作用。

对假说 4—7 的实证分析以 2001—2010 年间中国 34 个工业行业为样本，分别设立了对外贸易技术溢出对工业行业能源消费碳排放强度以及碳排放量影响的模型，考察了研发投入、企业所有制结构以及行业碳排放强度等行业特征因素对进口贸易技术前向溢出与出口贸易技术后向溢出的碳减排效应的作用，检验结果显示：其一，进口贸易技术水平溢出能显著促进工业行业能源消费碳排放强度的提高，而出口贸易技术后向溢出的影响方向相反；其二，吸收能力行业异质性对对外贸易技术溢出效应的影响集中在高碳排放行业，表现为，研发投入、非国有企业产值比重的提高对进口贸易技术水平溢出存在抑制作用，且非国有企业产值比重的提升对出口贸易技术后向溢出也同样存在负面作用。

此外，本文对 FDI 技术溢出对中国对外贸易隐含碳排放、中国低碳经济水平的影响进行了考察。其中，在对外贸易隐含碳排放的影响方面，从变化的趋势与升幅来看，制造业 FDI 与中国制造业进出口隐含碳排放之间存在明显的内在关联。在此基础上，运用指数因素分析模型分别将中国进出口隐含碳排放环比指数、环比增加值分解为 FDI 数量效应、FDI 行业结构效应以及投资的贸易隐含碳强度效应。其中，FDI 数量变化对中国进出口隐含碳排放的影响不稳定，两者之间不存在明显的关联；FDI 行业结构的变化对进出口隐含碳排放的作用除 2000—2002 年略有下降外，其余年份均明显提高，说明 FDI 行业结构的变化促进了贸易隐含碳排放的增加；投资的进出口贸易隐含碳强度一直在下降，且降幅不断增大。这表明中国进出口隐含碳排放的增加主要是由 FDI 行业结构效应所导致的；在对低碳经济水平的影响方面，中国经济发展整体始终处于低碳化进程中，低碳经济发展水平综合指数呈不断上升态势，这说明党中央自改革开放以来实施的一系列积极的环境保护政策是卓有成效的。FDI 对中国低碳经济发展具有明显的促进作用，而 OFDI 对中国低碳经济发展的正面作用不显著。这是由于 FDI 能明显促进碳生产率、能源加工转换效率、非化石能源占一次能源消费比例提高，降低工业碳排放强度与煤炭占一次能源消费比例。

类似地，第四部分在第二部分构建 FDI、对外贸易技术溢出指数与测算工业行业能源消费碳排放绩效及其分解指数的基础上，对第一部分提出的假说 1—7 进行了实证检验，模型的设立均沿袭 Grossman 和 Krueger (1991)[1] 的思路，与第三部分的主要区别在于选择碳排放绩效指标来衡量碳减排技术水平。首先运用 1995—2010 年间中国 28 个省级动态面板数据，对 FDI、对外贸易技术溢出的碳减排效应分区域进行考察，结果表明：影响效应与影响方向存在明显的区域异质性。表现为，东部地区的 FDI 技术溢出促进了技术进步，而不利于技术效率的改善，中部地区的 FDI 技术溢出对技术进步与技术效率均存在明显的促进作用，而西部地区的 FDI 技术溢出不显著；三大区域的进口贸易技术溢出均抑制了技术进步，而对技术效率的改进无明显影响；东部地区的出口贸易技术有利于技术进步与技术效率的改进，中部地区的出口贸易技术溢出仅对技术进步有积极影响，而西部地区的出口贸易技术溢出不明显。

在整体分析的基础上，基于工业行业能源消费碳排放绩效的测度指标对假说 1—3 进行实证检验，同样运用中国 2001—2010 年间 35 个工业行业面板数据，考察了 FDI 技术溢出对碳排放绩效分解指数的影响及行业特征因素所发挥的作用。结论显示：全行业的研究表明，FDI 技术效应抑制了技术进步，而 FDI 技术垂直溢出促进了技术效率的改进，且 FDI 技术前向溢出效应大于后向溢出效应。从重工业与轻工业的行业区分来看，FDI 的技术效应集中在轻工业行业。相应地，基于工业行业能源消费碳排放绩效的测度指标对假说 4—7 进行实证分析，运用 2001—2010 年间中国 34 个工业行业为研究对象，检验了对外贸易技术溢出对工业行业能源消费碳排放绩效分解指数的影响及其行业特征因素所发挥的作用，检验结果发现：从全行业整体来看，出口贸易技术水平溢出抑制了技术进步，而出口贸易技术水平溢出与后向溢出有利于技术效率的提升；进口贸易技术水平溢出抑制了技术效率的改进，而进口贸易技术前向溢出对技术效率存在积极的促进作用。从重工业与轻工业的行业区分来看，进口贸易技术效应影响迥异，表现为，轻工业行业的进口贸易技术溢出效应明显，而重工业行业影响不显著。最后，对第三部分与第四部分的检验结论进行了归纳与梳理，

---

[1]　Grossman G. M. , A. B. Krueger, *Environmental Impact of A North American Free Trade Agreement*, *NBER Working Paper*, 1991.

阐明了碳排放量、碳排放强度与碳排放绩效指数之间的关联，并结合检验结论进行了具体分析，对所得结论的原因展开了深层次的剖析。

第二节　政策建议

综合本文的主要研究结论，基于充分发挥对外开放条件下 FDI、对外贸易技术溢出的碳减排效应的视角，作出低碳技术创新能力提升路径图 7-1，如下所示：

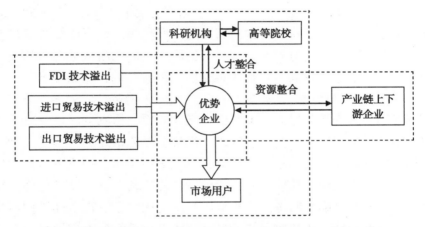

图 7-1　基于国际技术溢出的低碳技术创新能力提升路径图

一　以"产学研用"创新平台全方位支撑低碳技术创新能力的培养

结合图 7-1，在低碳政策体系框架的构建方面，以优势企业作为"优势企业、研究机构、高等院校、市场用户"多方合作的"产学研用"创新平台的核心枢纽，有效链接市场需求与研究机构、高等院校之间，基于低碳研发创新提升国内低碳技术吸收消化能力。

目前低碳技术研发领域存在的问题突出表现在，科研机构与高等院校的研发创新成果较少，且大多集中在低碳外围技术领域，市场转化率与产业转化率极低。如《中国创新型企业发展报告（2010）》[①] 显示，以太阳能、交通工具、建筑与工业节能三个低碳技术专利申请最多的领域为例，内资企业专利申请数量不及跨国企业的十分之一，且国内专利申请主要集

———————

① 梅永红：《中国创新型企业发展报告（2010）》，经济管理出版社 2011 年版。

中在科研机构与高等院校。从国内外低碳技术有效专利类型的比较来看，2009年，中国实用新型专利与外观设计专利占国内低碳技术有效专利的比重分别为46.8%与38.1%，而技术水平较高的发明专利仅占15.1%；同期发达国家的有效专利平均构成与此相反，技术水平较高的发明专利份额高达79%，外观设计专利份额为18.9%，而实用新型专利份额仅为2.1%。尽管内资企业在太阳能技术、风电技术等低碳技术领域处于国际领先水平，仍直观地反映出总体上中国在低碳核心技术领域的研发创新能力方面，与发达国家之间存在着巨大的差距。参照中国科技成果转化率的全国平均水平，市场转化率不及20%，而产业转化率甚至仅为5%左右。因此，问题的核心在于科研机构与高等院校同优势企业之间缺少双向互动的长效机制，致使科研机构与高等院校科研人员的创新成果与市场需求严重脱节，难以形成"创新—市场回报—深入创新"的良性循环机制。

为实现"产学研用"平台各合作方之间的无缝链接，第一，是打破各合作方之间各自为政的局面，关键在于改变人们在研发创新理念方面长期形成的定式思维。第二，由政府搭建以优势企业为枢纽的"优势企业、研究机构、高等院校、市场用户"多方合作的有效平台，拟定多方研发创新合作模式与利益分配的长效机制，明确各方的权利、责任以及可能承担的风险，以相互有机联系的多样化政策体系促使优势企业在研究机构与高等院校设立研发创新合作基地，并最大限度地以市场为导向激发科研人员内在、持久的创新动力。第三，政府补贴仍然是产业低碳发展的主要推动力，应始终坚持"有所为，有所不为"的原则，尤其在财政补贴环节、补贴行业以及补贴力度等方面需要合理权衡与监督，防止优势企业将政府给予的研发创新财政补贴挪用至其他高风险、高利润、低回报周期的项目之上，具体表现在：在财政补贴环节方面，与其他技术创新不同，国内低碳技术整体水平与发达国家相比差距较大，且对低碳产品与服务的市场需求受到经济发展阶段的客观制约，优势企业在低碳技术研发环节与市场营销环节面临着较大的风险，因此，为强化"优势企业、研究机构、高等院校、市场用户"各方的合作纽带，考虑到低碳技术与产品的特殊性，政府应加强对优势企业风险较大的上述两个环节的财政补贴力度，包括对低碳技术研发阶段性成果的分期补贴，也包括对市场用户低碳产品消费予以补贴；在财政补贴的行业与力度方面，对于低碳技术开发难度较大、正外部性较强的高碳行业，给予较高的财政补贴，或者对于低碳技术的开发成本还未形成市场竞争力的阶段，如中国太阳能光伏发电成本远远高于传统能源的发电成本，需要财政补贴的持续支撑以实现太阳光伏产业的持续运转，与此同时，政府应避免对低碳产业的过度扶植，如"风电设备国产化率要达到70%以上"的政策（国家发改委1204号文件），使中国风电产业对政策形成了较强的依赖。此外，碳排放的负外部性意味着低碳技术研发创新的正外部性，外部性的存在导致研发项目投入数目小于市场需求的最优数目，因此，财政补贴的必要性也体现在优势企业低碳技术研发创新正外部性内在化的需要。第四，加强低碳规制的建设有助于企业的碳减排成本内部化，而低碳规制建设的内在驱动力来自政府主导式的经济体制转型，进而有效抑制地方政府的GDP冲动所带来的经济粗放型增长。第五，在"产学研用"的创新过程涉及投入、研发、产业转化、市场等多个环节，关系到多个合作方的权益与责任，任何一方在任一环节的违约行为均可能导致研发创新的终止，因此，政府需要出台相应的法律制度对"产学研用"各合作方的行为进行规范与约束，以保证低碳技术研发创新能力培养的可持续性。

　　需要强调的是，以优势企业作为"产学研用"创新平台核心枢纽的地位始终保持不变。尽管目前大多数企业未将碳排放控制付诸实施并纳入企业战略规划，但不能因此而否定企业市场行为对引领低碳技术研发创新的有效性，而是应寻求如何促使企业将碳排放控制成本纳入生产成本，为此，政府需要作出全方位的低碳经济整体规划与实现路径，通过低碳规制、低碳研发创新平台与财政补贴、低碳产能规划等方面激励并支撑优势企业合理、有序地引领低碳技术研发与应用。

二　打造一体化程度较高的产业链，促进创新资源的纵向整合

　　政府应加大产业间纵向关联的作用，提高产业聚集度，促进优势企业与产业链上下游企业之间的关联，实现低碳优势产业与传统制造业之间的融合发展。其关键在于寻求优势企业与产业链各关联企业之间的合作共赢机制，如优势企业可通过向各关联企业提供低碳技术产品与服务，以换取更大范围内的创新资源整合，为"产学研用"的创新平台提供更有力的支撑，而各关联企业也可以通过低碳产品和服务实现节能减排。具体来看，在产业链各合作方共赢的基础上，以优势企业作为产业集群的引擎，促进上下游产业链环节的接合力度，以高效的信息平台对多层次的上游供应渠

道与下游营销渠道进行创新资源的有效整合，降低产业链环节之间由于信息不对称所带来的高昂市场交易成本，打造一体化程度较高的产业链。

为应对中国对外贸易隐含碳减排，类似地，通过 FDI 产业关联渠道促进国内相关产业的低碳技术改进，实现产业链的清洁生产。贸易隐含碳排放的减少需要限制加工贸易下 FDI 流入碳排放密集制造业的规模，更重要的是加强 FDI 产业关联效应以实现低碳技术的垂直型外溢，提升与 FDI 产业相关的本土产业能源利用效率，并通过制定合理的引资政策，引导外资的产业流向，鼓励外资企业优先选择清洁供应商，或以低碳技术研发合作的方式改进产业链利益相关方的清洁技术升级。

三　最大限度地发挥国际技术溢出对碳减排的积极效应

在加大工业行业对外开放力度的基础上，调整吸收能力、优化外资结构以及建立碳减排合作的双赢机制，以实现最大限度地发挥外资与对外贸易技术溢出对中国工业碳减排的正面效应。

（一）吸收能力的调整：外资与对外贸易的工业行业结构、区域结构

从工业行业对外引资的策略来看，政府应通过制定合理的引资政策，引导外资的产业流向，加强中国工业的低碳产业链引资，或加强与内资产业关联度较大的低碳产业或清洁产业引进力度，鼓励外资企业优先选择清洁供应商，或以低碳技术研发合作的方式改进产业链利益相关方的清洁技术，同时注重提升与 FDI 产业相关联的本土配套产业的研发与资本设备的投入力度，通过 FDI 产业间关联效应促进高端技术的垂直型溢出，以人员素质、管理制度等与技术效率相关因素的改进降低工业能源消费及其相应的碳排放水平。从分区域来看，东部地区应加强高新技术产业 FDI 的引资力度，完善与高新技术产业 FDI 相匹配的人才培养长效机制；同时，促进中低技术产业 FDI 从东部地区向中西部地区转移，中西部地区在承接过程中也应优先考虑能耗和污染水平较低的 FDI，并逐步加大环境规制的力度。

从工业行业对外贸易发展对策来看，在出口贸易政策方面，政府应给予一定的贸易政策倾斜，强化中国产业链上游本土供应商与出口贸易企业之间的关联程度，注重产业链上游本土供应商的人员素质、管理制度等与技术效率相关因素的改善，在此基础上，加大出口贸易企业的本土化采购力度，尤其是高碳排放强度行业的出口力度，并同时保持低碳排放强度行业的出口规模水平，与此同时，出口贸易的重心从欧美市场转向东亚市

场，将技术含量低的资源与劳动密集型产业比较优势逐步转化为技术含量、附加值较高的产业比较优势，通过比较优势的变动促进出口贸易的技术结构的优化；进口贸易政策方面，扩大高新技术产品的进口贸易份额，加大与物化于进口高新技术产品中能效技术相适应的研发投入方向和力度，尤其要加强轻工业行业的进口贸易规模与高新技术产品进口贸易份额。分区域来看，政府应积极为中东部地区出口贸易企业创造条件并开拓出口贸易新兴市场，扩大工业出口贸易规模，除此以外，三大区域的进口贸易并非一味地选择引进处于技术前沿的中间品和资本品，而应与该区域的人力资本存量、研发实力所反映的吸收能力相适应。

（二）优化外资的产业分布结构、来源结构

优化外资结构，促进中国低碳经济模式转型。一方面，优化外资产业分布结构。服务业的碳排放强度远小于工业碳排放强度，并且服务业内部各产业碳排放强度存在较大差异。目前，FDI 仍然集中流向中国工业部门，尽管流向服务业的外资比重在不断上升，但服务业内部的 FDI 大部分集中在房地产业、交通运输仓储及邮电业等碳排放强度相对较高的行业。因此，中国应加大服务业的对外开放力度，通过优化外资产业分布结构来降低碳排放强度。另一方面，改善外资来源结构。来自中国港澳台地区、新兴工业化国家的 FDI 大多流入加工贸易行业，该行业 FDI 企业资本和技术密集度较低，而来自欧美等发达国家的 FDI 往往以东道国市场为导向，FDI 企业资本和技术密集度较高。当前来自中国港澳台地区的 FDI 仍然占据主导地位，新兴工业化国家的 FDI 比重逐步上升，而来自欧美等发达国家的 FDI 比重呈下降的趋势。为此，加强知识产权保护力度，营造公正、公平的投资营商环境，保障外资企业真正享受内资企业的国民待遇，以便吸引更多拥有低碳技术和低碳生产工艺、具有较高的能源利用效率的产业进行跨国转移。

四　营造公开、公平、公正的制度环境与市场投资经营环境

发挥制度后发优势，在健全并明确政府公共服务制度的框架下，培育多样化的市场自然生态环境，逐步消除在市场准入、投融资、土地审批及税收等方面制约私营企业发展的体制性障碍与政策歧视，对外资、中国国有企业与私营企业实施一视同仁的国民待遇，以激发私营企业的竞争潜质，同时建立与市场竞争相适应的监管制度与监管体系，规范内外资企业

之间的交易关系与竞争方式，严格监管操纵价格等恶意竞争行为，防止FDI企业凭借其技术或市场垄断地位掌控中间产品的定价权，如外资凭借较强的议价能力，致使出售的中间产品价格高昂，限制了内资企业自主研发资本的积累，从而导致对内化于中间产品中的先进技术吸收能力不足。

同时，公平竞争的制度环境与投资经营环境也有利于吸引项目规模较大、投资周期较长、低碳技术水平较高的来自欧日等国的外资。事实上，有技术实力的外国投资者并不看重短期优惠政策，而是更关心当地政府是否能提供一个公平竞争的投资经营与法制环境，引资的方式应从依靠优惠政策倾斜的短期策略向营造与高新技术或低碳技术相适应的产业配套环境的战略规划转变，这些外企的示范效应将吸引更多高新技术领域或低碳技术领域外资的持续流入，而一味以税费、土地等优惠政策的思路来吸引外资，更容易吸引投资回报周期较短的劳动密集型产业类型，甚至吸引以牺牲环境为代价的高能耗、高污染产业类型。因此，应充分尊重市场规律这只"看不见的手"来配置资源，以有效地甄别不同质量水平的外资。

从短期资本投入的节能水平变化来看，对节能效率较为突出的成熟技术的吸收与推广应用，能在较短的时间内实现能源消耗及相应碳排放水平的降低。截至 2010 年，工业领域尚未推广运用、技术成熟、投资可行的重大能效技术共有 80 项，广泛分布于电力、石化、建材、钢铁等工业行业领域，有估算显示，若上述 80 项能效技术在工业行业未来 10 年内得以广泛运用，中国工业行业将累计节能约 4.6 亿吨标准煤左右，对应减少碳排放约 10.7 亿吨[①]。

---

① 薛进军、赵忠秀：《中国低碳经济发展报告（2012）》，社会科学文献出版社 2012 年版。

主要参考文献

［1］亓朋、许和连、李海峥：《技术差距与外商直接投资的技术溢出效应》，《数量经济技术经济研究》2009 年第 9 期。

［2］查建平、唐方方、傅浩：《产业视角下的中国工业能源碳排放 Divisia 指数分解及实证分析》，《当代经济科学》2010 年第 5 期。

［3］陈春华、路正南：《中国碳排放强度的影响因素及其路径分析》，《统计与决策》2012 年第 2 期。

［4］陈琳：《产业关联和 FDI 的垂直型外溢》，《世界经济文汇》2011 年第 1 期。

［5］陈琳、罗长远：《FDI 的前后向关联和中国制造业企业生产率的提升——基于地理距离的研究》，《世界经济研究》2011 年第 2 期。

［6］陈诗一：《能源消耗、二氧化碳排放与中国工业的可持续发展》，《经济研究》2009 年第 4 期。

［7］陈诗一：《节能减排与中国工业的双赢发展（2009—2049）》，《经济研究》2010 年第 3 期。

［8］陈雯、肖皓、祝树金等：《湖南水污染税的税制设计及征收效应的一般均衡分析》，《财经理论与实践》2012 年第 1 期。

［9］陈媛媛、李坤望：《FDI 对省际工业能源效率的影响》，《中国人口·资源与环境》2010 年第 6 期。

［10］陈媛媛、王海宁：《FDI、产业关联与工业排放强度》，《财贸经济》2010 年第 12 期。

［11］陈震、尤建新、马军杰、卢超：《技术进步对中国碳排放绩效影响动态效应研究》，《中国管理科学》2011 年第 10 期。

［12］成艾华：《技术进步、结构调整于中国工业减排——基于环境效应分解模型的分析》，《中国人口·资源与环境》2011 年第 3 期。

［13］杜克锐、邹楚沅：《中国碳排放效率地区差异、影响因素及收敛

性分析》，《浙江社会科学》2011 年第 11 期。

[14] 樊秀峰、寇晓晶：《国际服务外包对我国制造业纵向技术溢出效应》，《国际经贸探索》2013 年第 5 期。

[15] 付加锋、庄贵阳、高庆先：《低碳经济的概念辨识及评价指标体系构建》，《中国人口·资源与环境》2010 年第 8 期。

[16] 高大伟、周德群、王群伟：《国际贸易、R&D 技术溢出及其对中国全要素能源效率的影响》，《管理评论》2010 年第 8 期。

[17] 郭吉强、虞添：《正确看待外包带来的机遇》，《集团经济研究》2005 年第 4 期。

[18] 郭朝先：《中国碳排放因素分解：基于 LMDI 分解技术》，《中国人口·资源与环境》2010 年第 12 期。

[19] 何建坤：《中国自主减排目标与低碳发展之路》，《清华大学学报（哲学社会科学版）》2010 年第 6 期。

[20] 何小刚、张耀辉：《技术进步、节能减排与发展方式转型——基于中国工业 36 个行业的实证考察》，《数量经济技术经济研究》2012 年第 3 期。

[21] 黄菁、陈霜华：《环境污染治理与经济增长：模型与中国的经验研究》，《南开经济研究》2011 年第 1 期。

[22] 黄敏、蒋琴儿：《外贸中隐含碳的计算及其变化的因素分解》，《上海经济研究》2010 年第 3 期。

[23] 黄烨菁、张纪：《跨国外包对接包方技术创新能力的影响研究》，《国际贸易问题》2011 年第 12 期。

[24] 江珂、卢现祥：《环境规制相对力度变化对 FDI 的影响分析》，《中国人口·资源与环境》2011 年第 12 期。

[25] 李斌、彭星：《中国对外贸易影响环境的碳排放效应研究——引入全球价值链视角的实证分析》，《经济与管理研究》2011 年第 7 期。

[26] 李斌、赵新华：《经济结构、技术进步与环境污染——基于中国工业行业数据的分析》，《财经研究》2011 年第 4 期。

[27] 李国璋、江金荣、周彩云：《全要素能源效率与环境污染关系研究》，《中国人口·资源与环境》2010 年第 4 期。

[28] 李建伟、冼国明：《后向关联途径的外商直接投资溢出效应分析》，《国际贸易问题》2010 年第 4 期。

［29］李梅、柳士昌：《对外直接投资逆向技术溢出的地区差异和门槛效应——基于中国省际面板数据的门槛回归分析》，《管理世界》2012年第1期。

［30］李涛、傅强：《中国省际碳排放效率研究》，《统计研究》2011年第7期。

［31］李小平、卢现祥：《国际贸易、污染产业转移和中国工业CO_2排放》，《经济研究》2010年第1期。

［32］李艳梅、杨涛：《中国CO_2排放强度下降的结构分解——基于1997—2007年的投入产出分析》，《资源科学》2011年第4期。

［33］李子豪、刘辉煌：《外商直接投资、技术进步和二氧化碳排放——基于中国省际数据的研究》，《科学学研究》2011年第10期。

［34］李子豪、刘辉煌：《FDI的技术效应对碳排放的影响》，《中国人口·资源与环境》2011年第12期。

［35］李子豪、刘辉煌：《中国工业行业碳排放绩效及影响因素——基于FDI技术溢出效应的分析》，《山西财经大学学报》2012年第9期。

［36］李子豪、刘辉煌：《FDI对环境的影响存在门槛效应吗——基于中国220个城市的检验》，《财贸经济》2012年第9期。

［37］林伯强、蒋竺均：《中国二氧化碳的环境库兹涅茨曲线预测及影响因素分析》，《管理世界》2009年4期。

［38］林伯强、姚昕、刘希颖：《节能和碳排放约束下的中国能源结构战略调整》，《中国社会科学》2010年第1期。

［39］刘凤良、吕志华：《经济增长框架下的最优环境税及其配套政策研究——基于中国数据的模拟运算》，《管理世界》2009年第6期。

［40］刘华军、闫庆悦：《贸易开放、FDI与中国CO_2排放》，《数量经济技术经济研究》2011年第3期。

［41］陆建明、王文治：《资源贸易与环境改善的政策选择：基于DGE模型的研究》，《世界经济》2012年第8期。

［42］陆旸：《从开放宏观的视角看环境污染问题：一个综述》，《经济研究》2012年第2期。

［43］穆献中：《中国低碳经济与产业化发展》，石油工业出版社2011年版。

［44］牛海霞、胡佳雨：《FDI与我国二氧化碳排放相关性实证研究》，

《国际贸易问题》2011 年第 5 期。

　　［45］潘家华、庄贵阳、马建平：《低碳技术转让面临的挑战与机遇》，《华中科技大学学报》（社会科学版）2010 年第 4 期。

　　［46］潘雄锋、舒涛、徐大伟：《中国制造业碳排放强度变动及其因素分解》，《中国人口·资源与环境》2011 年第 5 期。

　　［47］彭水军、包群：《环境污染，内生增长与经济可持续发展》，《数量经济技术经济研究》2006 年第 9 期。

　　［48］彭水军、刘安平：《中国对外贸易的环境影响效应：基于环境投入—产出模型的经验研究》，《世界经济》2010 年第 5 期。

　　［49］齐绍洲、方扬、李锴：《FDI 知识溢出效应对中国能源强度的区域性影响》，《世界经济研究》2011 年第 11 期。

　　［50］齐晔：《"十一五"中国经济的低碳转型》，《中国人口·资源与环境》2011 年第 10 期。

　　［51］齐晔：《中国低碳发展报告（2011—2012）》，社会科学文献出版社 2011 年版。

　　［52］齐晔、李惠民、徐明：《中国进出口贸易中的隐含碳估算》，《中国人口·资源与环境》2008 年第 3 期。

　　［53］祁悦、谢高地、盖力强等：《基于表观消费量法的中国碳足迹估算》，《资源科学》2010 年第 11 期。

　　［54］沈可挺、许嵩龄、贺菊煌：《中国实施 CDM 项目的 CO_2 减排资源：一种经济—技术—能源—环境条件下 CGE 模型的评估》，《中国软科学》2002 年第 7 期。

　　［55］盛斌、吕越：《外国直接投资对中国环境的影响》，《中国社会科学》2012 年第 5 期。

　　［56］石敏俊、周晟吕：《低碳技术发展对中国实现减排目标的作用》，《管理评论》2010 年第 6 期。

　　［57］王兵、吴延瑞、颜鹏飞：《环境管制与全要素生产率增长：APEC 的实证研究》，《经济研究》2008 年第 3 期。

　　［58］王灿、陈吉宁、邹骥：《基于 CGE 模型的 CO_2 减排对中国经济的影响》，《清华大学学报》（自然科学版）2005 年第 12 期。

　　［59］王芳芳、郝前进：《地方政府吸引 FDI 的环境政策分析》，《中国人口·资源与环境》2010 年第 6 期。

［60］汪丽、燕春蓉：《国际外包与中国工业 CO_2 排放——基于 24 个工业行业面板数据的经验证据》，《山西财经大学学报》2011 年第 1 期。

［61］王洛林、江小涓、卢圣亮：《大型跨国公司投资对中国产业结构、技术进步和经济国际化的影响（上）——以全球 500 强在华投资项目为主的分析》，《中国工业经济》2000 年第 4 期。

［62］王洛林、江小涓、卢圣亮：《大型跨国公司投资对中国产业结构、技术进步和经济国际化的影响（下）——以全球 500 强在华投资项目为主的分析》，《中国工业经济》2000 年第 5 期。

［63］王谦、高军：《中国不同地区"环境库兹涅茨曲线"假说的检验》，《科研管理》2011 年第 7 期。

［64］王群伟、周鹏、周德群：《中国二氧化碳排放绩效的动态变化、区域差异及影响因素》，《中国工业经济》2010 年第 1 期。

［65］王爽：《山东服务外包产业发展的低碳经济效应研究》，《东岳论丛》2012 年第 12 期。

［66］王天凤、张珺：《出口贸易对中国碳排放影响之研究》，《国际贸易问题》2011 年第 3 期。

［67］王文治、陆建明、李菁：《环境外包与中国制造业的贸易竞争力——基于微观贸易数据的 GMM 估计》，《世界经济研究》2013 年第 11 期。

［68］王媛、魏本勇、方修琦等：《基于 LMDI 方法的中国国际贸易隐含碳分解》，《中国人口·资源与环境》2011 年第 2 期。

［69］王赞信、唐华琴：《江苏省对外贸易的环境影响研究》，《中国人口·资源与环境》2009 年第 2 期。

［70］魏楚、杜立民、沈满洪：《中国能否实现节能减排目标：基于 DEA 方法的评价与模拟》，《世界经济》2010 年第 3 期。

［71］魏梅、曹明福、江金荣：《生产中碳排放效率长期决定及其收敛性分析》，《数量经济技术经济研究》2010 年第 9 期。

［72］吴建新：《进口贸易技术溢出效应和经济增长效应再检验——基于中国省际面板数据和一阶差分广义矩方法的研究》，《产经评论》2011 年第 2 期。

［73］吴建新、刘德学：《人力资本、国内研发、技术溢出与技术进步——基于中国省际面板数据和一阶差分广义矩方法的研究》，《世界经济

文汇》2010 年第 4 期。

　　［74］肖皓、谢锐、万毅：《节能型技术进步与湖南省两型社会建设——基于湖南省 CGE 模型研究》，《科技进步与对策》2012 年第 5 期。

　　［75］谢申祥、王孝松、黄保亮：《经济增长、外商直接投资方式与中国的二氧化硫排放——基于 2003—2009 年省际面板数据的分析》，《世界经济研究》2012 年第 4 期。

　　［76］许士春、习蓉、何正霞：《中国能源消耗碳排放的影响因素分析及政策启示》，《资源科学》2012 年第 1 期。

　　［77］宣烨、周绍东：《技术创新、回报效应与中国工业行业的能源效率》，《财贸经济》2011 年第 1 期。

　　［78］薛进军：《中国低碳经济发展报告》，社会科学文献出版社 2011 年版。

　　［79］薛进军、赵忠秀：《中国低碳经济发展报告》，《社会科学文献出版社》，2012 年。

　　［80］薛智韵：《中国制造业 CO_2 排放估计及其指数分解分析》，《经济问题》2011 年第 3 期。

　　［81］闫云凤、杨来科：《中国出口隐含碳增长的影响因素分析》，《中国人口·资源与环境》2010 年第 8 期。

　　［82］杨博琼、陈建国：《FDI 对东道国环境污染影响的度量》，《财经科学》2010 年第 7 期。

　　［83］杨朝飞、里杰兰德：《中国绿色经济发展机制和政策创新研究综合报告》，中国环境科学出版社 2012 年版。

　　［84］杨骞、刘华军：《中国二氧化碳排放的区域差异分解及影响因素——基于 1995—2009 年省际面板数据的研究》，《数量经济技术经济研究》2012 年第 5 期。

　　［85］姚奕、倪勤：《中国地区碳强度与 FDI 的空间计量分析——基于空间面板模型的实证研究》，《经济地理》2011 年第 9 期。

　　［86］姚云飞、梁巧梅、魏一鸣：《国际能源价格波动对中国边际减排成本的影响：基于 CEEPA 模型的分析》，《中国软科学》2012 年第 2 期。

　　［87］于峰、齐建国：《中国外商直接投资环境效应的经验研究》，《国际贸易问题》2007 年第 8 期。

　　［88］余官胜：《贸易开放、FDI 和环境污染治理——以工业废水治理

为例》,《中国经济问题》2011 年第 6 期。

［89］余泳泽:《FDI 技术溢出是否存在"门槛条件"? ——来自中国高技术产业的面板门限回归分析》,《数量经济技术经济研究》2012 年第 7 期。

［90］岳书敬:《基于低碳经济视角的资本配置效率研究》,《数量经济技术经济研究》2011 年第 4 期。

［91］张建中:《中国—东盟自由贸易区贸易、投资与中国环境协同发展程度的实证分析》,《生态经济》2012 年第 9 期。

［92］张其仔:《产业蓝皮书:中国产业竞争力报告(2012)》,社会科学文献出版社 2011 年版。

［93］张秋菊、刘宏:《跨国外包的承接影响技术进步的区域性差异——基于吸收能力的实证分析》,《财贸研究》2010 年第 4 期。

［94］张少华、陈浪南:《外包对于我国环境污染影响的实证研究:基于行业面板数据》,《当代经济科学》2009 年第 1 期。

［95］张为付、杜运苏:《中国对外贸易中隐含碳排放失衡度研究》,《中国工业经济》2011 年第 4 期。

［96］张友国:《经济发展方式变化对中国碳排放强度的影响》,《经济研究》2010 年第 4 期。

［97］张中元、赵国庆:《FDI、环境规制与技术进步——基于中国省级数据的实证分析》,《数量经济技术经济研究》2012 年第 4 期。

［98］赵奥、武春友:《中国碳排放强度与煤炭消耗的冲击效应分析》,《中国人口·资源与环境》2011 年第 8 期。

［99］赵晓莉、熊立奇:《FDI 对东道国低碳经济发展的影响》,《国际经济合作》2010 年第 8 期。

［100］郑效晨、刘渝琳:《FDI、人均收入与环境效应》,《财经科学》2012 年第 5 期。

［101］中国社会科学院工业经济研究所课题组:《中国工业绿色转型研究》,《中国工业经济》2011 年第 4 期。

［102］仲云云、仲伟周:《我国碳排放的区域差异及驱动因素分析——基于脱钩和三层完全分解模型的实证分析》,《财经研究》2012 年第 2 期。

［103］邹骥:《2009/10 中国人类发展报告——迈向低碳经济和社会

的可持续未来》，联合国开发计划署，2010 年。

［104］朱勤、彭希哲、陆志明、吴开亚：《中国能源消费碳排放变化的因素分解及实证分析》，《资源科学》2009 年第 12 期。

［105］庄贵阳：《中国经济低碳发展的途径与潜力分析》，《国际技术经济研究》2005 年第 8 期。

［106］庄贵阳、潘家华、朱守先：《低碳经济的内涵及综合评价指标体系构建》，《经济学动态》2011 年第 1 期。

［107］Ackeman F. , Ishikawa M. , Suga M. , The Carbon Content of Japan – US Trade, *Energy Policy*, 2007, 35 (9).

［108］Ahmad N. , Wyckoff A. W. , Carbon Dioxide Emissions Embodied in International Trade of Goods, *OECD Publications*, 2003.

［109］Aitken B. J. , A. E. Harrison, Do Domestic Firms Benefit from Direct Foreign Investment? Evidence from Venezuela, *American Economic Review*, 1999, 89 (3).

［110］Albornoz F. , M. A. Cole, R. J. Elliott, M. G. Ercolani, In Search of Environmental Spillovers, *The World Economy*, 2009, 32 (1).

［111］Amiti M. , Wei S. J. , Service offshoring and productivity：Evidence from the US, *The World Economy*, 2009, 32 (2).

［112］Ang J. B. , CO_2 Emissions, Research and Technology Transfer in China, *Ecological Economics*, 2009, 68 (10).

［113］Antweiler W. , B. R. Copeland, M. S. Taylor, Is Free Trade Good for the Environment? *American Economic Review*, 2001, 91 (9).

［114］Arrow K. , B. Bolin, R. Costanza, et al. , Economic Growth, Carrying Capacity, and the Environment, *Science*. 1995, 268.

［115］Beckerman W. , Economic Growth and the Environment：Whose Growth? Whose Environment? *World Development*, 1992, 20.

［116］Blomstrom M. , A. Kokko, Multinational Corporations and Spillovers, *Journal of Economic Surveys*, 1998, 12 (3).

［117］Birdsall N. , D. Wheeler, Trade Policy and Industrial Pollution in Latin America：Where Are the Pollution Havens? *International Trade and the Environment*, *World Bank Discussion Papers*, 1992.

［118］Brock W. A. , Taylor M. S. , The Green Solow Model, *NBER*

Working Paper, 2004.

[119] Bruvoll A., Glomsr d. S., Vennemo H., Environmental drag: evidence from Norway, *Ecological Economics*, 1999, 30 (2).

[120] Cole M. A., R. J. R. Elliott, Determining the Trade – Environment Composition Effect: the Role of Capital, Labor and Environmental Regulations, *Journal of Environmental Economics and Management*, 2003, 46 (3).

[121] Cole M. A., The Pollution Haven Hypothesis and Environmental Kuznets Curve: Examing the Linkages, *Ecological Economics*, 2004, 48.

[122] Cole M. A., Does Trade Liberalization Increase National Energy Use? *Economics Letters*, 2006, 92.

[123] Connolly M., Learning to Learn: The Role of Imitation and Trade in Technological Diffusion, *Duke University Working Paper*, 1997.

[124] Copeland B. R., International Trade and Green Growth, *The World Bank*, *Mimeo*, 2011 (2).

[125] Copeland B. R., Taylor M. S., North South Trade and the Environment, *Quarterly Journal of Economics*, 1994, 109 (3).

[126] Copeland B. R., Taylor M. S., Trade and Transboundary Pollution, *American Economics Review*, 1995, 85.

[127] Copeland B. R., Taylor M. S., Trade, Growth and the Environment, *NBER Working Paper*, 2003.

[128] Copeland B., S. Taylor, *Trade and the Environment: Theory and Evidence*, Princeton University Press, 2003.

[129] Cropper M., C. Griffiths, The Interaction of Population Growth and Environmental Quality, *American Economic Review*, 1994, 84.

[130] Dasgupta P. S., Heal G. M., Economic theory and exhaustible resources, *Cambridge University Press*, 1979.

[131] David W., Racing to the Bottom? Foreign Investment and Air Pollution in Developing Countries, *The Journal of Environmental Development*, 2001, 10.

[132] Davis S. J., Caldeira K. Consumption – based Accounting of CO_2 Emissions, *PNAS*, 2009, 106 (29).

[133] De Bruyn S. M., Explaining the Environmental Kuznets Curve:

Structural Change and International Agreements in Reducing Sulphur Emissions, *Environmental and Development Economics*, 1997 (2).

[134] Dean J. M., M. E. Lovely, H. Wang, Are Foreign Investors Attracted to Weak Environmental Regulations? Evaluating the Evidence from China, *Journal of Development Economics*, 2009, 90.

[135] Dechezlepretre A., M. Glachant, I. Hascic, et al., Invention and Transfer of Climate Change Mitigation Technologies: A Global Analysis, *Rev Environmental Economics and Policy*, 2011, 5 (1).

[136] Dinda S., Environmental Kuznets Curve Hypothesis: A Survey, *Ecological Economics*, 2004 (4).

[137] Dossani R., Kenney M., Offshoring: Determinants of the location and value of services, Asia Pacific Research Center, *Stanford University*, 2004.

[138] Dossani R., Panagariya, A., Globalization and the Offshoring of Services: The Case of India [with Comment and Discussion] //Brookings trade forum, *Brookings Institution Press*, 2005.

[139] Dowlatabadi H., Sensitivity of climate change mitigation estimates to assumptions about technical change, *Energy Economics*, 1998, 20 (5).

[140] Du H. B., Guo, J. H., Mao, G. Z., CO_2 Emissions Embodied in China – US Trade: Input – output Analysis Based on the Emergy/dollar Ratio, *Energy Policy*, 2011, 39 (10).

[141] Eaton J., S. Kortum, Technology, Geography, and Trade, *Econometrica*, 2002, 70 (5).

[142] Eriksson C., Persson, J., Economic growth, inequality, democratization, and the environment, *Environmental and Resource economics*, 2003, 25 (1).

[143] Ethier W., National and International Returns to Scale in the Modern Theory of International Trade, *American Economic Review*, 1982, 72 (3).

[144] Fisher – Vanden K., H. J. Gary, M. Jingkui, Technology Development and Energy Productivity in China, *Energy Economics*, 2006, 28 (5).

[145] Fisher – Vanden K., G. H. Jefferson, Y. D. Liu, J. C. Qian. Open Economy Impacts on Energy Consumption: Technology Transfer & FDI Spillovers

in China's Industrial Economy, *NBER Working Paper*, 2009.

[146] Friedl B. , Getzner, M. , Determinants of CO_2 Emissions in a Small Open Economy, *Ecological Economics*, 2003, 45.

[147] Garrone P. , L. Piscitello, Y. Wang, The Role of Cross – Country Knowledge Spillovers in Energy Innovation, *SSRN Working Paper*, 2010.

[148] Geng W. , Y. Q. Zhang, The Relationship between Skill Content of Trade and Carbon Dioxide Emissions, *International Journal of Ecological Economics & Statistics*, 2011, 21 (11).

[149] Gorg H. , A. Hanley, International outsourcing and productivity: evidence from plant level data, *University of Nottingham*, 2003.

[150] Gorg H. , E. Strobl, Exports, International Investment, and Plant Performance: Evidence from a Non – Parametric Test, *Economics Letters*, 2004, 83.

[151] Gradus R. , Smulders S. , The trade – off between environmental care and long – term growth – pollution in three prototype growth models, *Journal of Economics*, 1993, 58 (1).

[152] Grey K. , D. Brank, Environmental Issues in Policy – Based Competition for Investment: A Literature Review, *ENV/EPOC/GSP*, 2002.

[153] Griliches Z. , Issues in Assessing the Contribution of Research and Development to Productivity Growth, *Bell Journal of Economics*, 1979, 10 (1).

[154] Grimes P. , J. Kentor, Exporting the Green House: Foreign Capital Penetration and CO_2 Emissions 1980—1996, *Journal of World – Systems Research*, 2003, 9 (2).

[155] Grossman G. M. , E. Helpman, *Innovation and Growth in the world Economy*, Cambridge, MA: MIT Press, 1991.

[156] Grossman G. M. , A. B. Krueger, Environmental Impact of A North American Free Trade Agreement, *NBER Working Paper*, 1991.

[157] Grossman G. M. , A. B. Krueger, *Environmental Impacts of A North American Free Trade Agreement*, Cambridge, MA: MIT Press, 1993.

[158] Grubb M. J. , C. Hope, R. Fouquet, Climate Implications of the Kyoto Protocol: The Contribution of International Spillover, *Climate Change*,

2002, 54 (1).

[159] Hailu A. , Veeman, T. S. , Non – parametric Productivity Analysis with Undesirable Outputs: An Application to the Canadian Pulp and Paper Industry, *American Journal of Agricultural Economics*, 2001, 383.

[160] Haum R. , Transfer of Low – Carbon Technology under the United Nations Framework Convention on Climate Change: The Case of the Global Environment Facility and its Market Transformation Approach in India, *Unpublished DPhil Thesis*, SPRU, University of Sussex, Brighton, UK. 2010.

[161] Heil M. T. , T. M. Selden, International Trade Intensity and Carbon Emissions: A Cross – Country Econometric Analysis, *The Journal of Environment and Development*, 2001, 10 (1).

[162] Hofkes M. W. , Modelling sustainable development: An economy – ecology integrated model, *Economic Modelling*, 1996, 13 (3).

[163] Hubler M. , A. Keller, Energy Saving Via FDI? Empirical Evidence from Developing Countries, *Environment and Development Economics*, 2009, (15).

[164] Hubler M. , Technology Diffusion under Contraction and Convergence: A CGE Analysis of China, *Energy Economics*, 2010, 33 (1).

[165] International Energy Agency, *IEA Statistics: CO_2 Emission from Fossil Fuel Combustion*, 2011.

[166] IPCC, *Climate Change* 2007: *Mitigation of Climate Change*, Cambridge University Press, Cambridge, 2007.

[167] Ipek G. S. , Turut E. , CO_2 emissions vs CO_2 responsibility: An input – output approach for the Turkish economy, *Energy policy*, 2007, 35 (2).

[168] Javorcik B. S. , Does Foreign Direct Investment Increase the Productivity of Domestic Firms? In Search of Spillovers through Backward Linkages, *American Economic Review*, 2004, 94 (3).

[169] Jensen V. , The Pollution Haven Hypothesis and the Industrial Flight Hypothesis: Some Perspectives on Theory and Empirics, *Working Paper*, Centre for Development and the Environment, University of Oslo, 1996.

[170] Jie H. , Pollution Haven Hypothesis and Environmental Impacts of

Foreign Direct Investment: The Case of Industrial Emission of Sulfur Dioxide (SO₂) in Chinese Provinces, *Ecological Economics*, 2006, 60.

[171] John A., Pecchenino, R., An overlapping generations model of growth and the environment, *The Economic Journal*, 1994.

[172] John A., Pecchenino, R., International and intergenerational environmental externalities, *The Scandinavian Journal of Economics*, 1997, 99 (3).

[173] Keeler E., Spence M., Zeckhauser R., The optimal control of pollution, *Journal of Economic Theory*, 1972, 4 (1).

[174] Kokko A., R. Tansini, M. C. Zejan, Local Technological Capability and Productivity Spillovers from FDI in the Uruguayan Manufacturing Sector, *Journal of Development Studies*, 1996, 32 (4).

[175] Kortelainen M., Dynamic Environmental Performance Analysis: A Malmquist Index Approach, *Ecological Economics*, 2008, 64 (4).

[176] Kumar S., Environmentally Sensitive Productivity Growth: A Global Analysis Using Malmquist Luenberger Index, *Ecological Economics*, 2006, 56.

[177] Lans Bovenberg A., Smulders S., Environmental quality and pollution – augmenting technological change in a two – sector endogenous growth model, *Journal of Public Economics*, 1995, 57 (3).

[178] Leimbach M., L. Baumstark, The Impact of Capital Trade and Technological Spillovers on Climate policies ", *Ecological Economics*, 2010, 69 (12).

[179] Levinson A., Technology, International Trade and Pollution from US Manufacturing, *American Economic Review*, 2009 (5).

[180] Liu X. B., Analyses of CO₂ Emissions Embodied in Japan – China trade, *Energy Policy*, 2010, 38 (3).

[181] Lofgren A., Muller A., The Effect of Energy Efficiency on Swedish Carbon Dioxide Emissions 1993—2004, *Working Paper of University of Gothenburg*, 2008, 311.

[182] Long N. V., Outsourcing and technology spillovers, *International Review of Economics & Finance*, 2005, 14 (3).

［183］Lovely M. , Popp D. , Trade, Technology and the Environment: Does Access to Technology Promote Environmental Regulation? *Journal of Environmental Economics and Management*, 2011, 61 (1).

［184］Low P. , A. Yeats, Do Dirty Industries Migrate? International Trade and the Environment, *World Bank Discussion Paper*, 1992, 159.

［185］Lucas R. E. , On the mechanics of economic development, *Journal of monetary economics*, 1988, 22 (1).

［186］Luken R. , F. Rompaey, Drivers for and Barriers to Environmentally Sound Technology Adoption by Manufacturing Plants in Nine Developing Countries, *J Clean Prod*, 2008, 16 (1).

［187］Machado G. , Schaeffer, R. , Worrell, E. , Energy and Carbon Embodied in the international Trade of Brazil: an Input – output Approach, *Ecological Economics*, 2001, 39 (3).

［188］Maenpaa I. , Siikavirta H. , Greenhouse Gases Embodied in the International Trade and Final Consumption of Finland: an Input – output Analysis, *Energy policy*, 2007, 35 (1).

［189］McGuire M. , Regulation, Factor Rewards, and International Trade, *Journal of Public Economics*, 1982, 17.

［190］Meng Y. H. , X. Y. Ni, Intra – Product Trade and Ordinary Trade on China's Environmental Pollution, *Procedia Environmental Sciences*, 2011, 10.

［191］Mielnik O. , Goldemberg J. , The Evolution of the "Carbonization Index" in Developing Countries, *Energy Policy*, 1999, 27.

［192］Mongelli I. , Tassielli G. , Notarnicola B. , Global Warming Agreements, International Trade and Energy/Carbon Embodiments: an Input – output Approach to the Italian Case, *Energy policy*, 2006, 34 (1).

［193］Nordhaus W. D. , To slow or not to slow: the economics of the greenhouse effect, *The Economic Journal*, 1991.

［194］Pearson C. S. , *Multinational Corporations, Environment, and the Third World*, Duke, University Press, Durham, NC. , 1987.

［195］Perkins R. , E. Neumayer, Transnational Linkages and the Spillover of Environment – Efficiency into Developing Countries, *Global Environmental*

Change, 2009, 19 (3).

[196] Perkins R. , E. Neumayer, Do Recipient Country Characteristics Affect International Spillovers of CO_2 – Efficiency via Trade and Foreign Direct Investment? *Climate Change*, 2012, 112 (2).

[197] Peters G. P. , Hertwisch, E. G. , CO_2 embodied in international trade with implications for global climate policy, *Environmental Science & Technology*, 2008, 42 (2).

[198] Pillai P. M. , Technology Transfer, Adaptation and Assimilation, *Economic and Political Weekly*, 1979, 11 (47).

[199] Popp D. , R. G. Newell, A. B. Jaffe, Energy, the Environment, and the Technological Change, *NBER Working Paper*, 2009.

[200] Porter M. E. , America's Green Strategy, *Scientific American*, 1991, 4.

[201] Prakash A. , M. Potoski, Invest up: FDI and the Cross – Country Diffusion of ISO14001 Management System, *International Studies Quarterly*, 2007, 51 (3).

[202] Romer P. M. , Increasing returns and long – run growth, *The Journal of Political Economy*, 1986.

[203] Romer P. M. , Human capital and growth: theory and evidence// Carnegie – Rochester Conference Series on Public Policy, *North – Holland*, 1990, 32.

[204] Siddique A. , A. Williams, The Use (and Abuse) of Governance Indicators in Economics: A Review, *Economics of Governance*, 2008, 9 (2).

[205] Solow R. M. , A contribution to the theory of economic growth, *The quarterly Journal of Economics*, 1956, 70 (1).

[206] Stiglitz J. , Growth with exhaustible natural resources: efficient and optimal growth paths, *The review of economic studies*, 1974.

[207] Stokey N. L. , Are there limits to growth? *International economic review*, 1998.

[208] Stratesky P. B. , M. J. Lynch, A Cross – National Study of the Association Between Per Capita Carbon Dioxide Emissions and Exports to the United States, *Social Science Research*, 2009, 38 (1).

[209] Talukdar D. , C. M. Meisner, Does the Private Sector Help or Hurt the Environment? Evident from Carbon Dioxide Pollution in Developing Countries, *World Development*, 2001, 29 (5).

[210] Unruh G. C. , Moomaw, W. R. , An Alternative Analysis of Apparent EKC – type Transition, *Ecological Economics*, 1998, 25 (2).

[211] Wang H. , Y. Jin, Industrial Ownership and Environmental Performance, Evidence from China, *Environmental and Resources Economics*, 2007, (3).

[212] Wang L. , Lai M. , Zhang B. , The transmission effects of iron ore price shocks on China's economy and industries: a CGE approach, *International Journal of Trade and Global Markets*, 2007, 1 (1).

[213] Zhou C. Y. , An Empirical Study on the Correlation between Environment Protection and Spillover Effects of Foreign Direct Investment, *Management and Service Science Conference*, 2011.

[214] Zhou P. , Ang B. W. , Han J. Y. , Total Factor Carbon Emission Performance: A Malmquist Index Analysis, *Energy Economics*, 2010, 32.

后　记

　　本书是在博士毕业论文的基础上拓展而成的。读博三年期间的体会与感悟，诚如钱钟书老先生所言："大抵学问乃荒江野老屋中二三素心人商量培养之事，朝市之显学必成俗学。"我想，老先生只是道明了学问乃素心人之事的真谛，而不必拘泥于素心人身居何处，有意思的是，于喧嚣隔绝的三年求学生活，倒萌生了对"心远地自偏"的无尘之境的无限向往。

　　回想起走过的时光，心中感慨万千。走遍校园里每一处，头脑里总是会闪过一幕幕记忆的画面，画面里有自己曾经的期待、曾经的感动、曾经的成长，也有曾经的快乐、曾经的纠结，优美雅致的南湖校园，关怀备至的恩师之情，纯洁无瑕的同学友谊……所有的一切都将永久地铭刻在我的记忆深处，作为宝贵的精神财富伴随着我的一生。

　　回首这段求学历程，我最想感谢的是我的导师罗良文教授和师母，罗老师学术渊博，治学严谨，思维敏捷，为人和善，论文从选题到写作，大至文章结构安排，小到标点措辞，无不凝聚着罗老师的心血。三年来，罗老师根据我的成长进度，给我拟定阶段性目标，每当我对新的目标心生胆怯之时，罗老师总是会给予我充分的信任和支持，这份信任给了我心无旁骛、一路前行的最大动力！不知不觉中也收获了从未有过的成长！感谢罗老师和师母在我做人、求学道路上的教诲和帮助，令我铭记一生，没有导师的帮助和支持，完成毕业论文的写作是难以想象的，在此，我向罗老师和师母表达深深的谢意。

　　感谢卢现祥教授、廖涵教授、胡雪萍教授、项本武教授，他们在开题时提了许多宝贵意见，为本书完成奠定了良好的基础，他们深厚的学术研究造诣、严谨的学风、大家的风范，使我领略到智者的睿智、师表的丰采，再次感谢三年以来老师们的谆谆教诲。

　　感谢邹进文教授、陈银娥教授，给予我们一次次令人难忘的讲座，让我深切感受到了中西方在经济思想文化方面的差异，深切体会到中国经济思想在世界经济思想长河中的魅力所在，原来经济学的思想早已在中国孕育生根！他们渊博睿智、治学严谨、豁达宽容使我终生难忘，经济学思想的启迪令我终身受益。

　　本书在搜集资料、行文过程中获得了来自同学们的真挚帮助，行文中同时也借鉴了一些专家学者的结论和观点，这些成果给予我很大的启发，在此一并表示感谢！最后，还要感谢我的父母及家人，是他们一直以来最大的理解、鼓励和支持，使得我顺利地完成学业，他们的理解与宽容将是我终身的财富。

　　本书受到国家自然科学青年基金项目（71503272）、中国博士后科学基金面上项目（2014M562094）的资助。

　　因才识有限，本书难免有所疏漏，不足之处，恳请各位批评指正。

李珊珊

2014 年 5 月于南湖